化学工业出版社出版基金资助出版

张汉泉　路漫漫　著

磁化焙烧与人工磁铁矿球团

Magnetization Roasting and Artificial Magnetite Pellet

U0228486

化学工业出版社

·北京·

内容简介

《磁化焙烧与人工磁铁矿球团》主要对磁化焙烧机理、工艺、装备进行了详细阐述，对人工磁铁精矿的表面性质、成球性能以及人工磁铁精矿球团的干燥预热制度、氧化固结机理及规律等问题进行了深入探讨。本书主要内容分为9章，第1章为低品位氧化铁矿石综合利用概述，主要阐述了铁矿资源的种类、分布及现有利用工艺概况；第2、3章为磁化焙烧理论和工艺概述，主要探讨了磁化焙烧工艺原理、装备及应用等；第4～9章为人工磁铁矿球团的内容，主要对人工磁铁矿球团的成球行为、干燥预热、氧化固结、焙烧过程进行了详细的论述。此外针对成品球中铁组分的微观结构和矿相组成也进行了深入分析，最后对磁化焙烧和人工磁铁矿球团工业实践进行了介绍。本书适合于大专院校钢铁冶金和矿物加工工程专业的学生、教师、科研人员和黑色金属行业的从业人员参考使用。

图书在版编目（CIP）数据

磁化焙烧与人工磁铁矿球团/张汉泉，路漫漫著. —北京：
化学工业出版社，2022.9
ISBN 978-7-122-41476-2

Ⅰ.①磁… Ⅱ.①张…②路… Ⅲ.①磁化焙烧-生产工艺
②磁铁矿-球团 Ⅳ.①TF046.2②TF521

中国版本图书馆 CIP 数据核字（2022）第 085964 号

责任编辑：袁海燕 文字编辑：陈立璞
责任校对：宋 夏 装帧设计：张 辉

出版发行：化学工业出版社（北京市东城区青年湖南街 13 号 邮政编码 100011）
印 装：北京科印技术咨询服务有限公司数码印刷分部
787mm×1092mm 1/16 印张 15¼ 字数 353 千字 2023 年 1 月北京第 1 版第 1 次印刷

购书咨询：010-64518888 售后服务：010-64518899
网 址：http://www.cip.com.cn
凡购买本书，如有缺损质量问题，本社销售中心负责调换。

定 价：128.00 元

随着我国钢铁工业的高速发展，我国粗钢产量占比超过了世界粗钢产量的 50%，已成为铁矿石消耗的最大国。 2015 年以来，我国铁矿石对外依存度超过了 85%，2021 年进口铁矿石近 11 亿吨。 而国内目前由于复杂难选而暂难利用的铁矿资源储量大，钢铁原料工业必须在大力开展复杂难选铁矿石磁化焙烧-磁选关键技术、弱还原性气氛形成及控制技术和磁化还原焙烧系统还原度控制的基础上，优化中低品位难选矿选别与综合利用技术。 对菱铁矿、（鲕状）赤铁矿、褐铁矿而言，常规重选、浮选和磁选等物理选矿工艺无法高效利用，磁化焙烧-磁选工艺流程是处理难选铁矿石最有效的手段之一。 作者在两个国家自然科学基金的支持下，从铁矿磁化焙烧原理、矿相变化规律、人工磁铁矿与天然磁铁矿理化特性比较、人工磁铁矿精矿造球、球团干燥预热和氧化焙烧等方面进行了系统研究，揭示了磁化焙烧物理化学过程中铁矿物的物相转化规律，阐明人工磁铁矿球团干燥预热和氧化焙烧动力学机制，为磁化焙烧工艺与装备开发、人工磁铁矿球团工艺过程控制优化提供了理论指导。

作者长期从事铁矿选矿和高炉炼铁精料技术研究，既有丰富的工业生产经验，又有较好的理论功底，特别是在磁化焙烧和人工磁铁矿球团理论领域进行了系统深入的研究，在前人的研究基础上，已逐步形成了自己的研究特色。 研究和实践表明，利用人工磁铁矿生产球团矿是切实可行的，本书提出人工磁铁矿造球的技术要点，明确了球团干燥脱水、氧化预热、焙烧固结等关键环节的主要影响因素，提供了系统的研究成果和技术原型，初步形成了规律性观点：

1. 赤褐铁矿采用细粒（- 0.2mm）低温、弱还原气氛流态化磁化焙烧，过还原或欠还原明显得到控制，磁化还原效果优于堆积态焙烧；

2. 采用氧化铁矿低温还原焙烧制度可避免过还原及黏结相的生成；

3. 人工磁铁矿结晶不完整，亲水性强，成球性好，人工磁铁矿球团低温干燥、低温预热、低温氧化有助于球团热稳定性和氧化度的改善；

4. 人工磁铁矿球团的焙烧固结温度比天然磁铁矿球团的焙烧固结温度低 100 ~

150℃，成品球的抗压强度随着焙烧时间的延长而增大；

5. 采用磁化焙烧-氧化球团技术处理赤泥、硫酸渣、高铁锰矿等含铁资源，可回收优质的铁精粉，资源利用价值大大提高。

本书是作者在全面总结前人工作并结合自己研究成果的基础上完成的，重点探讨了铁矿石磁化焙烧与人工磁铁矿球团氧化焙烧固结机理，研究成果为磁化焙烧、人工磁铁矿球团热工制度选择和过程控制提供了理论依据。书中主要成果为作者科研团队多年潜心研究的结晶，全书深入浅出、图文并茂，理论与实践相结合，为我国中低品位难利用铁矿资源开发利用提供了技术支撑。

本书可作为大专院校钢铁冶金和矿物加工工程等专业学生、教师、科研人员和钢铁行业从业人员的参考书，也为难选冶氧化铁矿石资源高效利用的研究提供了大量实用资料。

2022 年 2 月

目前，我国的铁矿球团几乎都以天然磁铁精矿、赤铁精矿或混合精矿为原料生产，而优质高品位铁精矿资源正逐年减少，对外依存度不断增加。另外，我国仍存有大量的贫、细、杂铁矿资源尚未利用，若能合理利用磁化焙烧-磁选-氧化球团工艺将这些低品位复杂难选铁矿提质，作为原料加以利用，将大大缓解我国高品位铁精矿特别是氧化球团原料短缺的局面，对我国实施钢铁精料方针和节能减排具有重要意义。

磁化焙烧-磁选工艺是高效利用中低品位（TFe 25%～45%）复杂难选氧化铁矿石（赤铁矿、褐铁矿、菱铁矿）及此类二次资源（硫酸渣、赤泥）的新工艺，具有分选效率高、生产工艺简单和产品质量好等优点，因而受到普遍关注，成为近年来利用低品位复杂难选铁矿的首选方法。笔者通过对磁化焙烧过程中热力学条件和动力学机制的深入研究，揭示了低品位复杂难选铁矿在磁化焙烧中铁矿物、锰矿物等主要矿物的物相重构规律，优化了铁矿中弱磁性铁氧化物还原为强磁性铁氧化物所需的物理化学条件，并在此基础上开发出了广泛适用于低品位复杂难选铁矿磁化焙烧-磁选工艺的成套装备。与天然磁铁精矿相比，通过磁化焙烧-磁选工艺生产的人工磁铁精矿表面粗糙度高、比表面积大、亲水性强、表面 Zeta 电位较小、电负性较弱。因此，人工磁铁精矿用于球团生产时，其成球特性、干燥和预热制度以及氧化固结规律均与天然磁铁精矿球团有着一定区别。针对这一问题，笔者对人工磁铁精矿的表面性质、成球性能以及人工磁铁矿球团的干燥预热制度、氧化固结规律及机理等问题进行了深入研究，确定了人工磁铁矿球团干燥脱水、预热氧化、焙烧固结热工制度，初步构建了全人工磁铁精矿造球工艺技术原型。

《磁化焙烧与人工磁铁矿球团》是磁化焙烧和人工磁铁矿球团领域专著的首次出版，笔者对人工磁铁精矿表面性质、成球性能以及人工磁铁精矿球团干燥预热制度、氧化固结机理及规律等问题的研究，是对球团基础理论和实践进行的必要补充和发展。同时，为改善人工磁铁精矿球团制备条件及其产品性能提供了重要理论指导，对推动球团及炼铁原料技术进步具有重要作用。

　　本书第 1~4 章、第 9 章由张汉泉执笔，第 5~8 章由路漫漫执笔，全书由张汉泉统稿。 本书的课题研究工作得到了国家自然科学基金（No. 51474161，NO. 51974204）的资助，武汉工程大学硕士研究生汪凤玲、付金涛、刘承鑫、殷佳琪和周峰等参与了大量研究工作，武汉工程大学池汝安教授对全书的完成做了重要的指导。 在编写过程中，本书参考和借鉴了兄弟院校、科研单位和厂矿企业等同行的工作成果，在此致以最诚挚的感谢。

　　由于水平有限，书中难免存在不足之处，恳请专家和读者批评指正。

著者
2022 年 1 月于武汉

>>> 目 录

3 磁化焙烧工艺与装备   87

0

绪　论

近年来，随着钢铁工业的快速发展及易选磁铁矿资源的日趋枯竭，我国铁矿石进口量逐年攀升。2010 年我国铁矿石对外依存度超过 60%，自 2015 年以来对外依存度均在 85% 以上，2020 年进口铁矿石超 11 亿吨。工信部 2021 年初发布的《关于推动钢铁工业高质量发展的指导意见》中明确将铁矿资源作为紧缺战略性矿产，旨在推动产业链、供应链多元化，铁、锰、铬等矿石资源保障能力显著增强，要求到 2025 年铁金属国内自给率达到 45% 以上。因此，开发利用储量巨大的低品位复杂难选铁矿资源已迫在眉睫。工信部发布的《产业关键共性技术发展指南（2017 年）》指出：钢铁原料工业必须在大力开展复杂难选铁矿石磁化焙烧-磁选关键技术、弱还原性气氛形成及控制技术和磁化还原焙烧系统还原度控制的基础上，优化低品位难选矿综合选别与利用技术。

0.1　我国的铁矿资源

据统计，目前全球铁矿资源储量达到 8180 亿吨，分布不均衡，储量前十的国家拥有 81.3% 的资源量。巴西、澳大利亚、南非、印度等主产国的铁矿石多为赤铁矿，铁品位高，有害杂质较少，烧结、冶炼性能较好，可直接作为高炉炉料。而我国大型、超大型铁矿山少，且贫矿多、富矿少，矿石成分复杂，伴（共）生组分多、有害杂质多。面对国内铁矿石贫、细、杂的现状，急需开发高效利用技术以弥补我国优质铁矿资源匮乏的不足。

国外铁矿资源多以富矿为主，对少量难处理铁矿资源，如法国洛林地区的褐铁矿、北非的鲕状赤铁矿、北美的铁燧岩、澳大利亚和非洲的高铝高磷铁矿，开展了一定的研究和利用。20 世纪 60~70 年代，针对北美的磁性铁燧岩，从单一弱磁选工艺发展出的弱磁选-细筛-阳离子反浮选联合工艺，有效地降低了铁精矿中的硅含量，特别是通过对磁铁精矿进行阳离子反浮选，将铁矿物与 SiO_2 进行有效分离，可以使铁精矿中的 SiO_2 降低到 4% 以下，满足冶炼要求；采用浮选柱可以有效降低铁精矿中的硅含量，分选效果好，在巴西、加拿大、美国、委内瑞拉和印度等国的铁矿反浮选中均得到了应用。对于铁矿物单体解离度高的精矿，可采用细筛法进行处理。一般采用高频振动细筛，经细筛脱除粗粒 SiO_2 后，筛下产品即为高质量铁精矿，如在美国明尼苏达地区，大部分铁矿选厂应用了重叠式高频振动细筛来控制和降低最终铁精矿中的硅含量；细筛在巴西阿莱里铁矿、加拿大铁矿石公司、美国球团钢铁公司、印度库德雷穆克等公司也得到了广泛的应用；中信泰富采用自磨-弱磁选-球磨-细筛-两段弱磁选的选矿流程处理澳大利亚细粒嵌布的磁铁矿，获得了优质铁精矿。磁选-重选联合工艺可以实现硅铁连生体分离，提高铁精矿的品位，如挪威产的 MrC-1.5 型磁重选机在俄罗斯的列别金、科斯托穆什及奥列涅戈尔等公司得到广泛应用。中国马钢、武钢使用自主研发的电磁淘洗机，其精选效果也较好。而对于铁品位大于 55% 的褐铁矿，澳大利亚、法国、韩国和中国已研究开发出豆状褐铁矿烧结工艺，获得了良好的生产和经济效益。日本新日铁开发出豆状褐铁矿自身致密化和高熔点液相烧结工艺，其褐铁矿烧结配比普遍在 30% 以上。目前我国在烧结中应用褐铁矿的有宝钢、韶钢、湘钢、济钢等。宝钢通过多年的工业试验，罗布河和扬迪褐铁矿配比提高 35%~50%，烧结生产正常、烧结矿质量达标，取得了良好的经济效益，大量低品位高铝高硅褐铁矿则未能得到有效开发利用。

我国铁矿资源储量约 848 亿吨，矿石含铁品位平均只有 30%，中低品位复杂铁矿资源占 93% 以上，其中鲕状赤铁矿、菱铁矿、褐铁矿等难选矿石储量超过 200 亿吨，粒度嵌布细，脉石矿物成分复杂，常规物理选矿利用率低、冶炼效果差。因此，高效开发当前尚未利用的复杂难选铁矿资源，为中国钢铁工业高质量发展提供资源保障，是解决制约我国经济可持续发展资源瓶颈的关键。

我国铁矿石成分及结构复杂、共生矿物多，具有"贫、细、杂"的特点。针对低品位难选赤铁矿、菱铁矿、褐铁矿和鲕状赤铁矿，开展了相应的选矿研究与应用。如对以太钢袁家村铁矿、昆钢惠民矿、湖南祁东矿为代表的微细粒鞍山式赤铁矿石，主要的选别技术为赤铁矿全浮选流程、强磁选-反浮选、磁化焙烧-磁选-反浮选、阶段磨矿-重选-磁选-阴离子反浮选等流程；齐大山选矿厂采用高效、低耗、无毒的新药剂和 Slon 型立环脉动高梯度强磁机，铁精矿品位达到了 67.14%，选矿药剂费用降低了 24.89%；酒钢对人工磁铁精矿进行了阳离子反浮选，铁精矿品位有所提高。我国褐铁矿、菱铁矿铁品位较低，且常与钙、镁、锰等元素呈类质同象共生，普通物理选矿方法很难对其进行富集，难以直接作为高炉炉料使用。目前典型的选矿工艺包括：单一重选工艺、单一湿式强磁选工艺、单一浮选工艺、选择性絮凝浮选、强磁选-反浮选联合流程等。大量研究结果和实践经验表明，磁化焙烧-磁选工艺是处理菱铁矿和褐铁矿最有效的技术，如酒钢、陕西大西沟铁矿采用磁化焙烧-磁选-反浮选工艺流程，取得了较好的技术指标。此外，选择性絮凝-强磁选也是回收褐铁矿的有效途径之一，提高其分选效率的关键在于正确调控矿石颗粒的分散、絮凝过程。鲕状赤铁矿中赤铁矿与磷灰石呈鲕状层层包裹，不利于矿物单体解离，在破碎与磨矿过程中易形成细泥，造成分选困难。鲕状赤铁矿的利用方法主要有重选、强磁选、浮选及其联合流程、磁化焙烧-磁选、直接还原-磁选、酸浸等，较有效的方法也是磁化焙烧-细磨-磁选。鲕状赤铁矿有效利用的前提是脱铝降磷，传统的物理方法铝铁分离效率低；化学法铝铁分离工艺以盐酸法及氯化法研究最多，铝铁分离效果好；生物法反应时间较长，不利于工业生产。采用直接还原法处理鲕状赤铁矿，可以实现提铁降铝脱磷的目标，但因设备难以大型化和能耗较高限制了其应用。

综上,针对不同特性难处理铁矿石,采用多种选矿工艺或选-冶联合工艺进行处理,开发智能高效预选技术、提高入选品位、优化碎磨流程,降低碎磨能耗,揭示磁化焙烧物相转化规律,建立磁化焙烧关键参数同步调控机制,研制焙烧矿干磨干选装备,筛选高效无毒提铁降杂新药剂,开发低碳富氢直接还原新工艺,可实现我国难处理铁矿资源的低碳低耗、精细化、集约化高效利用,对保障我国铁矿资源安全和钢铁行业的可持续发展具有重要意义。

0.2　中低品位氧化铁矿磁化焙烧理论简介

近年来,中低品位氧化铁矿磁化焙烧理论研究主要集中在揭示基于菱铁矿、褐铁矿、高磷鲕状赤铁矿低温磁化还原矿相重构与精细化分选性能之间的构效关系及矿石中铁、硅、铝、硫、磷等关键元素的迁移富集规律,逐步建立了抑制低温磁化还原焙烧过程中过还原和欠还原行为的温度、气氛、时间等热工参数同步耦合调控机制,研制出磁化焙烧智能控制系统。结合矿石结构特性,从磁化还原反应热力学条件和动力学条件磁化还原过程中过还原产生的原因进行了分析,初步形成磁化焙烧弱还原气氛形成和还原度调控机制、磁化还原焙烧过程中过还原和欠还原行为的控制机制,明确了温度、还原气氛(H_2/CO)等热力学因素对磁化还原焙烧铁矿相重构和微观结构变化的影响,磁化还原产物——磁铁矿晶粒的形成和长大规律,为开发人工磁铁矿高效磁分离技术提供依据。笔者基于磁化焙烧具有弱还原气氛、焙烧温度低、易发生过还原的特点,从基本理论上揭示了磁化还原反应温度、气氛和时间的匹配规则,实现关键参数相互耦合,建立了关键热工参数同步控制机制,并针对弱还原气氛条件下的燃料燃烧方式、燃烧装置、密封装置、冷却装置进行了设计改造。

磁化焙烧-磁选流程是处理难选铁矿石最有效的手段之一,若能合理利用近年来研究开发形成的关键技术和装备对低品位复杂难选铁矿提质降杂,作为高炉原料加以利用,将大大缓解我国高品位铁精粉特别是氧化球团细粒原料短缺的局面,对我国实施钢铁精料方针和节能减排具有重要意义。磁化焙烧-磁选流程如果在工业上大规模应用,不仅可促进国内近 200 亿吨此类矿石的规模化开发,还可以回收长期堆存在我国铁矿山尾矿库(如大冶铁矿、铜绿山铜铁矿)中大量已经磨细、铁品位近 30% 的因技术条件过去无法利用的难选铁矿石,带来显著的经济效益、社会效益和环境效益。

同时,钢铁行业在"碳达峰"的背景下,高炉炉料对球团的需求比例大幅增加。根据钢铁行业规划,计划在"十四五"内将球团矿的使用比例从当前的 17% 提高至 30% 左右,对应的碳减排大约 0.4 亿吨/年。但球团矿比例的提高要求充裕的原料资源支撑,需要全球球团、精粉产量,中国精粉产量持续增长来配合。如图 0-1 所示,我国铁矿资源储量丰富,但是其主要特点是"贫、细、杂"。这些低品位复杂难选铁矿主要包括菱铁矿、褐铁矿、鲕状赤铁矿等,尚未得到有效利用。磁化焙烧是将难选的弱磁性铁矿石在还原性气氛下进行焙烧,使铁矿中的弱磁性铁氧化物转变为强磁性铁氧化物的过程。经磁化焙烧后,弱磁性铁矿物的比磁化系数增加上千倍,而脉石矿物在大多数情况下磁性变化不大,从而增大了铁矿物与脉石矿物的磁性差异，产品弱磁选分离效果好。因此磁化焙烧-磁选工艺是处理此类低品位复杂难选氧化铁矿及赤泥、硫酸渣等含铁固废资源最有效的方法之一。

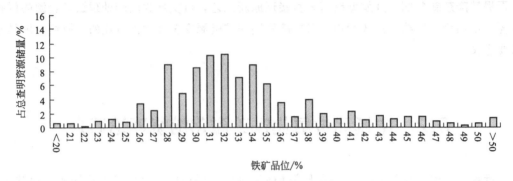

图 0-1　中国铁矿资源特征

1. 磁铁矿占 50.8%；钒钛磁铁矿占 17.3%；红矿（赤铁矿 Fe_2O_3、褐铁矿 $nFe_2O_3 \cdot mH_2O$、菱铁矿 $FeCO_3$、镜铁矿）占 29.7%；其他类型占 2.2%。

2. 中国的铁矿特点是需加工的贫矿多，占资源储量的 98.8%，富矿仅占 1.2%，绝大多数矿山铁矿品位在 25%~40% 之间。

由于经过细磨-磁选工序，"磁化焙烧-磁选"工艺生产的人工磁铁精矿具有粒度细、铁品位高的优点，尤其适合作为造球原料，生产铁矿球团供高炉炼铁使用。20 世纪 50～60 年代，由于造块工艺技术的限制，若将选矿得到的铁精矿粉直接用于烧结造块，对于烧结生产是十分不利的，所生产的烧结矿不仅机械强度差、含粉率高，而且 FeO 含量高、冶金性能差，极大地降低了烧结矿的质量和产量，恶化了烧结矿生产环境。20 世纪 70 年代之后，世界上绝大多数国家都已使用了球团法对细粒铁精矿粉进行造块，但是我国至今仍然有部分钢铁企业配用细铁精矿粉进行烧结生产。近年来，我国钢铁工业迅速发展，钢铁产量增加，碳达峰新技术不断进步，球团工业开始快速发展，兴建了很多球团厂生产优质球团矿来代替烧结矿进行高炉料生产，但球团矿占炉料的比例还是远远低于烧结矿所占的比例，所以未来球团工业的发展仍然有很大的空间。

就高炉精料战略而言，在钢铁行业大力整顿地条钢、清除低效产能和全面防止金融风险的举措下，中国钢铁工业自 2017 年开始真正意义上走上了清洁、高效发展的高质量道路。从高炉高品位炉料的来源看，主要是以 PB 粉（皮尔巴拉混合粉）为代表的高品位铁粉、块矿和球团，前两者都是依赖自然禀赋的"恩赐"，高品位铁粉矿资源主要控制在淡水河谷、必和必拓、力拓和 FMG 这四大矿山手中；而块矿资源更是依赖铁矿形成的自然禀赋。由于人类千百年来对铁矿资源的利用和开发，目前可用于直接冶炼的高品位铁粉矿、块矿资源日趋减少。为满足全球钢铁工业的生产所需，大量的低品位铁矿（包括铁英岩）被开采和利用。低品位铁矿石需经过选矿提高铁品位才可被利用，而磨矿-选别过程将导致矿石粒度变细，得到的铁精矿粉用于烧结会降低烧结矿透气性，恶化铁水的生产和质量。从生产工艺上看，相对于烧结，球团的制备工艺则更适合较细的铁矿精粉，较细的铁精矿粒度有助于提高成球率和球团强度。此外，相较于烧结矿，球团矿具有运输方便、冶金性能好、冶炼焦比低、铁水质量高、环境污染少等优点，有助于节能减排和提高钢铁工业的竞争力。这些都是进入 21 世纪后球团生产得到全面发展与推广的主要原因。

　　欧美发达国家在经历了工业发展周期后，在环保、清洁生产等方面的综合考量下，球团已经成为这些产钢国高炉入炉的主要原料。在未来较长时间内，球团的溢价还将持续存在。可以预见，随着我国"高炉精料"方针不断深化发展及环保要求的日益严格，未来钢铁行业炉料中球团占比将不断加大，并逐渐向欧美国家全球团炉料结构发展。

　　近年来，科研工作者针对复杂难成球铁精矿相继进行了钒钛磁铁精矿内配煤球团、表面残留疏水性药剂的浮选赤铁矿粉预处理成球、镁质熔剂性球团矿的制备研究，通过对粒度细、比表面积大、亲水性差的天然磁铁矿成球特性的系统研究，提出了混合矿（磁铁矿和赤铁矿）造球的观点。然而，"磁化焙烧-磁选"工艺生产的细粒人工磁铁矿与天然磁铁矿相比，在密度、磁性、表面性质、晶体结构和化学反应活性等理化性质上有很大差别，若利用人工磁铁精矿作为球团生产原料，需要进行大量的人工磁铁矿成球基础理论和技术研究。

　　目前，我国的铁矿球团大多以天然磁铁精矿或赤铁矿-磁铁混合精矿为原料生产，尚未实现完全以低品位难选氧化铁矿经过"磁化焙烧-磁选"工艺选别提质后产生的人工磁铁精矿为原料进行全流程造块（烧结或球团）。近年来，国内优质天然磁铁精矿资源不断减少，大量高品位铁精矿依赖进口，铁矿对外依存度不断加大。另外，人工磁铁精矿的产量随着低品位复杂难选铁矿资源采选技术的发展和规模的增大而快速增长，若能将人工磁铁精矿用于球团生产，无疑将为我国球团行业提供一种新型的优质原料，对我国钢铁行业炉料结构调整、产业升级具有重要意义。本书通过对中低品位难选氧化铁矿磁化焙烧基础理论、磁化焙烧工艺及装备进行系统阐述，在分析磁化焙烧存在的问题与发展现状的基础上对人工磁铁精矿的表面性质和成球性能以及人工磁铁矿球团的干燥预热制度、氧化固结规律及机理等进行深入系统的研究，确定了人工磁铁矿球团合理的干燥脱水、预热氧化、焙烧固结热工制度，构建了人工磁铁精矿球团生产的工艺原型，为赤铁矿、褐铁矿和菱铁矿磁化焙烧大规模工业化生产，人工磁铁精矿球团的工业生产提供了理论支撑。

1

难选氧化铁矿选矿

1.1 铁矿资源种类及分布

1.1.1 铁矿资源类型

自然界中含铁矿物种类繁多，目前已发现的铁矿物和含铁矿物有 300 余种，其中常见的有 170 余种[1]。但在目前的技术条件下，具有工业利用价值的主要是磁铁矿、赤铁矿、磁赤铁矿、钛铁矿、钒钛磁铁矿、褐铁矿和菱铁矿等。

1）磁铁矿

磁铁矿的理论化学式为 Fe_3O_4，含 FeO 31.03%、Fe_2O_3 68.97%或 Fe 72.36%、O 27.64%，为等轴晶系。其单晶体常呈八面体，较少呈菱形十二面体。在菱形十二面体面上，对角线方向常见有条纹。集合体多呈致密块状和粒状。其颜色为铁黑色，条痕为黑色，有半金属光泽，不透明，莫氏硬度 5.5～6.5，相对密度 4.9～5.2，具强磁性。

磁铁矿中常伴生有相当数量的 Ti^{4+} 以类质同象代替 Fe^{3+}，还伴随有 Mg^{2+} 和 V^{3+} 等相应地代替 Fe^{2+} 和 Fe^{3+}，因而形成一些矿物亚种，即：

(1) 钛磁铁矿　$Fe_{(2+x)}^{2+} Fe_{(2-2x)}^{3+} Ti_x O_4$（$0<x<1$），含 TiO_2 12%～16%。常温下，钛从其中分离成板状和柱状的钛铁矿及布纹状的钛铁晶石。

(2) 钒磁铁矿　FeV_2O_4 或 $Fe^{2+}(Fe^{3+}V)O_4$，含 V_2O_5 有时高达 68.41%～72.04%。

(3) 钒钛磁铁矿　成分更为复杂的上述两种矿物的固溶体产物。

(4) 铬磁铁矿　含 Cr_2O_3 可达百分之几。

(5) 镁磁铁矿　含 MgO 可达 6.01%。

磁铁矿是岩浆成因铁矿床、接触交代-热液铁矿床、沉积变质铁矿床以及一系列与火山作用有关的铁矿床中铁矿石的主要矿物。此外，也常见于砂矿床中。

磁铁矿氧化后可变成赤铁矿（假象赤铁矿及褐铁矿），但仍能保持其原来的晶形。

2）赤铁矿

自然界中赤铁矿的同质多象变种已知有两种，即 α-Fe_2O_3 和 γ-Fe_2O_3。前者在自然条件下稳定，称为赤铁矿；后者在自然条件下不如 $\alpha\text{-}Fe_2O_3$ 稳定，处于亚稳定状态，称为磁赤铁矿。图 1-1 为澳大利亚皮尔巴拉铁矿的生产现场。

图 1-1　澳大利亚皮尔巴拉 (Pilbara) 铁矿 (DSO)

赤铁矿的理论化学式为 Fe_2O_3 (Fe 69.94%，O 30.06%)，常含类质同象混入物 Ti、Al、Mn、Fe^{2+}、Ca、Mg 及少量的 Ga 和 Co，属六方晶系，完好晶体少见。结晶赤铁矿为钢灰色，隐晶质；土状赤铁矿呈红色，条痕为樱桃红色或鲜猪肝色，有金属至半金属光泽，有时光泽暗淡，莫氏硬度 5～6，相对密度 5～5.3。

赤铁矿的集合体有各种形态，形成了一些矿物亚种，即：

(1) 镜铁矿　具有金属光泽的玫瑰花状或片状赤铁矿的集合体。

(2) 云母赤铁矿　具有金属光泽的晶质细鳞状赤铁矿。

(3) 鲕状或肾状赤铁矿　形态呈鲕状或肾状的赤铁矿。

赤铁矿是自然界中分布很广的铁矿物之一，可形成于各种地质作用，但以热液作用、沉积作用和区域变质作用为主。在氧化带里，赤铁矿可由褐铁矿或纤铁矿、针铁矿经脱水作用形成，但也可以变成针铁矿和水赤铁矿等。在还原条件下，赤铁矿可转变为磁铁矿。

3）磁赤铁矿

磁赤铁矿，又名假象赤铁矿 ($\gamma\text{-}Fe_2O_3$)，其化学组成中常含有 Mg、Ti 和 Mn 等混入物，属等轴晶系，五角三四面体晶类，多呈粒状集合体，为致密块状，常具有磁铁矿假象。其颜色及条痕均为褐色，莫氏硬度 5，相对密度 4.88，具有强磁性。

磁赤铁矿主要是磁铁矿在氧化条件下经次生变化作用形成的，磁铁矿中的 Fe^{2+} 完全被 Fe^{3+} 代替 ($3Fe^{2+} \rightarrow 2Fe^{3+}$)，所以有 $1/3 Fe^{2+}$ 所占据的八面体位置产生了空位。另外，磁赤铁矿可由纤铁矿失水而形成，亦有由铁的氧化物经有机作用而形成的。

4）褐铁矿

褐铁矿实际上并不是一个矿物种，而是针铁矿、纤铁矿、水针铁矿、水纤铁矿以及含水氧化硅、泥质等的混合物。其化学成分变化大，含水量差异也大。

(1) 针铁矿　$\alpha\text{-FeO(OH)}$，含 Fe 62.9%。含不定量的吸附水者，称为水针铁矿 $\text{HFeO}_2 \cdot \text{NH}_2\text{O}$。针铁矿属斜方晶系，形态有针状、柱状、薄板状或鳞片状，切面具有平行或放射纤维状构造，有时呈致密块状、土状，也有的呈鲕状。其颜色为红褐色、暗褐色至黑褐色，经风化而成的粉末状、赭石状褐铁矿则呈黄褐色。针铁矿条痕为红褐色，莫氏硬度 5～5.5，相对密度 4～4.3；而褐铁矿条痕则一般为淡褐或黄褐色，莫氏硬度 1～4，相对密度 3.3～4。

(2) 纤铁矿　$\gamma\text{-FeO(OH)}$，含 Fe 62.9%。含不定量的吸附水者，称为水纤铁矿 $\text{FeO(OH)} \cdot n\text{H}_2\text{O}$。属斜方晶系，常见鳞片状或纤维状集合体。其颜色由暗红至黑红色，条痕为橘红色或砖红色，莫氏硬度 4～5，相对密度 4.01～4.1。

5）钛铁矿

FeTiO_3（Fe 36.8%，Ti 36.6%，O 31.6%），属三方晶系，菱面体晶类，常呈不规则粒状、鳞片状或厚板状。在 950℃ 以上钛铁矿与赤铁矿形成完全类质同象。当温度降低时，即发生熔离，故钛铁矿中常含有细小鳞片状赤铁矿包体。钛铁矿的颜色为铁黑色或钢灰色，条痕为钢灰色或黑色（含赤铁矿包体时呈褐色或带褐的红色），具有金属至半金属光泽，不透明，无解理。其莫氏硬度 5～6.5，相对密度 4～5，具有弱磁性。钛铁矿主要出现在超基性岩、基性岩、碱性岩、酸性岩及变质岩中。我国攀枝花钒钛磁铁矿床中，钛铁矿呈粒状或片状分布于钛磁铁矿等矿物颗粒之间，或沿钛磁铁矿裂开面成定向片晶。

6）菱铁矿

FeCO_3（FeO 62.01%，CO_2 37.99%），常含 Mg 和 Mn，属三方晶系，常见的为菱面体，晶面常弯曲。其集合体呈粗粒状至细粒状，亦有呈结核状、葡萄状、土状者。菱铁矿为黄色、浅褐黄色（风化后为深褐色），具有玻璃光泽。其莫氏硬度 3.5～4.5，相对密度 3.96 左右，因 Mg 和 Mn 的含量不同而有所变化。

为了衡量磁铁矿的氧化程度，通常以全铁（TFe）与氧化亚铁（FeO）的比值——磁性率这一概念来区分。对于纯磁铁矿，其理论比值为 2.33，比值越大，说明铁矿石的氧化程度越高。当 TFe/FeO<2.7 时，为原生磁铁矿（original ore）；当 TFe/FeO=2.7～3.5 时，为混合矿石（mixed ore）；当 TFe/FeO>3.5 时，为氧化矿石（oxidized ore）。

上述划分比值只对矿物成分简单、由比较单一的磁铁矿和赤铁矿组成的铁矿床或矿石才适用。若矿石中含有硅酸盐、硫化铁和碳酸铁等，因其中 FeO 不具有磁性，在计算时计入 FeO 范围内就易出现假象，分析可靠性降低。在众多的铁矿资源种类中，褐铁矿、菱铁矿、（细粒）赤铁矿等弱磁性含铁矿石为较难选别的氧化铁矿石（表 1-1）。

表 1-1　弱磁性铁矿物的物理化学性质

种类	矿物	成分	TFe/%	密度 /(g/cm³)	比磁化系数/(cm³/g)	比导电度	莫氏硬度
无水赤铁矿	赤铁矿	Fe_2O_3	70.1	4.8～5.3	$(40～200)\times10^{-6}$		5.5～6.5
	镜铁矿	Fe_2O_3	70.1	4.8～5.3	$(200～300)\times10^{-6}$	2.23	5.5～6.5
	假象赤铁矿	$n\text{Fe}_2\text{O}_3 \cdot m\gamma\text{-Fe}_2\text{O}_3$ $(n<m)$	约70	4.8～5.3	$(500～1000)\times10^{-6}$		

续表

种类	矿物	成分	TFe/%	密度 /(g/cm³)	比磁化系数/(cm³/g)	比导电度	莫氏硬度
含水赤铁矿	水赤铁矿	$2Fe_2O_3 \cdot H_2O$	66.1	4.0~5.0	$(20~80) \times 10^{-6}$	3.06	1~5.5
	针铁矿	$Fe_2O_3 \cdot H_2O$	62.9	4.0~4.5			
	水针铁矿	$3Fe_2O_3 \cdot 4H_2O$	60.9	3.0~4.4			
	褐铁矿	$2Fe_2O_3 \cdot 3H_2O$	60	3.0~4.2			
	黄针铁矿	$Fe_2O_3 \cdot 2H_2O$	57.2	3.0~4.0			
	黄赫石	$Fe_2O_3 \cdot 3H_2O$	52.2	2.5~4.0			
碳酸盐(菱铁矿)		$FeCO_3$	48.2	3.8~3.9	$(40~100) \times 10^{-6}$	2.56	3.5~4.5

按照矿物组分、结构、构造和采矿、选冶工艺流程等特点，可将铁矿石分为自然类型和工业类型两大类。

1) 自然类型

(1) 根据含铁矿物种类可分为磁铁矿石、赤铁矿石、假象或半假象赤铁矿石、钒钛磁铁矿石、褐铁矿石、菱铁矿石以及由其中两种或两种以上含铁矿物组成的混合矿石。

(2) 按有害杂质（S、P、Cu、Pb、Zn、V、Ti、Co、Ni、Sn、F、As）含量的高低，可分为高硫铁矿石、低硫铁矿石、高磷铁矿石、低磷铁矿石等。

(3) 按结构、构造可分为浸染状矿石、网脉浸染状矿石、条纹状矿石、条带状矿石、致密块状矿石、角砾状矿石以及鲕状、豆状、肾状、蜂窝状、粉状、土状矿石等。

(4) 按脉石矿物可分为石英型、闪石型、辉石型、斜长石型、绢云母绿泥石型、夕卡岩型、阳起石型、蛇纹石型、铁白云石型和碧玉型铁矿石等。

2) 工业类型

(1) 工业上能利用的铁矿石，即表内铁矿石，包括炼钢用铁矿石、炼铁用铁矿石、需选铁矿石。

(2) 工业上暂不能利用的铁矿石，即表外铁矿石，矿石含铁量介于最低工业品位与边界品位之间。

1.1.2 铁矿资源分布

铁是地球上分布最为广泛的元素之一，澳大利亚、巴西、印度、东欧、中国等区域都是全球铁矿石的主要储区（表 1-2）[2]。美国地质勘探局（United States Geological Survey, USGS）调查数据显示，截至 2017 年底，世界铁矿石储量为 1700 亿吨，铁金属储量为 830 亿吨。以 2017 年全球年产 24.0 亿吨铁矿计算，世界铁矿石储采比约为 70.8。世界铁矿资源分布集中，澳大利亚、巴西、俄罗斯、中国和印度是铁矿资源大国，2017 年五国铁金属储量合计占世界总量的 75.2%。其中，澳大利亚、巴西和俄罗斯三国的铁金属储量之和占世界总量的 60.2%，且这三个国家的铁矿资源品位较好，生产情况较好（表 1-3）；中国的铁金属储量占世界总量的 8.7%，且禀赋较差，多为贫矿。由此可见世界铁矿资源分布很不均衡。

表 1-2　世界铁矿资源储量分布情况表　　　　　　　　　单位：亿吨

国家或地区	铁矿石储量	铁金属储量	国家或地区	铁矿石储量	铁金属储量
澳大利亚	500	240	加拿大	60	23
巴西	230	120	瑞典	35	22
俄罗斯	250	140	伊朗	27	15
中国	210	72	哈萨克斯坦	25	9
印度	81	52	南非	12	7.7
美国	29	7.6	其他国家	176	98.7
乌克兰	65	23	世界总计	1700	830

表 1-3　世界主要铁矿生产国的成品矿生产情况　　　　　　单位：10^6 t

国家	2009 年	2010 年	2011 年	2012 年	2013 年	2014 年	2015 年	2016 年	2017 年	2017 年产量占比/%
中国	236	287	357	351	389	402	370	348	340	14.2
巴西	300	370	373	398	317	320	428	430	440	18.3
澳大利亚	394	433	488	521	609	660	824	858	880	36.7
俄罗斯	92	101	100	105	105	105	112	101	100	4.2
乌克兰	66	78	81	82	82	82	68	63	63	2.6
印度	245	230	240	144	150	150	129	185	190	7.9
美国	27	50	55	54	53	58	43	42	46	1.9
南非	55	59	60	63	72	78	80	66	68	2.8
其他	181	199	213	253	272	267	256	257	273	11.4
世界总计	1596	1807	1967	1971	2049	2122	2310	2530	2400	100.0

注：2008～2015 年，中国成品矿按 3.73t 原矿折合成 1t 成品矿计算。

　　我国铁矿资源丰富，储量仅次于澳大利亚、巴西和俄罗斯。截至 2016 年底，我国铁矿查明资源储量 840.6 亿吨，其中基础储量 201.2 亿吨，但是资源禀赋先天不足，主要呈现"贫、散、细、杂"的特点：贫矿多、富矿少，平均品位仅 25%～40%，只有 1.6% 是高品级矿山（2016 年，我国铁矿平均品位 34.29%，较全球平均品位低 13.95%）；矿物嵌布粒度微细；矿石类型复杂，共（伴）生组分多[3]；中、小型矿床多，大型、超大型矿床少。如图 1-2 所示，我国铁矿矿产资源相对集中又分布非常广泛，遍布全国各省（区、市）。截至 2011 年底，全国已开发利用的铁矿区有 1408 个，保有资源储量 255.55 亿吨。其中基础储量为 123.36 亿吨，已利用矿区的保有资源储量占全部铁矿资源储量的 35.15%，已利用矿区保有储量较大的六大省区主要为：河北 51.94 亿吨、辽宁 43.48 亿吨、山西 28.40 亿吨、安徽 24.45 亿吨、内蒙古 17.63 亿吨、山东 10.05 亿吨。

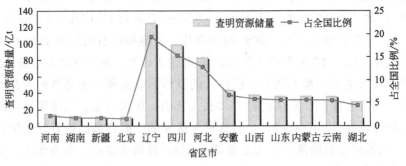

图 1-2　中国铁矿资源分布

从矿床类型来看，中国铁矿资源以沉积变质型铁矿为主[4]，该类矿床具有"大、贫、浅、易（选）"的特点，TFe 31.4%；其次是岩浆型，多为钒钛磁铁矿矿床，TFe 31.6%；接触交代-热液岩型铁矿矿物成分复杂，可综合利用，TFe 41.1%，是我国富铁矿石的主要来源之一；火山岩型以磁铁矿为主，TFe 较高，达 35.2%；沉积型铁矿床为贫铁矿，当前利用价值不大；风化淋滤型铁矿因规模很小，所以工业应用意义不大（图 1-3）。

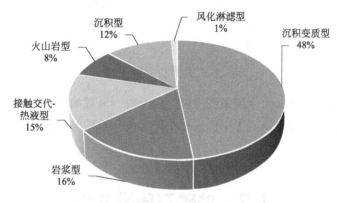

图 1-3　中国铁矿成因类型统计

我国铁矿资源禀赋差，整体呈现出品位低、嵌布粒度细、组成复杂的特点，即通常说的"贫、细、杂"，具体如下[5,6]。

（1）铁品位低。我国探明总储量的 97.5% 为贫矿，平均品位只有 32.67%，比世界上铁矿石主要生产国的平均品位低 20%。

（2）嵌布粒度细。在我国铁矿资源中，微细粒嵌布铁矿石占了很大比例，这部分矿石中铁矿物结晶粒度一般小于 0.074mm，有的甚至只有 0.01mm，如袁家村铁矿、祁东铁矿、宁乡式鲕状赤铁矿等。

（3）组成复杂、共伴生组分多。我国探明总储量的约 1/3 为共伴生多组分铁矿，主要共伴生元素有钒、钛、稀土、铜、硼、锡、铌、铬等，如包头白云鄂博铁矿、攀西钒钛磁铁矿、辽宁硼铁矿等[7]。

我国铁矿资源"贫、细、杂"的特点致使 97% 以上的铁矿石需要经过破碎、磨矿、磁选、重选、浮选等复杂的选矿工艺处理才能入炉冶炼。由于铁矿石复杂难选，我国已探明铁矿资源的开发利用程度较低，铁矿资源开发利用率不足 35%[8]。

中国铁矿石资源质量不高，开采原矿品位逐年降低（图 1-4），其矿石大都以细粒条带状、鲕状及分散点状结构存在，甚至呈显微细粒结构；有些是多金属共生复合矿床，一些有价矿物往往需细磨至 -0.074mm 占 90% 以上才能单体分离，给选别、脱水过滤等作业带来了难度；在开发过程中消耗大宗能量的同时，也给环境带来了污染。贫铁矿资源的特点决定了其开发利用与其他矿产有所不同，采掘工程量大，产值低，利润少，资金利用率低。

随着我国经济发展和工业化进程的不断推进，国内铁矿石供需紧张。2006 年以来，对外依存度超过 50%，2013 年达到 75%，2016 年中国进口铁矿石首次突破 10 亿吨，对外依存度达到了 87%。2020 年进口铁矿石 11.70 亿吨，对外依存度为 89%，对国家资源

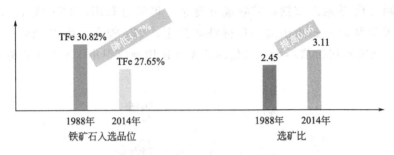

我国铁矿石资源量680亿吨(2008年统计数据)，但禀赋差、含铁量低。入选铁品位逐年下降，选矿比逐渐提升。

图 1-4　中国铁矿石原矿品位

战略安全构成威胁，严重制约了国民经济可持续发展。面对如此严峻的形势，开发利用自产菱铁矿、褐铁矿、鲕状赤铁矿等中低品位难处理氧化铁矿的任务迫在眉睫[9]。

1.2　铁矿石质量要求

1）炼钢用铁矿石（原称平炉富矿）

矿石入炉块度要求：

平炉用铁矿石 50～250mm；

电炉用铁矿石 50～100mm；

转炉用铁矿石 10～50mm。

直接用于炼钢的矿石质量要求见表 1-4（适用于磁铁矿石、赤铁矿石、褐铁矿石）[10]。

表 1-4　炼钢用铁矿石质量要求　　　　　　　　　　　　　单位：％

品级	TFe	SiO_2	S	P
特级品	≥68	≤4	≤0.1	≤0.1
一级品	≥64	≤8	≤0.1	≤0.1
二级品	≥60	≤11	≤0.1	≤0.1
三级品	≥57	≤12	≤0.15	≤0.15
四级品	≥55	≤13	≤0.2	≤0.15
	≥50	≤10	≤0.2	≤0.15

其他杂质含量要求：Cu≤0.2％，As≤0.1％。

2）炼铁用铁矿石（原称高炉富矿）

矿石入炉块度一般为 8～40mm。炼铁用铁矿石，按脉石组分的四元酸碱度可划分为：

碱性矿石：$(CaO+MgO)/(SiO_2+Al_2O_3)>1.2$；

自熔性矿石：$(CaO+MgO)/(SiO_2+Al_2O_3)=0.8\sim1.2$；

半自熔性矿石：$(CaO+MgO)/(SiO_2+Al_2O_3)=0.5\sim0.8$；

酸性矿石：$(CaO+MgO)/(SiO_2+Al_2O_3)<0.5$。

直接用于高炉炼铁的铁矿石质量要求见表1-5（适用于各种铁矿石类型块矿）[11]。

表1-5 高炉炼铁用铁矿石质量要求 单位：%

品级	TFe	SiO$_2$	S			P		
			Ⅰ组	Ⅱ组	Ⅲ组	Ⅰ组	Ⅱ组	Ⅲ组
一级品	≥58	≤12	≤0.1	≤0.3	≤0.5	≤0.2	≤0.5	≤0.9
二级品	≥55	≤14	≤0.1	≤0.3	≤0.5	≤0.2	≤0.5	≤0.9
三级品	≥50	≤17	≤0.1	≤0.3	≤0.5	≤0.2	≤0.5	≤0.9
四级品	≥45	≤18	≤0.1	≤0.3	≤0.5	≤0.2	≤0.5	≤0.9

其他杂质含量要求：Cu≤0.2%，As≤0.07%，Sn≤0.08%，Pb≤0.1%，Zn≤0.1%。P含量为一般要求，按生铁品种不同对矿石的P含量要求也不同。

酸性转炉炼钢生铁矿石：P≤0.03%；

碱性平炉炼钢生铁矿石：P≤0.03%～0.18%；

碱性侧吹转炉炼钢生铁矿石：P≤0.2%～0.8%；

托马斯生铁矿石：P≤0.8%～1.2%；

普通铸造生铁矿石：P≤0.05%～0.15%；

高磷铸造生铁矿石：P≤0.15%～0.6%。

3）需选铁矿石

对于含铁量较低或含铁量虽高但有害杂质含量超过规定要求的矿石或含伴生有益组分的铁矿石，均需进行选矿处理，选出的铁精粉经配料烧结或造球后才能入炉使用。

需经选矿处理的铁矿石要求：

磁铁矿石：TFe≥25%，MFe≥20%；

赤铁矿石：TFe≥28%～30%；

菱铁矿石：TFe≥25%；

褐铁矿石：TFe≥30%。

对于需选矿石的工业类型，通常以单一弱磁选工艺流程为基础，采用磁性铁占有率来划分。根据我国矿山生产经验，其一般标准是：

单一弱磁选矿石：MFe/TFe≥65%；

其他流程选矿石：MFe/TFe<65%。

对于磁铁矿石、赤铁矿石，也可采用另一种划分标准：

MFe/TFe≥85%，磁铁矿石；

MFe/TFe=85%～15%，混合矿石；

MFe/TFe≤15%，赤铁矿石。

我国铁矿石类型多样，主要类型及比例为：磁铁矿型55.40%，赤铁矿型18.10%，菱铁矿型14.40%，钒钛磁铁矿型5.30%，镜铁矿型3.40%，褐铁矿型1.10%，混合型2.30%[12]。对于占总储量25%以上的粒度嵌布细、脉石主要为含铁硅酸盐的赤铁矿和低品位褐铁矿、菱铁矿等复杂难选氧化铁矿石的选矿技术仍没有突破性进展，使该类型铁矿资源不能充分回收利用，有的尾矿铁含量高，导致资源浪费，有的矿山铁精矿质量不高，导致降低高炉冶炼效率，还有的是低品位的褐铁矿和菱铁矿，目前不能被大规模开发利用。磁化焙烧-磁选技术是解决此类矿石分选最有效、最典型的技术方法[13]。但是，传统磁化焙烧装备主要为竖炉、回转窑等，因含铁原料粒度大、焙烧时间长、能耗高、成本高，在生产和推广应用中也受到限制。

1.3　微细粒赤铁矿选矿

我国赤铁矿资源储量大、品位低、可选性差，主要分布在辽宁、河北、甘肃、安徽、内蒙古、河南、湖北、山西、贵州等地。在赤铁矿的分选工艺方面，主要体现为赤铁矿强磁选-阴离子反浮选技术的应用。

微细粒嵌布的鞍山式赤铁矿石储量大，有近 30 亿 t。以太钢袁家村铁矿、昆钢惠民矿、湖南祁东铁矿为代表的这一类型矿石，因为嵌布粒度太细（小于 0.037mm 的占 90%）造成单体解离困难[14]。此外，铁矿物与含铁硅酸盐脉石矿物的物理化学性质相近，也造成分选困难，使其尚无法在工业上大规模利用。

1）赤铁矿全浮选流程

铁矿浮选常用的阴离子捕收剂主要有脂肪酸类、石油磺酸盐类等，最早广泛应用的捕收剂是氧化石蜡皂和塔尔油。由于氧化石蜡皂和塔尔油的选择性不好，很难使精矿达到理想的选矿指标，因此已经很少使用。近几年我国的选矿工作者主要对脂肪酸类、石油磺酸盐类药剂进行改性和混合用药，使其选择性明显提高，捕收能力增强，尤其是在阴离子反浮选捕收剂方面取得了重大进展。

长沙矿冶研究院研制的卤代脂肪酸类 RA 系列捕收剂包括 RA-315、RA-515、RA-715和 RA-915 等药剂。早在"七五"期间，RA-315 药剂就用于铁矿反浮选，采用弱磁-强磁-反浮选工艺流程选别鞍钢齐大山铁矿石获得成功，为开拓磁选-反浮选工艺流程选别我国鞍山式红铁矿奠定了基础。目前，RA 系列捕收剂已推广应用于鞍钢齐大山选矿厂、东鞍山烧结厂、安钢舞阳铁矿红山选矿生产线。RA 系列药剂捕收能力强、选择性好，其分选效率及用量可与胺类等阳离子捕收剂相媲美，对矿泥有较好的耐受性，是红矿选矿取得技术突破的关键因素之一。

工业应用的阳离子捕收剂主要是胺类捕收剂，主要包括脂肪胺和醚胺类，用于浮选硅质矿物。国内采用胺类捕收剂的选矿厂较少，且药剂种类较少，主要以十二碳脂肪胺和混合胺为主。为了解决十二胺泡沫量大、黏，影响后续处理以及选择性差等问题，鞍钢弓长岭等选矿厂采用了新型阳离子捕收剂 YS-73 和 GE-601、GE609，不仅解决了十二胺存在的问题，而且可不通过磁选直接抛尾，从而简化了工艺流程。此外，还有螯合类捕收剂。螯合类捕收剂是分子中含有两个以上的 O、N、P 等具有螯合基团的捕收剂，如羟肟酸、杂原子有机物等。由于该类捕收剂能与矿物表面的金属离子形成稳定的螯合物，其选择性相比脂肪酸类捕收剂有明显的提高，如我国相关单位曾用 Q-618（羟肟酸类）及 RN-665捕收剂对东鞍山赤铁矿石进行了浮选试验，取得了较好的选矿指标。但该类药剂对水质要求较高，且生产成本高，故一直没有工业应用。

在铁矿石反浮选抑制剂方面，淀粉及其衍生物是目前所有阴离子反浮选工艺中使用最普遍的铁矿物抑制剂，用量最大的是淀粉和羧甲基变性淀粉（阴离子）。

美国最早在铁矿石反浮选中使用苛化淀粉选择性絮凝氧化铁矿物，获得了良好的效果。淀粉对铁矿物的抑制机理，一般认为氢键的作用是最重要的。这是因为淀粉分子量大，每个葡萄糖单体有 3 个羟基，变性淀粉还带有羧基或氨基，这些极性基团既能通过氢键的作用与水分子结合，又能在含有电负性大的元素（如氧）的矿物表面吸附，从而使矿物亲水，或吸附在若干个矿粒表面，借助高分子桥联，使细粒矿物絮凝。

山西岚县某赤铁矿储量达 10 亿吨以上，矿石中假象赤铁矿、镜铁矿含量占 59%，含极少量的磁铁矿，脉石矿物主要为石英，占 39.0%；由于嵌布粒度细，大多数晶粒为 0.015~0.045mm，属于难分选铁矿石[15]。采用阳离子反浮选，磨矿细度为 -0.043mm 的占 80%，矿浆 pH 值 8.5，淀粉用量 1500g/t，GE-609 用量 300g/t，闭路试验获得了铁精矿产率 50.66%、铁精矿品位 65.91%、铁回收率 83.20%、尾矿产率 49.34%、尾矿品位 13.67% 的良好指标。鞍钢东鞍山选矿厂是目前处理能力最大的贫赤铁矿浮选厂，铁精矿品位约 62%，回收率 <70%；处理难选矿石时，精矿铁品位约 59%，但回收率仅 46% 左右。

2）强磁选-反浮选

通过强磁选，将矿石中的单体石英和易泥化的绿泥石等脉石矿物在粗磨条件下分离，从而为进一步细磨和浮选创造有利条件。强磁精矿进入反浮选作业进一步除杂，从而获得高品质铁精矿。为避免强磁选作业细粒铁矿的流失，常采用新型的 Slon 湿式立环脉动高梯度磁选机。

对赤铁矿采用的强磁选-阴离子反浮选技术，较好地适应了我国赤铁矿石的工艺矿物学特征。从我国赤铁矿石总体分布的情况来看，具有品位低、结构构造复杂、嵌布粒度细、品质差的特点[16,17]。这种特点表明我国的铁矿石必须加强预先抛尾和粗精矿再选工作。目前，强磁选作业是红铁矿石预先抛尾的有效手段，而阴离子反浮选是提高铁精矿品位的较佳方法，故两者的结合实现了磁选工艺与阴离子反浮选工艺组合的高效化。

另外，新型阴离子反浮选药剂的应用实现了赤铁矿选矿的高效节能，使其选矿效率提高，如齐大山铁矿选矿厂、调军台选矿厂、司家营铁矿、东鞍山烧结厂、胡家庙选矿厂等均通过阴离子反浮选得到了理想的选矿技术指标。

太钢袁家村铁矿属于大型铁矿床，保有储量 13 多亿 t[18]。矿床中矿石有多种类型，主要可分为氧化铁矿石和原生铁矿石[19]。氧化铁矿石又可分为石英型、镜（赤）铁矿型、闪石型和砾岩型；原生铁矿石又可分为石英型和闪石型。袁家村石英型原生铁矿石：石英型氧化铁矿石：镜（赤）铁矿型氧化铁矿石为 3∶1∶1 矿样，采用阶段磨矿-弱磁选-强磁选-反浮选工艺（图 1-5），即先磨细至 -0.076mm 占 85% 后进行一次弱磁选，其尾矿经强磁一次粗选、一次扫选；弱磁选和强磁选的混合粗精矿再磨至 -0.037mm 占 85%，通过阴离子反浮选一次粗选、一次精选、三次扫选得到最终精矿。精矿铁品位 65.36%，浮选作业回收率 88%，综合回收率 82.03%[20,21]。

3）磁化焙烧-弱磁选

采用竖炉对 20~75mm 的赤铁矿石，以焦炉和高炉混合煤气加热与还原，生成人造磁铁矿石，再进行磁选获得铁精矿产品。竖炉还原焙烧鞍山式赤铁-石英岩，具有铁精矿

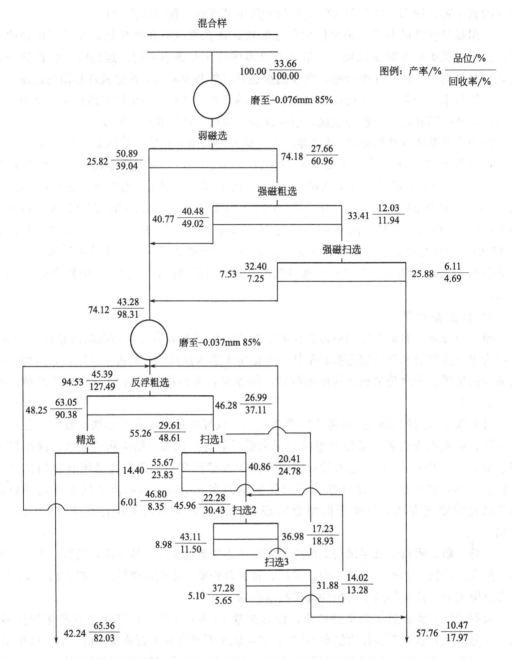

图1-5　袁家村铁矿混合样阶段磨矿-弱磁选-强磁选-反浮选数质量流程

品位65.82％和回收率78.41％的指标。

4）磁化焙烧-磁选-反浮选

为了提高焙烧磁选铁精矿质量，采用了十二胺阳离子捕收剂，在中性矿浆中进行反浮选。某选矿厂在十二胺用量为120～180g/t（对磁选精矿）的条件下，得到了铁精矿品位65.85％和回收率75.85％的指标。酒钢选矿厂焙烧-弱磁选-阳离子反浮选工艺如图1-6所示。

阳离子反浮选工艺使酒钢磁化焙烧人工磁铁精矿品位从55％提高到60.61％，SiO_2

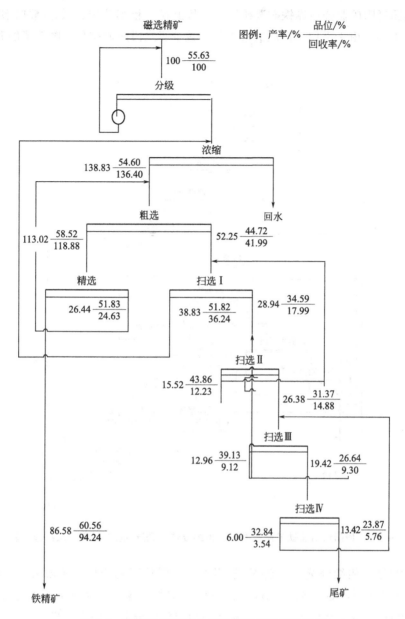

图 1-6　酒钢焙烧-磁选铁精矿阳离子反浮选流程

含量由 11％降至 5.76％，实现了历史性突破，对提高炼铁效益意义重大[22]。包钢选矿厂采用 GE-28 新型低温捕收剂，铁精矿品位从 62.27％提高至 65.07％，氟含量由 0.76％降至 0.35％，SiO_2 含量从 11.42％降低到 6.49％，K_2O+Na_2O 含量由 0.99％大幅下降至 0.23％，对包钢提铁降硅、实施高炉精料方针生产意义重大。

　　5）阶段磨矿、重选-磁选-阴离子反浮选流程

　　齐大山选矿厂采用 MZ-21 高效无毒新药剂和 Slon 型立环脉动高梯度强磁机，在金属回收率没有降低并保持选厂原有生产能力的条件下，铁精矿品位达到 67.14％，选矿药剂费用降低 24.89％，淘汰了传统的焙烧磁选工艺，能耗费用降低 48.93％，吨精矿加工成本降低 3.28％。

安钢集团舞阳矿业公司赤铁矿选矿厂为阶段磨矿、粗细分选、磁选-重选-阴离子反浮选工艺（图1-7），由于采用了阶段磨选工艺，减少了二段磨矿矿量，降低了能源消耗。

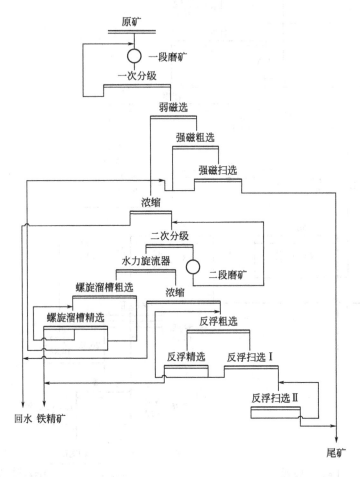

图1-7 舞阳铁山庙铁矿阶段磨矿、粗细分选、磁选-重选-阴离子反浮选工艺

与阶段磨矿、粗细分选、重选-磁选-阴离子反浮选工艺相比，阶段磨矿、粗细分级、磁选-重选-阴离子反浮选工艺的二段磨矿量明显增加。这是因为采用阶段磨矿、粗细分选、重选-磁选-阴离子反浮选工艺，粗粒部分和细粒部分分别用中磁机和强磁机抛尾，由于粗粒矿物在磁场中的磁选分离效果较细粒矿物好，因此在阶段磨矿、粗细分选、磁选-重选-阴离子反浮选工艺中，用强磁工艺对粗尾和细尾进行扫选抛尾时，扫选作业磁场强度过高，使得粗粒级贫连生体难以分离。

1.4 褐铁矿、菱铁矿选矿

褐铁矿是以含水氧化铁为主要成分的褐色天然多矿物混合物，大部分是隐晶质的针铁矿，混有纤铁矿、赤铁矿、石英、黏土等，含吸附水及毛细水[23]。褐铁矿含铁35%～

40%，高者可达50%，有害杂质S、P含量通常较高。我国探明褐铁矿储量12.3亿t，占全国探明储量的2.3%，主要分布在云南、广东、广西、山东、贵州和福建等省份。

褐铁矿在磨矿过程中极易泥化，难以获得较高的金属回收率。由于褐铁矿中富含结晶水，因此采用重选、磁选、浮选等物理选矿方法处理，铁回收率低，铁精矿品位很难达到60%（图1-8）[24]。但与菱铁矿类似，采用磁化焙烧后因烧失较高而大幅度提高铁精矿品位。

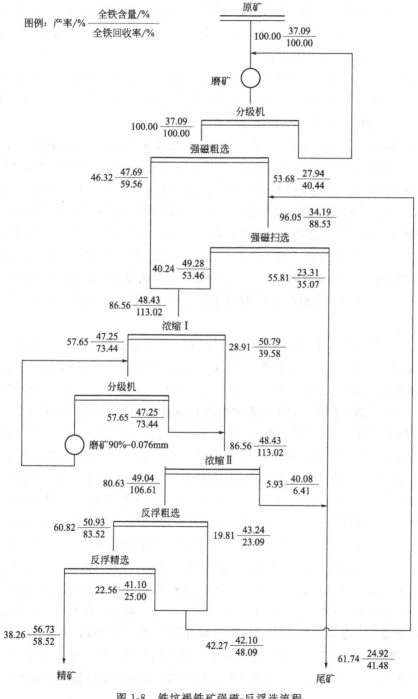

图1-8　铁坑褐铁矿强磁-反浮选流程

菱铁矿石包括单一菱铁矿石、含菱铁矿混合铁矿石及其复合铁矿石。由于菱铁矿中铁理论品位低，且经常与钙、镁、锰等元素呈类质同象共生，采用普通选矿方法铁精矿品位很难达到45％以上[25]。另外菱铁矿烧损大，降低高炉利用系数，增加能耗，因此在现代钢铁工业上的利用受到限制[26]。

我国菱铁矿资源较为丰富，储量居世界前列，已探明储量18.34亿吨，占铁矿石探明储量的3.4％，另有保有储量18.21亿吨。我国菱铁矿主要分布在湖北、四川、云南、贵州、新疆、陕西、山西、广西、山东、吉林等省（区），特别是在贵州、陕西、山西、甘肃和青海等西部省（区），菱铁矿资源一般占全省（区）铁矿资源总储量的一半以上，如陕西省柞水县大西沟菱铁矿矿床储量超过3亿吨。

我国对菱铁矿和褐铁矿资源的利用率极低，大部分没有回收利用。典型的菱铁矿、褐铁矿选矿工艺包括单一重选工艺、单一湿式强磁选工艺、单一浮选工艺、选择性絮凝浮选、强磁选-反浮选联合流程（图1-8）等[27]。

近年来，各研究单位进行了菱铁矿、褐铁矿的深度精选工作，大量的研究结果和实践经验表明，对菱铁矿选矿而言，磁化焙烧-磁选是最有效的技术。中性焙烧-弱磁选或还原磁化焙烧-弱磁选是最可靠的菱铁矿选矿技术，虽然加工成本高，但随着铁矿资源紧缺和价值的升高，该技术的研究和应用逐渐趋于升温，如陕西大西沟铁矿典型菱褐铁矿共生矿床，采用磁化焙烧-磁选-反浮选工艺流程，在工业生产中取得了铁精矿TFe 60.63％、全铁回收率75.42％的技术指标。对褐铁矿而言，磁化焙烧和选择性絮凝-强磁选是回收褐铁矿的最有效途径。生产实践表明，该工艺可将某矿含大量易泥化褐铁矿石的金属回收率提高10％～15％。研究认为提高絮凝-强磁选作业分选效率的关键在于正确调控矿石颗粒分散、絮凝过程。

江西省新余钢铁公司铁坑铁矿原矿铁品位36.84％，铁矿物主要以赤褐铁矿为主，占94.19％，磁铁矿仅占2.8％，采用磨矿-强磁选-再磨-反浮选和磨矿-强磁选-再磨-强磁选-反浮选工艺流程处理，获得了TFe大于57％、SiO$_2$含量小于5.5％、全铁回收率为58.89％～60.78％的铁精矿；如采用磁化焙烧-磁选流程，焙烧矿中铁品位提高3％，这主要是原矿烧损导致的，弱磁选精矿铁品位达到了60.86％，铁回收率80％以上（表1-6）。原矿中铁的赋存状态较为复杂，磁铁矿中铁的比例很低，只有2.8％，而以赤褐铁矿形式存在的铁高达94.17％。通过焙烧后，铁的赋存状态发生了较大改变，强磁性铁矿物占比大大增加，说明焙烧过程中原矿中绝大部分赤褐铁矿都已转化为磁铁矿。焙烧矿经过磨矿-弱磁选选别可得到铁品位59％以上的粗选铁精矿，回收率90％以上，尾矿中铁含量可降至6.21％～8.85％；如果对该粗选铁精矿再进行一步精选，则可将精矿铁品位提高至61％以上，回收率达到80％；如再对该铁精矿进行阳离子反浮选脱硅，将硅含量降至5％以下，则铁精矿品位可提高到65％以上，铁坑选矿厂的铁精矿就可能变成优质铁精矿。

表1-7展示了全国主要钢铁企业的褐铁矿选别工艺和技术指标。从表中可以看出，国内褐铁矿品位普遍较低，基本不足40％，导致后续分选困难。现阶段，绝大部分企业都采用磁化焙烧-磁选加浮选工艺对其进行提铁降杂，可以取得较好的精矿品位和回收率指标；也有的企业采用强磁-反浮选工艺对褐铁矿进行选别，处理成本较低，但是精矿品位和回收率不高。

表 1-6　铁坑褐铁矿磁化焙烧-磁选试验结果

焙烧时间	产品	产率/%	TFe/%	回收率/%
40min	精选精矿	53.07	61.67	83.09
	精选中矿	8.88	48.39	10.91
	粗选精矿	61.95	59.77	94.00
	粗选尾矿	38.05	6.21	6.00
	合计	100.00	39.39	100.00
60min	精选精矿	57.49	60.75	88.09
	精选中矿	3.49	45.59	4.01
	粗选精矿	60.98	59.88	92.10
	粗选尾矿	39.02	8.03	7.90
	合计	100.00	39.65	100.00
90min	精选精矿	48.77	60.47	75.49
	精选中矿	11.32	53.38	15.46
	粗选精矿	60.09	59.13	80.96
	粗选尾矿	39.91	8.85	9.04
	合计	100.00	39.06	100.00

表 1-7　褐铁矿选矿工艺及指标[28-38]

产地	原矿品位/%	选矿工艺	精矿品位/%	回收率/%
山东	25.34	强磁-弱酸性浮选	48.42	73.07
昆钢	34.92	氯化离析-弱磁选	77.24	80.20
河南	44.14	阶段磨矿-高梯度磁选和反浮选和阶段磨矿-高梯度磁选	52.00	58.45
湖南	40.38	分级-磁选	52.99	55.80
铁坑	37.00	强磁-正浮选、强磁-反浮选和磁选-正浮-强磁	56.00	58.00
江西	41.91	磁化焙烧-磁选	64.83	78.88
广西	52.07	还原焙烧-磁选	63.27	95.99
云南	43.52	反浮选-磁化还原焙烧-超细磨磁絮凝	69.57	71.62
重钢	33.26	闪速磁化焙烧-弱磁选	60.09	81.37
云南	37.54	焙烧-磁选	62.00	85.00

新疆某铁矿主要金属矿物为褐铁矿，其次为赤铁矿，有少量磁铁矿；脉石矿物以透闪石和角闪石为主，其次为透辉石、石榴子石，有少量黑云母、方解石、绿泥石和绿帘石。可用选矿方法有正浮选、反浮选、摇床重选、弱磁-强磁、焙烧-磁选。

由表 1-8 可以看出，磁化焙烧-磁选工艺的分选指标远高于其他工艺，在原矿品位46.5%的情况下，磁化焙烧-磁选工艺可获得精矿铁品位59.24%、回收率92.90%的技术指标。而前 4 种方法，摇床重选的精矿品位最高，但回收率低；弱磁选-强磁选的回收率最高，但精矿品位低；正浮选的两个指标皆位居第二，且都较高。因此，正浮选是仅次于焙烧磁选的选矿方法。从经济方面考虑，弱磁选-强磁选-正浮选工艺或分级-重选-细粒级浮选工艺联合流程是处理该矿石较适宜的工艺。菱铁矿焙烧后因烧损较大而大幅度提高铁精矿品位，可作为优质的炼铁原料。

表 1-8　某褐铁矿各选别方法结果对比

选别方法	精矿产率/%	精矿品位/%	回收率/%
正浮选(闭路)	50.65	56.74	62.08
反浮选(开路)	48.18	52.20	54.54
摇床重选	43.42	57.90	54.32
弱磁选-强磁选	68.87	52.71	78.26
磁化焙烧-磁选	67.22	59.24	92.90

单一菱铁矿石(包括含赤、褐铁矿和镜铁矿的矿石)的选矿工艺比较简单，一般粗粒或粗粒嵌布的单一菱铁矿石选矿采用重选(跳汰、重介质)、粗粒强磁选、焙烧-磁选及其联合流程者居多，而对于细粒嵌布的菱铁矿石，焙烧-磁选最为有效，另外还可采用强磁选、浮选或磁浮联合流程。

对于磁、菱(赤、褐、镜)铁矿石，选矿工艺相对比较复杂，一般采用弱磁选与焙烧-磁选、重选、强磁选或浮选相串联的联合流程，或者磁化焙烧-磁选工艺与其他方法的并联流程。

陕西柞水县大西沟菱铁矿是我国最大的菱铁矿产地，属于沉积变质菱铁矿类型。其矿石组成简单，铁矿物以菱铁矿为主，其次是褐铁矿和少量的磁铁矿，铁矿物中还因类质同象作用含有一定数量的 Mg^{2+} 和 Mn^{2+}，根据 $MgCO_3$ 分子百分含量较高的特征，可将其称为镁菱铁矿。脉石矿物主要为石英和绢云母，其次是绿泥石、铁白云石、白云母和重晶石等(表 1-9)。

表 1-9　陕西大西沟菱铁矿石原矿化学多元素分析结果

组分	TFe	FeO	Fe_2O_3	SiO_2	Al_2O_3	CaO	MgO	MnO	CO_2	烧失
含量/%	25.00	24.30	8.74	32.24	9.03	0.58	2.14	0.85	18.41	18.21

菱铁矿中性焙烧-干式自然冷却-异地磁选技术：在 700℃下焙烧 70min 的焙烧矿先封闭冷却至 400～300℃，再排入空气中冷却至室温，可形成强磁性的磁铁矿和 γ-Fe_2O_3[39]。焙烧矿的磁选流程试验获得了精矿铁品位 59.56%～59.37%、铁回收率达 72.03%～73.72% 的良好指标。

悬浮态磁化焙烧细粒菱铁矿：悬浮态焙烧是在气体和固体颗粒相互剧烈运动的状态下进行的，与竖炉、回转窑等焙烧工艺相比，具有气固接触面积大、传热传质迅速、反应速率快、焙烧矿质量均匀、焙烧能耗小、易于实现大型化等优点，焙烧 3min 就可达到较好的指标。在焙烧矿的自然冷却过程中，不同出炉温度对焙烧矿结晶过程的影响不同。温度 500～400℃为相变激烈区域，将焙烧矿密闭冷却至 400℃以下后与空气接触对产品质量的影响不大；使焙烧矿在空气中快速冷却能够获得质量较好的产品，铁精矿品位达到 60.07%，铁回收率为 90.77%。

陕西大西沟菱铁矿焙烧-磁选-反浮选工艺：焙烧矿品位 30.08%，最终精矿品位 61.48%，总尾矿铁品位 8.25%，金属回收率 83.83%。已建成年处理能力 90 万吨的生产线，为低品位复杂菱铁矿的利用奠定了坚实的技术基础。

1.5 多金属共（伴）生铁矿选矿

我国铁矿石的共（伴）生组分多，化学成分复杂。据统计，全国已勘探的 2034 处铁矿产地中，呈单一铁矿床的 1588 处，以铁为主的 280 处，共（伴）生铁矿床 166 处。多组分铁矿石常伴生有钒、钛、稀土、铌、铜、锡、钼、铅、锌、钴、金、铀、硼、硫和砷等元素。该类矿石的特点是矿物组成及共生关系复杂，由此造成选别指标低及共伴生有价元素的回收率低，国内选厂大都研究采用磁选-浮选或浮选-磁选联合流程处理该类矿石。

包头白云鄂博型铁矿是我国独有的铁矿床类型，属于沉积-热液交代变质矿床，是一个以铁、稀土、铌等为主的多金属大型共生矿；含有 71 种元素，170 多种矿物，分为磁铁矿石和氧化铁矿石两类。氧化铁矿石因矿物嵌布粒度细、共生关系复杂、有用矿物和脉石的物化性质相近而难以分选。该矿区由主、东、西矿体组成，主、东矿体平均含铁品位 36.48%，稀土氧化物品位 5.18%，氟品位 5.95%，铌氧化物品位 0.129%。根据主、东矿的物质组成和矿石的可选性，矿石可划分为富铁矿、磁铁矿、萤石型中贫氧化矿和混合型（包括钠辉石、钠闪石、云母、白云石型）中贫氧化矿。矿石类型不同，主要元素含量变化甚大。富铁矿、磁铁矿属易选矿石；萤石型、混合型中贫氧化矿属难选矿石。混合型矿石中的脉石主要为钠辉石、钠闪石和黑（金）云母等含铁硅酸盐矿物，比萤石型中贫氧化矿更难选。铁矿物中原生赤铁矿嵌布粒度最细，然后依次为褐铁矿、假象赤铁矿、磁铁矿。原生赤铁矿在 -43mm 粒级中占有率为 80% 以上，稀土矿物在 -43mm 粒级中占有率为 50%，易解石 $[(Ce,Th)(Ti,Nb)_2O_6]$ 之外的铌矿物在 -20mm 粒级中占有率为 50% 以上。

从 20 世纪 60 年代开始，我国对白云鄂博铁矿铁、稀土、铌的选矿组织过多次科技攻关，详细研究过 20 多种选矿工艺流程。1990 年，长沙矿冶研究院与包钢合作，采用弱磁选-强磁选-浮选工艺流程改造包钢选矿厂的氧化铁矿石选矿系列[40]，工业试验获得了重大突破。该工艺首先利用矿物磁性差异，采用弱磁选-强磁选工艺将矿物分组，获得富含铁的磁选铁精矿、富含稀土和含铌矿物的强磁选中矿以及含一部分稀土和大量脉石的强磁选尾矿；然后对强磁精矿进行反浮选处理，除去氟、磷等碳酸盐、磷酸盐矿物，获得含铁 63% 以上的铁精矿；同时浮选的泡沫产品——稀土精矿中的 Nb_2O_5 含量较原矿富集约 1 倍，可从中回收铌矿物。浮选流程调整剂选用硅酸钠，捕收剂为烃基磺酸和羧酸。1993 年，连续生产结果显示，按该流程改造全部氧化铁矿石选矿系列选矿效果良好，铁精矿品位 60%～61%，铁回收率 71%～73%。其中有害杂质含量氟 0.78%，磷 0.12%；稀土精矿稀土品位为 50%～60%，平均 55.31%，稀土回收率 12.55%，稀土中矿稀土品位为 34.49%，稀土回收率 6.01%，稀土总回收率 18.56%。

在弱磁选-强磁选-浮选工艺中，除了弱磁选可以脱除部分含铁硅酸盐矿物外，强磁选、浮选不仅无法去除含铁硅酸盐矿物，而且含铁硅酸盐矿物在强磁选、浮选精矿中得以相对富集，主要富集在强磁选精矿中[41]。据统计，强磁选精矿中含铁硅酸盐矿物量占矿

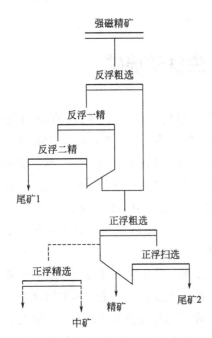

图 1-9　包钢选厂反浮选-正浮选新工艺流程

物总量的 15.20%，这部分矿物的存在影响了强磁选精矿品位的提高，致使生产中强磁选-浮选后的精矿品位徘徊在 55%左右；白云鄂博铁矿硅酸盐含量高，不仅降低了铁精矿品位，同时，SiO_2、K_2O、Na_2O 等杂质含量升高，导致其冶炼性能差，高炉利用系数低。鉴于此，为提高强选精矿铁品位，降低钾、钠等有害杂质，包钢选矿厂于 2003 年 8 月至 2005 年对强磁选精矿进行新浮选工艺及新药剂的试验研究，确定了对强磁选精矿采用碱性反浮选-酸性正浮选工艺，流程如图 1-9 所示。

包钢氧化矿采用新工艺即弱磁选精矿单一反浮选、强磁选精矿反浮选-正浮选工艺可使铁精矿品位（质量分数）达到 66%，铁精矿回收率为 68.78%，铁精矿中 F、K_2O+Na_2O 及 SiO_2 的含量（质量分数）分别为 0.482%、0.243%、3.25%。与原先采用的弱磁选-强磁选-反浮选工艺流程相比，铁精矿品位提高 3.16%，铁精矿回收率降低 2.09%，铁精矿中 F、K_2O+Na_2O 及 SiO_2 的含量分别降低 0.087%、0.371%、1.60%，综合铁精矿品位提高 1%左右。该工艺首先利用反浮选将萤石、稀土、重晶石、碳酸盐等易浮矿物与弱磁性铁矿物、硅酸盐矿物分离，然后在弱酸条件下，改变矿物表面电性正浮选铁，达到硅铁分离的目的。

四川省攀枝花钒钛磁铁矿储量占我国钒钛磁铁矿总储量的 87%左右，主要有用矿物为钒钛磁铁矿和钛铁矿。钒钛磁铁矿采用弱磁选易于回收，磁选厂于 1978 年建成投产，年产 5 万 t 钛精矿的选钛厂也于 1979 年底建成投产，1990 年规模扩大至 10 万 t/a。其入选原料为选铁尾矿，首先按 0.045mm 分级为两部分，然后大于 0.045mm 级别的钛铁矿，采用重选-强磁选-脱硫浮选-电选工艺流程回收粗粒级；含 TiO_2 大于 47%的钛铁矿，相对原矿的回收率 10%左右。1997 年细粒钛铁矿浮选捕收剂及强磁选-脱硫浮选-钛铁矿浮选工艺流程研究成功，采用 MOS 浮选捕收剂，在弱酸性矿浆中处理小于 0.045mm 的细粒级钛铁矿，浮选钛精矿品位 47%～48%，细粒级钛综合回收率 10%左右，粗、细粒钛精矿总回收率为 20%，为攀钢钛铁矿选矿翻开了新的一页[42,43]。

新疆某铜铁难选矿采用铜、硫优先浮选-尾矿脱泥-磁选铁的工艺流程，最终获得如下指标：铜精矿铜品位 19.07%，回收率 79.25%；铁精矿品位 63.91%，回收率 67.64%；硫精矿硫品位 27.16%，回收率 52.06%。

武钢大冶铁矿选矿厂处理的矿石分为氧化矿和原生矿，主要金属矿物有原生磁铁矿、黄铜矿、黄铁矿、磁黄铁矿、斑铜矿、铜蓝，含少量金银等，脉石矿物有石榴石、角闪石、透辉石、绿泥石与方解石等。矿石中自然金含量极少。在浮选精矿中，光学显微镜下所见的自然金表面清洁，形态并不复杂，主要为角粒状、尖角粒状，其次为长角粒状，少量为板片状、针线状。金的粒度较细，均小于 0.074mm。在浮选精矿中，自然金呈单体的占 57.88%，与黄铁矿连生的占 26.21%，在黄铁矿与黄铜矿粒间的占 3.56%，与黄铜矿连生的占 0.49%，与脉石连生的占 11.86%。在硫化物中，含钴矿物以黄铁矿为最富，磁黄铁矿、黄铜矿次之。黄铁矿中含钴一般为 0.2%～0.7%，平均品位 0.49%。选矿厂采用了铜硫浮选-弱磁选-强磁选的工艺流程，如图 1-10 所示。破碎采用三段一闭路流程，原矿最大粒度为 500mm，最终破碎粒度为 8mm。磨矿采用两段闭路流程，磨矿细度为 −0.074mm（75%），再磨细度为 −0.074mm（90%）。铜硫混合浮选采用一粗二扫二精，分离浮选采用一精二扫二精，原矿中铁品位为 42.86%、铜品位为 0.32%、硫品位为 1.69%，铁精矿品位为 64.50%，回收率为 81.00%，铜精矿中铜品位为 25.40%，铜回收率为 75.41%，铁品位 45.00%，铁回收率 1.00%，硫精矿品位为 47.30%，回收率为 48.14%。

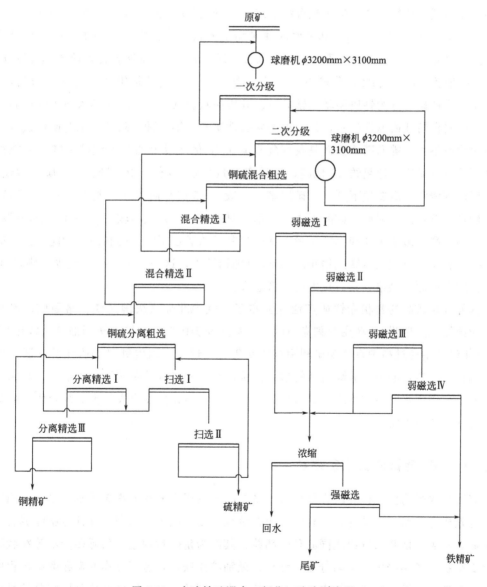

图 1-10　大冶铁矿混合（氧化）矿选别流程

1.6 高磷鲕状赤铁矿特征及选冶技术

目前最难选的铁矿石——隐晶质鲕状赤铁矿是在温度、压力等条件相对比较稳定的海相沉积环境下形成的，所以矿物颗粒极细。其5～10μm的纹层是由无数个赤铁矿颗粒组成的，在放大镜下仍然无法分辨赤铁矿的晶型，科学家们给这种结构起名叫隐晶质结构。隐晶质赤铁矿组成了鲕状赤铁矿矿石[44]。

鄂西高磷铁矿矿石因最早在湖南省宁乡发现而被称为"宁乡式"铁矿，属于生物掺和作用下强烈搅动环境中的同生机械沉积矿床[45]，矿石铁品位一般为35％～40％，有部分富矿铁品位可达45％～50％。其主要的铁矿物是赤铁矿，其次是菱铁矿，还有少量的磁铁矿及褐铁矿[46]。矿石中含磷高，一般为0.4％～0.6％，部分矿石含磷高达1％以上；硅含量一般为10％～15％，贫矿石中可达15％～30％。按矿物组合及化学性质的不同，可将宁乡式铁矿石分为钙质鲕状赤铁矿石、硅质鲕状赤铁矿石、绿泥菱铁质赤铁矿石。第一种一般属自熔性或碱性矿石，第二种多属酸性矿石，第三种一般处于工业矿体边缘，目前利用价值不大。鄂西高磷铁矿是我国蕴藏量在10亿吨以上的7大铁矿中唯一未能被开发利用的巨型矿床，储量约22亿吨，远景资源量可达30亿～40亿吨[47]，属巨型铁矿。其矿层埋藏较深，需要地下开采，矿层多（一般3～5层）而薄（一般1～3m）、倾角缓，顶板围岩不够稳固，因而采矿时围岩混入率相对较高，开采成本较高。并且由于铁矿石中含磷过高，严重影响生铁和钢的质量，从而限制了该矿在工业上的利用。如能对此类矿石加以开发利用，以宝武钢铁武钢年产2000万吨钢计算，这一巨型铁矿带至少可满足其10年以上的生产原料供给，具有重大的经济意义。

国外含磷较高的鲕状赤铁矿广泛地分布于西欧中北部（法国昂儒、诺曼底、洛林地区，德国德克萨斯州）、乌克兰刻赤地区、加拿大和美国部分地区。法国洛林地区在20世纪20年代开始通过高炉直接配矿利用这些铁矿石。近年来国内针对鄂西铁矿开展了以提高铁品位为主要目的同时兼顾脱磷的选矿试验研究，并对选矿精矿进行了造球、烧结、高炉配矿及高磷铁水脱磷预处理的试验研究，从选冶一体化角度出发，探寻综合优化和效益最大化的工艺技术路线[48,49]。

1.6.1 鲕状赤铁矿工艺矿物学

以鄂西铁矿为例，该高磷赤铁矿为宁乡式海相沉积型鲕状赤铁矿矿石，主要为鲕状构造，赤铁矿呈针状、细鳞片状集合体嵌布在鲕绿泥石、黏土矿物中，并常与鲕绿泥石、黏土矿物、石英、磷灰石等组成同心环带鲕粒；其次为角砾状构造，角砾多为不等粒状石英等脉石矿物，胶结物中常均匀分布有细粒、微细粒赤铁矿，这部分赤铁矿在磨矿过程中很难单体解离，而胶结物集合体中铁含量往往不高。鲕状矿石的特殊结构是影响分选过程铁收率与脱磷率的主要因素之一[50]。

某鲕状赤铁矿的多元素化学成分分析结果、铁的化学物相分析结果分别列于表1-10、表1-11。可以看出：

　　（1）鄂西恩施鲕状赤铁矿中可供选矿回收的主要组分是铁，矿石磁性率 TFe/FeO 的比值为23.96，碱性系数 $(CaO+MgO)/(SiO_2+Al_2O_3)=0.19$。

　　（2）需要选矿排除的造渣组分主要是 SiO_2 和 Al_2O_3。有害杂质硫的含量很低，但磷的含量高达0.87%。

　　（3）铁的赋存状态较为简单，呈赤（褐）铁矿产出的高价氧化铁占95.69%，加上分布在磁铁矿和碳酸盐中的铁，分布率合计为97.01%，此部分铁即为选矿可以回收的最大理论回收率。

表1-10　某隐晶质鲕状赤铁矿化学成分　　　　　　单位：%

成分	TFe	FeO	SiO				

成分	TFe	FeO	SiO_2	Al_2O_3	CaO	MgO	P
含量	44.08	1.84	18.42	7.31	4.31	0.66	0.87
成分	Na_2O	K_2O	S	烧失	TFe/FeO	碱性系数	
含量	0.12	0.47	0.031	3.96	23.96	0.19	

表1-11　某隐晶质鲕状赤铁矿铁物相分析结果　　　　　　单位：%

铁相	磁铁矿中铁	赤铁矿中铁	碳酸盐中铁	硫化物中铁	硅酸盐中铁	合计
金属量	0.5	42.18	0.082	0.04	1.28	44.08
分布率	1.13	95.69	0.19	0.09	2.90	100.00

1.6.2　鲕状铁矿石选矿现状及存在的问题

　　铁矿石中含磷过高，会严重影响生铁产品的质量[51]；磷与铁结合生成 Fe_3P，它和铁形成二元共晶的 Fe_3P-Fe，使钢产生冷脆现象。对高炉炼铁而言，磷含量越低越好，应该尽量降低炉料的含磷量。平炉生铁中磷含量不超过0.3%，托马斯生铁不大于1.6%～2.0%，贝塞麦生铁不超过0.07%。

　　铁矿石中 Al_2O_3 含量过高，会恶化烧结矿还原粉化性能，在炼铁过程中将导致炉渣熔点升高、黏度增大，渣铁分离困难，高炉利用系数降低[52,53]，因此我国广西、安徽等地以及毗邻的东南亚国家储量丰富的含铝铁矿石尚未得到有效利用。高炉炉渣中 Al_2O_3 的含量一般在12%～15%之间，以保证渣的流动性。烧结矿中含有一定量的 Al_2O_3，可以改善烧结矿的性能，降低其熔化温度，增加液相量，保证烧结矿的机械强度，因此炼铁原料中 Al_2O_3 的含量一般为1.5%～2.0%。鄂西高磷鲕状铁矿石 Al_2O_3 的含量在7%以上，是必须分选去除的脉石成分。随着优质铁矿资源的逐渐减少，开发利用此类资源，实现铁铝的高效分离，对缓解我国铁矿资源严重短缺的局面具有重要意义。

　　由于鲕状赤铁矿具有嵌布粒度微细及其相互层层包裹的结构，很不利于矿石的单体解离。该矿石经过碎矿与磨矿，易形成微细颗粒且矿泥较多，分选非常困难。

　　（1）鲕状铁矿石大多为高磷贫矿、硅质鲕状铁矿石（包括石英型、绿泥石型和黏土型）和钙镁质鲕状铁矿石（方解石和白云石型）。矿石顶底板围岩和夹石为砂岩、页岩、板岩、灰岩和少量砾岩，常由于岩薄（厚 1～3m），且多层产出，造成采样时围岩混入率较高（通常围岩混入率达 15%～25%），因而降低入选矿石品位，均需选矿除去。

（2）矿石矿物组成比较复杂，主要铁矿物为赤铁矿，其次为菱铁矿和褐铁矿，磁铁矿少；主要脉石为石英、绿泥石、方解石、白云石等。赤铁矿、褐铁矿因有各种微细的硅质、黏土、绿泥石等均匀分布于其中而难以分离提纯，使其含铁量往往低于其理论品位。由于主要脉石矿物绿泥石含铁量较高（18%～39%，一般 20%～35%），使含绿泥石较多的铁矿石收率降低。而且其相对密度、比磁化系数和可浮性与赤铁矿、褐铁矿差异小，导致难以脱除而影响精矿质量。

（3）矿石呈鲕粒状构造，其鲕粒、碎屑和胶结物组成含量与嵌布特征对其分选影响很大，富铁鲕粒和铁质胶结物多的，铁矿物与脉石较易分选，但这种类型很少。大多数鲕粒含杂质较多，其铁含量仅 42%～55%，且鲕粒细，宽度在 0.1～0.8mm。所以铁矿物和脉石相间排列或彼此混杂组成同心圆的环带多（一般 2～8 层，最多达 40 层）而且薄（0.01～0.05mm，小至几微米以下），还有部分铁矿物呈细粒和不规则状嵌布于胶结物中。鲕粒和胶结物中的铁矿物都为微细粒浸染，一般为 0.001～0.05mm，机械选矿很难得到理想的结果。

（4）铁矿物嵌布粒度极细，如要使其环带解离或鲕核单体解离必须磨至 30μm 以下或者几微米。

（5）近地表的赤铁矿和菱铁矿、铁白云石常常由于风化作用而形成褐铁矿，含泥量增多。黏土型鲕状矿石，因鲕粒和胶结物中的铁矿物常均匀地混杂有黏土矿物，硬度大大降低，与石英或含微细石英的铁矿物硬度相差悬殊，造成赤铁矿选择性泥化。

（6）由于矿石中磷以钙磷酸盐的形式存在，通过浮选降磷亦会导致白云石等的钙盐脱出，影响铁精矿的碱度，进而影响矿石的自熔性。如在上海梅山铁矿的反浮选降磷试验中，降磷后铁精矿产品中的 MgO、CaO 含量分别由原矿的 1.80% 和 3.19% 降至 1.52%～1.67% 和 2.73%～2.87%，使精矿的碱度降至 0.8 以下，产品的自熔性受到破坏，增加了冶炼成本。

国内外许多学者就铝铁分离开展了磁选、浮选、磁选-浮选联合等物理选矿研究，取得了一定的进展，但是物理法只适用于结构简单的矿石，对于铝铁嵌布关系复杂的矿石铝铁分离效率低[54]；化学法铝铁分离以盐酸法及氯化法研究最多，铝铁分离效果好，如能开发廉价高效的分离剂，解决环境污染问题，将具有广泛的应用前景；生物法铝铁分离主要利用微生物脱除矿石中的铁，该法环境污染小，但是也存在铝铁分离效果有限、反应时间较长、矿浆浓度过低不利于大批量处理等问题。冶炼法主要有熔炼法、直接还原法、磁化焙烧法及还原烧结法。国外许多学者使含铝赤泥在高炉或电炉内熔炼直接炼铁，取得了初步成果[55,56]；梅贤功等[57]对含铝 15.32% 的赤泥配入催化剂，采用内配煤直接还原，得到了铁品位 91.79% 的还原铁粉，但是难以实现大规模工业化生产。

国外鲕状赤铁矿按矿床成因主要分为克林顿型和明尼特型两大类，前者相当于我国的宣龙式，后者相当于我国的宁乡式。矿石中的主要金属矿物是褐铁矿（或针铁矿）、菱铁矿[58]，主要脉石是石英、方解石、绿泥石、黏土等。俄罗斯、西欧、北美的鲕状铁矿石储量都很大，因而这些国家对这类矿石的选矿方法进行了广泛研究。国外鲕状矿原矿品位多在 30%～40% 之间，除磁化焙烧-磁选可得到 55% 的精矿品位外，一般选矿精矿品位都在 40%～50% 之间。国外处理鲕状铁矿石主要采用重选（联邦德国卡贝尔希特及伦格德选矿厂）、强磁选（法国迈特赞基选厂和联邦德国配格奈磁选厂）工艺。俄国利萨柯夫采用重选-跳汰-强磁选处理鲕状褐铁矿。

隐晶质鲕状赤铁矿的利用方法主要有重选、强磁选、浮选及其联合流程和磁化焙烧-磁选、直接还原-磁选、酸浸、生物浸出等。研究表明仅采用常规物理选矿方法，各项指标不理想且无法得到合格的铁精矿。目前较有效的方法是磁化还原焙烧-细磨-磁选。

隐晶质鲕状赤铁矿结晶粒度细，鲕环嵌套复杂，气固还原反应内扩散速度慢，更容易发生欠还原和过还原现象，新生成的人造磁铁矿晶粒长大困难。还原生成磁性 Fe_3O_4 时存在过还原（生成非磁性 FeO 及复合化合物）和欠还原、低熔点化合物（橄榄石）黏结等现象[59]，需明确鲕状赤铁矿中主要的酸性脉石成分（SiO_2、Al_2O_3）在磁化还原过程中的相变迁移规律，提高磁化还原率，建立科学的鲕状赤铁矿磁化还原热工制度，形成鲕状赤铁矿磁化还原重构人工磁铁矿晶体的调控机制，为使用磁化焙烧技术开发鲕状赤铁矿提供理论依据，可促进国内近 100 亿吨此类矿石的规模化开发，带来显著的经济效益，同时大幅度减少固体废物堆放，具有较好的环境效益。

王燕民等[60]针对广西屯秋鲕状赤铁矿进行了聚磁介质、背景场强、给矿流速及比磁负荷量等试验，有效分选粒度下限可达 10μm。在梅山铁矿选矿脱磷工业试验中，采用 Slon-1500 型立环脉动高梯度磁选机，含磷 0.399% 的原矿分选后得到了含磷 0.246% 的铁精矿，取得了一定效果[61]。

鲕状赤铁矿嵌布粒度细，为使其单体解离，往往需要细磨，而使用常规物理分选方法由于捕收困难，回收率低。近年来，迅速发展起来的选择性聚团分选工艺为微细粒矿物分选提供了广阔的前景。其主要工艺有高分子絮凝分选、疏水聚团分选、磁聚团与磁种聚团分选以及复合聚团分选。当被分选的矿物间单一颗粒性质差异较小时，选择性聚团可使矿物间的差异增强，同时又保持较高的选择性。

纪军[62]对宁乡式鲕状高磷铁矿石进行了分散-选择性聚团-反浮选降磷试验，含磷量由原矿中的 0.570% 下降到铁精矿中 0.236%，铁的回收率达到 90.57%，但精矿含铁品位仅为 54.11%。王秋林等[63]的试验结果表明：采用还原磁化焙烧-弱磁选-阴离子反浮选工艺流程可获得产率 56.20%、品位 TFe 61.88%、含磷 0.25%、铁回收率 79.95% 的铁精矿，对开发同类或类似复杂难选高磷铁矿具有参考借鉴意义。

对鄂西鲕状赤铁矿（0～6mm）进行动态磁化焙烧，焙烧矿粗磨至 -0.045mm 占 87.84%，磁选精矿品位达 57.47%，精矿回收率 89.72%，继续进行反浮选，粗精矿品位提高到 60.17%，全流程铁收率为 78.94%；铁精矿中磷含量降至 0.22%（图 1-11）。提高入浮细度，对降磷有一定的效果，但铁回收率损失大。

以硝酸、盐酸或硫酸对矿石进行酸浸脱磷是一种较为有效的脱磷方法，而且矿石中的磷矿物无须完全单体解离，只要暴露出来与酸液接触就可达到降磷的目的。但此法脱磷耗酸量大、成本高，而且容易导致矿石中可溶性铁矿物溶解，造成铁的损失。卢尚文等[64]

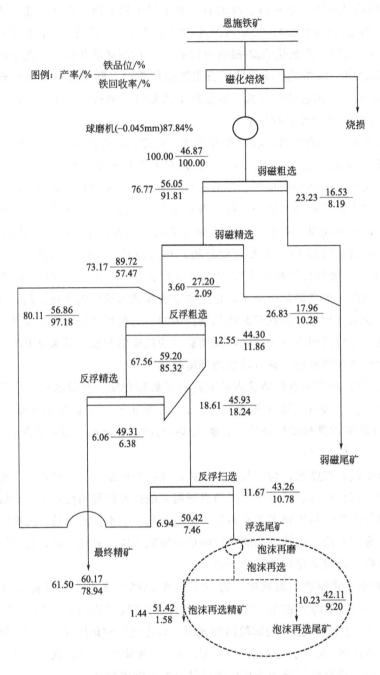

图 1-11　鲕状赤铁矿动态磁化焙烧-磁选-反浮选流程

采用解胶酸式浸矿，实现了乌石山宁乡式鲕状嵌布式高磷铁矿的抗盐保铁脱磷，有效地脱除了乌石山铁矿中 40%～50% 的磷，并提高铁品位 4%～6%。

　　生物冶金技术以低能耗、无污染等特点逐渐显示出其强大的优势[65,66]。微生物脱磷主要是通过代谢酸降低体系 pH 值，使磷矿物溶解；同时代谢酸还会与 Ca^{2+}、Mg^{2+}、Al^{3+} 等离子螯合，形成络合物，从而促进磷矿物的溶解。皮科武等[67]对鄂西某高磷铁矿石（铁品位 43.5%，磷含量 0.85%）进行了生物浸出脱磷研究，采用 At.f 菌和黑曲霉菌进行微生物浸矿除磷，浸出后固体中的磷含量分别为 0.25％、0.22％。为降低原矿、强磁精矿、磁化焙烧-弱磁精矿的磷含量，武汉理工大学生物实验室经过富集、筛选、驯化、诱变等过程培养出了高效溶磷微生物菌种，该菌种能够摄取矿石中的磷元素作为其营养物质，且代谢为酸，具有较高的溶磷活性。采用生物浸出降磷，工艺新颖、有创造性，菌种A、B 对鄂西鲕状赤铁矿均有比较好的脱磷效果，但尚需对细菌的生长条件、浸出周期、经济成本等做进一步考查。

以目前的常规选矿技术对高磷鲕状铁矿进行选矿，得到的精矿产品含铁品位较低，含磷量高，而以此精矿作为原料进行高炉冶炼，会导致高炉铁水磷含量超标。对于高磷铁水，采用铁水预处理技术进行脱磷，使之达到炼钢的要求，是开发利用高磷鲕状铁矿的方向之一。

2

磁化焙烧原理及过程

目前我国由于复杂难选而暂难利用的铁矿资源储量约 200 亿吨，占铁矿石总储量的 21%。其中有相当大的一部分采矿条件好，初期均可露天采矿，只是因为选矿困难而不能被开发利用。属于该类矿石的有菱铁矿、褐铁矿、微细粒赤铁矿、鲕状赤褐铁矿等，含铁低、嵌布粒度细，还伴生有大量物理、化学性质与其相近的含铁硅酸盐等脉石矿物，造成分选难度很大。为了合理开发利用这些矿产，往往采用强磁选-反浮选等较复杂的选矿工艺多段分选[68]。但由于原矿结构构造复杂，分选效果差，不仅很难得到高质量的铁精矿，而且还产生占原矿 25%～45% 的难选中矿。这些中矿含铁 35%（质量分数）左右，多次精选也不能达到产品质量要求，其处理是目前我国铁矿选矿的一个重大难题。若将其选入铁精矿产品，则大幅度降低铁精矿品位，增加炼铁成本；若丢入尾矿中，则铁的损失高，造成资源浪费。由于选矿技术没有取得突破性进展，目前这些难选中矿只好丢弃在尾矿库，从而导致选矿总回收率很低。磁化焙烧-磁选技术是处理中低品位赤铁矿、水赤铁矿、褐铁矿及菱铁矿等弱磁性铁矿石最有效的方法之一[69]。

2.1　磁化焙烧反应热力学分析

适用于磁化焙烧的铁矿石一般为菱铁矿（$FeCO_3$）、赤铁矿（Fe_2O_3）、褐铁矿（$Fe_2O_3 \cdot nH_2O$）或以上矿石的混合矿。下面为以上矿物磁化还原反应的热力学反应条件分析。

$$菱铁矿：FeCO_3 \Longrightarrow FeO + CO_2 \tag{2-1}$$

$$\Delta_r G = 99486.91 - 329.42T - 31.55 \times 10^{-3}T^2 - 608000/T + 35.43T\ln T$$

根据表 2-1，$FeCO_3$ 在 570℃ 左右即可自动分解（$\Delta_r G < 0$）。只要 $FeCO_3$ 分解，那么在 Fe_3O_4 稳定存在的温度下，由 $FeCO_3$ 分解的 FeO 和精矿中的 Fe_2O_3 都将向 Fe_3O_4 转化。

表 2-1 反应 $FeCO_3 \Longrightarrow FeO + CO_2$ 标准自由能与温度变化关系

温度/K	800	850	900	950
$\Delta_r G/(J/mol)$	4467.54	−849.09	−6314.18	−11797.70

$$2FeO + CO_2 \Longrightarrow Fe_2O_3 + CO \tag{2-2}$$

对于反应式(2-2)，反应物和生成物的标准吉布斯自由能 $\Delta_f G_m^{\ominus}$ (J/mol) 为[70,71]：

$$CO \qquad \Delta_f G_m^{\ominus}(CO,g) = -114400 - 85.77T$$

$$Fe_2O_3 \qquad \Delta_f G_m^{\ominus}(Fe_2O_3,s) = -815023 + 251.12T$$

$$FeO \qquad \Delta_f G_m^{\ominus}(FeO,s) = -264000 + 64.59T$$

$$CO_2 \qquad \Delta_f G_m^{\ominus}(CO_2,g) = -395350 - 0.54T$$

反应式(2-2) 298K 温度下的标准吉布斯自由能为：

$$\Delta_r G_m^{\ominus} = \Delta_f G_m^{\ominus}(CO) + \Delta_f G_m^{\ominus}(Fe_2O_3) - 2\Delta_f G_m^{\ominus}(FeO) - \Delta_f G_m^{\ominus}(CO_2)$$

$$= -6073 + 36.71T(J/mol)$$

当 $T < 170K$ 时，标准吉布斯自由能 $\Delta_r G_m^{\ominus} = -15.85 J/mol < 0$。

反应的平衡常数与温度 T 的关系式为：

$$-RT \ln k^{\ominus} = -6073 + 36.71T$$

$$\ln k^{\ominus} = -4.42 + \frac{730.5}{T}$$

$$k = \frac{p_{CO}}{p_{CO_2}} = \frac{V_{CO}(\%)}{V_{CO_2}(\%)} \tag{2-3}$$

所以 $CO_2(\%) = \dfrac{100}{1+k}$。

反应式(2-2) 发生的条件见表 2-2。温度为 200℃ 时，CO_2 含量达到 94.68%，反应即可以达到平衡；随着温度升高，反应要求气氛中的 CO_2 相对含量逐步升高。

表 2-2 $2FeO + CO_2 \Longrightarrow Fe_2O_3 + CO$ 的 k 及 CO_2

温度/K	473	573	673	773	873	973
平衡常数 k	0.056	0.043	0.036	0.031	0.028	0.025
$CO_2/\%$	94.68	95.88	96.53	96.99	97.28	97.56

赤褐铁矿： $\qquad 3Fe_2O_3 + CO \Longrightarrow 2Fe_3O_4 + CO_2 \tag{2-4}$

磁铁矿[72]： $\qquad Fe_3O_4 + CO \Longrightarrow 3FeO + CO_2 \tag{2-5}$

反应式(2-4) 的 $\ln k = 6275.19/T + 4.9366$。此式表明，$k$ 为较大的正值，平衡气相中 CO_2 的浓度远高于 CO。这说明，在一般 CO_2-CO 混合气氛中，Fe_3O_4 是比较稳定的。

反应式(2-5) 的 $\ln k = -3787.725/T + 4.456$[73]

$$k = CO_2(\%)/CO(\%) \qquad CO(\%) = 100/(1+k)$$

由上式可以算出平衡 CO 对应的温度，如表 2-3 所示。Fe_2O_3 还原成 Fe_3O_4（磁化焙烧）所需的 CO 浓度是很低的，只要气相中有 CO 存在，Fe_2O_3 的磁化还原反应即可发生。

表 2-3 $3Fe_2O_3+CO \Longrightarrow 2Fe_3O_4+CO_2$ 的 k 及 CO

$T/℃$	500	1000	1500
k	467226.28	19265.50	4797.77
CO/%	0.000014	0.00519	0.0708

大冶铁矿强磁选中矿、湖北黄梅铁矿、新疆鄯善梧桐沟铁矿为菱铁矿、褐铁矿混合型矿石，假如混合矿中菱铁矿（$FeCO_3$）及赤褐铁矿（Fe_2O_3）的分配比为 $m:n$，则磁化焙烧反应可按下式进行。

$$6mFeCO_3+3nFe_2O_3 \Longrightarrow 2(m+n)Fe_3O_4+(2m-n)CO+(4m+n)CO_2 \quad (2-6)$$

（1）当 $m=0$ 时，上式变成反应式（2-4），即为赤铁矿在 CO 气氛下的还原磁化。由于 Fe_2O_3 极易被 CO 还原（表 2-3），在任何温度下平衡常数都很大，CO 的平衡浓度很小。实际上，只需低浓度的 CO 就能使 Fe_2O_3 还原成 Fe_3O_4[74,75]。

（2）当 $n=0$ 时，则上式变为 $3FeCO_3 \Longrightarrow Fe_3O_4+CO+2CO_2$。研究表明，$FeCO_3$ 的热分解产物的主物相变化规律很明显，其产物随温度的变化规律如下：

$$FeCO_3 \longrightarrow Fe_3O_4 \longrightarrow \gamma\text{-}Fe_2O_3 \longrightarrow \alpha\text{-}Fe_2O_3$$

在氧化气氛中 Fe_3O_4 可以氧化成 $\gamma\text{-}Fe_2O_3$，而在以 CO 为主的还原气氛中，Fe_3O_4 方能稳定存在。上式即中性气氛下的 $FeCO_3$ 分解反应，分解产物 FeO 可被气体产物中的 CO_2 氧化成 Fe_3O_4，即自行完成铁氧化物的磁性矿化。此时，气体产物中 CO 为 $1/(1+2)=33\%$。当没有固体炭存在时，形成的 Fe_3O_4 只能在低于 720℃ 的温度范围内稳定存在（表 2-4 及图 2-1）。

表 2-4 $Fe_3O_4+CO \Longrightarrow 3FeO+CO_2$ 的 k 及 CO

$T/℃$	600	700	720	800	1000	1100	1200	1300	1500
k	1.217	1.87	2.03	2.691	4.871	6.252	7.843	9.66	14.05
CO/%	45.11	34.84	33.00	27.09	17.03	13.79	11.31	9.38	6.62

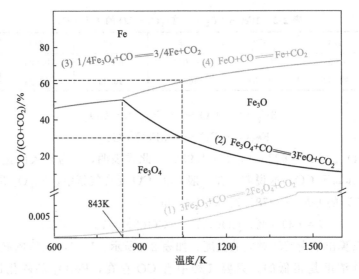

图 2-1 CO 还原铁氧化物的平衡气相组成与温度的关系

（3）如果把矿石中 $FeCO_3$ 变成磁铁矿后的气体产物 CO 用于原矿样中 Fe_2O_3 的还原，则可以推测：

矿石中 $m/n=11.09/(10.92/2)=2.031$ 代入式（2-6）得 CO 为 25.13%，由表 2-4 知此时 Fe_3O_4 在 800℃ 以上仍能稳定存在，因此矿样的理论焙烧温度上限不高。而实际上温度升高是为了缩短预热时间，加快整个反应速度，所以应取 1000℃ 以下，焙烧温度下限只需要达到 C 的理论分解温度（650℃）即可，工业生产上取 750℃，半工业试验研究推荐的温度区间为 $750\sim850℃$。

2.2　氧化铁矿石磁化焙烧化学反应的热效应

难选氧化铁矿石参加还原磁化焙烧的反应物主要是 Fe_2O_3 和 $FeCO_3$、CO 及 H_2，下面对其发生磁化焙烧反应的基本规律作简要分析。

1）主要物质的反应生成热及等压热容计算

反应物和生成物的生成热见表 2-5。下面计算中，"＋"代表吸热反应，"－"代表放热反应。

表 2-5　标准生成焓［298K，1atm（1atm=101325Pa）］$\Delta_f H_m^{\ominus}$

项目	Fe_2O_3	Fe_3O_4	CO_2	CO	$FeCO_3$	FeO	$H_2O(g)$	H_2
$\Delta_f H_m^{\ominus}$/(kJ/mol)	−822.20	−1117.10	−393.51	−110.53	−747.68	−266.50	−241.82	0

等压热容［摩尔热容随温度的变化式：J/(mol·K)］：

Fe_2O_3：$C_p=98.28+77.82\times10^{-3}T-14.85\times10^5T^{-2}$　（298~953K）

Fe_3O_4：$C_p=86.27+208.9\times10^{-3}T$　（298~866K）

$FeCO_3$：$C_p=48.66+112.1\times10^{-3}T$　（298~800K）

FeO：$C_p=50.80+8.614\times10^{-3}T-3.309\times10^5T^{-2}$　（约 1650K）

CO_2：$C_p=44.14+9.04\times10^{-3}T-8.54\times10^5T^{-2}$　（约 2500K）

CO：$C_p=28.41+4.10\times10^{-3}T-0.46\times10^5T^{-2}$　（约 2500K）

H_2O：$C_p=30.12+11.30\times10^{-3}T$　（273~2000K）

H_2：$C_p=29.08-0.84\times10^{-3}T+2\times10^{-6}T^2$　（300~1500K）

2）主要化学反应的反应热计算

（1）根据盖斯定律，计算出 298K 反应的化学反应焓变 $\Delta_r H_m^{\ominus}$（298K）：

$$\Delta_r H_m^{\ominus}(298K)=生成物生成焓-反应物生成焓=\sum_B v_B \Delta_f H_m^{\ominus}(298K)$$

（2）等压条件下，温度对反应摩尔焓的影响由基尔霍夫公式计算：

$$\left[\frac{\partial \Delta_r H_m}{\partial T}\right]_p=\Delta C_p$$

式中，ΔC_p 为化学反应的摩尔热容差，$\Delta C_p=\sum_B v_B C_{p,m}(B)$。其中等压热容 $C_{p,m}(B)$ 为温度的函数，$C_{p,m}(B)=a(B)+b(B)T+c(B)T^2+c'(B)T^{-2}$，则 $\Delta C_p=\Delta a(B)+\Delta b(B)T+\Delta c(B)T^2+\Delta c'(B)T^{-2}$。

（3）在 $T_1 \sim T_2$ 温度范围内对基尔霍夫公式进行积分可得

$$\int_{\Delta_r H_m(T_1)}^{\Delta_r H_m(T_2)} d\Delta_r H_m(T) = \int_{T_1}^{T_2} \Delta C_p dT$$

$$\Delta_r H_m(T_2) = \Delta_r H_m(T_1) + \int_{T_1}^{T_2} \Delta C_p dT \tag{2-7}$$

或者

$$\Delta_r H_m^{\ominus}(T) = \Delta_r H_m^{\ominus}(298K) + \int_{298}^{T_2} \Delta C_p dT \tag{2-8}$$

对于反应 $3Fe_2O_3 + CO \longrightarrow 2Fe_3O_4 + CO_2$，标准反应生成焓

$$\begin{aligned}
\Delta_r H_m^{\ominus}(298K) &= \sum_B v_B \Delta_f H_m^{\ominus}(298K) \\
&= 2 \times (-1117.1) + (-393.514) - (-110.525) - 3 \times (-822.2) \\
&= -50.589 (kJ/mol)
\end{aligned}$$

为放热反应，$\Delta C_p = \sum_B v_B C_{p,m}(B) = -106.57 + 189.28 \times 10^{-3} T + 36.47 \times 10^5 T^{-2}$，则由式（2-8）得

$$-14997.3 - 106.57T + 0.09464T^2 - 3647000/T$$

根据上式可计算出该反应在不同温度下的热效应，见表 2-6。

表 2-6　反应 $3Fe_2O_3 + CO \longrightarrow 2Fe_3O_4 + CO_2$ 的热效应

温度/℃	400	500	600	700	800	900
$\Delta_r H_m / (kJ/mol)$	−49.273	−45.544	−40.084	−32.840	−23.784	−12.900

由表 2-6 可知，还原反应 $3Fe_2O_3 + CO \longrightarrow 2Fe_3O_4 + CO_2$ 为放热反应，并且，随着温度升高，热效应增加。

对于反应 $3Fe_2O_3 + H_2 \longrightarrow 2Fe_3O_4 + H_2O + \Delta_r H_m^{\ominus}(298K)$，标准反应生成焓

$$\begin{aligned}
\Delta_r H_m^{\ominus}(298K) &= \sum_B v_B \Delta_f H_m^{\ominus}(298K) \\
&= 2 \times (-1117.1) + (-241.82) - 3 \times (-822.2) - 0 \\
&= -34.1 (kJ/mol)
\end{aligned}$$

为放热反应，$\Delta C_p = \sum_B v_B C_{p,m}(B) = -121.26 + 196.48 \times 10^{-3} T + 44.55 \times 10^5 T^{-2} - 2 \times 10^{-6} T^2$，则由式（2-8）得

$$-21585.4 - 121.26T + 98.24 \times 10^{-3} T^2 - 44.55 \times 10^5/T - (2 \times 10^{-6} T^2)/3$$

根据上式可计算出该反应在不同温度下的热效应，见表 2-7。

表 2-7　反应 $3Fe_2O_3 + H_2 \longrightarrow 2Fe_3O_4 + H_2O$ 的热效应

温度/℃	400	500	600	700	800	900
$\Delta_r H_m / (kJ/mol)$	−1467.62	−1912.69	−2417.95	−2983.36	−3608.86	−4294.43

由表 2-7 可知，还原反应 $3Fe_2O_3 + H_2 \longrightarrow 2Fe_3O_4 + H_2O$ 也为放热反应，并且，随着温度升高，热效应增加。相同温度条件下，其热效应比反应 $3Fe_2O_3 + CO \longrightarrow 2Fe_3O_4 + CO_2$ 高。

对于反应 $3FeCO_3 \Longrightarrow Fe_3O_4 + 2CO_2 + CO + \Delta_r H_m^{\ominus}(298K)$，标准反应生成焓

$$\begin{aligned}
\Delta_r H_m^{\ominus}(298K) &= \sum_B v_B \Delta_f H_m^{\ominus}(298K) \\
&= -110.525 + 2 \times (-393.514) + (-1117.1) - 3 \times (-747.68) \\
&= 228.387 (kJ/mol) > 0
\end{aligned}$$

为吸热反应，$\Delta C_p = \sum_B v_B C_{p,m}(B) = 56.98 - 105.22 \times 10^{-3} T - 17.54 \times 10^5 T^{-2}$，则由式 (2-8) 得

$$221965 + 56.98T - 52.61 \times 10^{-3} T^2 + 17.54 \times 10^5 / T$$

根据上式可计算出该反应在不同温度下的热效应，见表 2-8。

表 2-8 反应 $3FeCO_3 \Longrightarrow Fe_3O_4 + 2CO_2 + CO$ 的热效应

温度/℃	400	500	600	700	800	900
$\Delta_r H_m /(kJ/mol)$	220.90	218.65	215.43	211.21	205.97	199.72

由表 2-8 可知，还原反应 $3FeCO_3 \Longrightarrow Fe_3O_4 + 2CO_2 + CO$ 为吸收反应，并且，随着温度升高，热效应降低。菱铁矿、赤铁矿等氧化铁矿石磁化焙烧主要化学反应的热效应如下：

$$3FeCO_3 \Longrightarrow Fe_3O_4 + 3CO_2 + CO$$

吸热反应：700℃，70402.61J/mol。

$$3Fe_2O_3 + CO \Longrightarrow 2Fe_3O_4 + CO_2$$

放热反应：700℃，−10946.57J/mol。

焙烧产品显热 [铁矿石的平均比热容：879.1J/(kg·K)]：

$$Q = mc\Delta t = 0.8791 \times (700 - 20) = 591.8(kJ/kg)$$

式中　Q——热量，kJ/kg；

　　　m——料量，kg；

　　　c——比热容，kJ/(kg·℃)；

　　　Δt——温差，℃。

2.3　铁矿石氢基磁化还原焙烧

长期以来，碳都是钢铁企业中最重要的还原剂，并且还能产生大量的二氧化碳，造成二氧化碳大量排放。非碳冶金的意思就是不用含有碳的物质作为燃料，不用含有碳的介质作为还原剂。氢气是一种很好的还原剂以及清洁燃料，将氢气代替碳用来当作还原剂和能量来源的氢冶金技术研发，是发展低碳经济的最佳选择，可以给未来冶金产业的长远发展提供保障。在我国能源转型中，氢能扮演着"高效低碳的二次能源、灵活智慧的能源载体、绿色清洁的工业原料"角色。绿色氢能被认为是无碳经济的关键之钥，将氢能应用于冶金是冶金行业低碳绿色化转型的有效途径。将氢气用于钢铁制造的氢冶金（H_2/CO 大于 1.5）工艺为变革性技术，如富氢还原高炉炼铁、氢气气基竖炉直接还原等。氢冶金以氢代替碳还原，无碳排放，反应速度快，是钢铁产业优化能源结构、工艺流程和产业结构，实现可持续发展的有效途径之一。氢冶金具有以下优点：还原产物易脱除，能源和水循环利用；还原产物是水，避免了 CO_2 大气污染；无需反复增碳脱碳、吹氧、脱氧，工艺优化，能耗低；可生产高纯净还原产品、直接还原铁、高纯净钢铁制品，大幅提高耐腐蚀性能。

目前，世界上正在运行的 MIDREX、HYL、PERED 竖炉，为了保证加热炉的高温合金炉管不被腐蚀，减少球团黏结，多数入炉煤气的含氢量已达 55%～80%。近年来，日本、韩国、欧盟、瑞典、德国、美国等均有氢冶金规划，如日本的 COURSE50 富氢还原炼铁，欧盟的 ULCOS 计划 ULCORED 富氢气基竖炉和氢气还原炼钢，美国的 AISI 氢气闪速熔炼，瑞典的 HYBRIT 全氢竖炉，韩国的 COOLSTAR、MIDREX H_2、H2FUTURE、SALCOS 等。2002 年，国家自然科学基金委员会会议再次提出氢冶金的技术思想；2000 年前后，氢冶金逐渐成为研究热点，国内开始研究高炉喷吹焦炉煤气、流化床氢还原；近年来，中晋太行、河钢、宝钢等筹建了气基竖炉氢冶金生产线。

如图 2-2 所示为铁氧化物还原平衡图，CO 和 H_2 与铁氧化物进行反应。在 570℃ 以上，$Fe_2O_3 \rightarrow Fe_3O_4 \rightarrow FeO \rightarrow Fe$；在 570℃ 以下，$Fe_2O_3 \rightarrow Fe_3O_4 \rightarrow Fe$[76,77]。

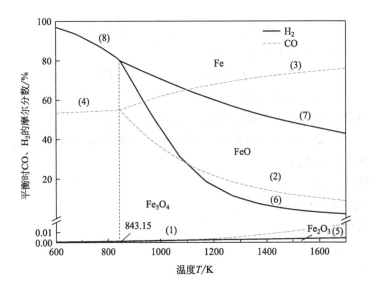

图 2-2 铁氧化物气固还原反应热力学平衡图

$$3Fe_2O_3 + CO(g) = 2Fe_3O_4 + CO_2(g) \quad \Delta G^\ominus = -52131 - 41.0T \quad (2-9)$$

$$Fe_3O_4 + CO(g) = 3FeO + CO_2(g) \quad \Delta G^\ominus = 35380 - 40.16T \quad (2-10)$$

$$FeO + CO(g) = Fe + CO_2(g) \quad \Delta G^\ominus = -13160 + 17.21T \quad (2-11)$$

$$\frac{1}{4}Fe_3O_4 + CO(g) = \frac{3}{4}Fe + CO_2(g) \quad \Delta G^\ominus = -1025 + 2.87T \quad (2-12)$$

$$3Fe_2O_3 + H_2(g) = 2Fe_3O_4 + H_2O(g) \quad \Delta G^\ominus = -15547 - 74.40T \quad (2-13)$$

$$Fe_3O_4 + H_2(g) = 3FeO + H_2O(g) \quad \Delta G^\ominus = 71940 - 73.62T \quad (2-14)$$

$$FeO + H_2(g) = Fe + H_2O(g) \quad \Delta G^\ominus = 23430 - 16.16T \quad (2-15)$$

$$\frac{1}{4}Fe_3O_4 + H_2(g) = \frac{3}{4}Fe + H_2O(g) \quad \Delta G^\ominus = 35550 - 30.4T \quad (2-16)$$

对于反应式(2-9)～式(2-12)，根据等温方程式 $\Delta G^\ominus = -RT\ln K^\ominus = -RT\ln \dfrac{\dfrac{p_{CO_2}}{p^\ominus}}{\dfrac{p_{CO}}{p^\ominus}}$，

可得 $\dfrac{1-\varphi_{CO}}{\varphi_{CO}}=\exp\left(-\dfrac{\Delta G^{\ominus}}{RT}\right)$，$\varphi_{CO}=\dfrac{1}{1+\exp\left(-\dfrac{\Delta G^{\ominus}}{RT}\right)}$。同理，$\varphi_{H_2}=\dfrac{1}{1+\exp\left(-\dfrac{\Delta G^{\ominus}}{RT}\right)}$。

式中，φ_{CO} 和 φ_{H_2} 为平衡时 CO 和 H_2 的摩尔分数；$\Delta G^{\ominus}$ 为反应时的吉布斯自由能变化；$K^{\ominus}$ 为反应时的标准平衡常数[78]。

磁化焙烧的热效应计算结果如图 2-3 所示。中低品位难处理氧化铁矿石磁化还原焙烧属于富氢浅度还原技术，氢具有高反应性以及强穿透能力，通过有效利用还原剂挥发热解以及还原反应中生成的 H_2O 气化高温碳产出的 H_2，可实现铁氧化物在低温下的快速还原。氢还原氧化铁的动力学条件要优于 CO，氢气的传质速率明显高于 CO 的传质速率；富氢煤气或纯氢与 CO 相比，还原动力学条件得以改善。CO 还原氧化铁是放热反应，H_2 还原氧化铁是吸热反应，因此如何持续向反应区供给热量是富氢或纯氢还原的技术难点。纯 H_2 还原属于吸热反应，竖炉散料层内温度场急剧降低，维持相同生产率所需的入炉气量增大，因此采用 CO-H_2 混合还原性气体（图 2-3、图 2-4）可更好地维持热平衡，延缓氢还原反应速度，保证炉内温度场分布均匀。

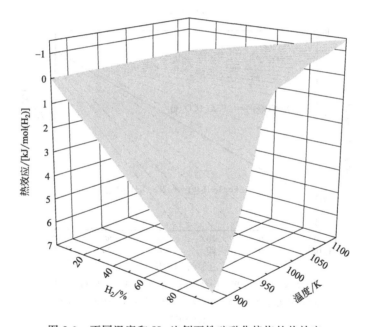

图 2-3　不同温度和 H_2 比例下铁矿磁化焙烧的热效应

氢基低温还原的关键在于如何提高氢气与铁矿之间的反应速率，优化过程效率。从动力学来看，氢在低温下还原铁矿的反应速率较慢，平衡气相中氢气的浓度较高。为提高低温下还原反应的速率，可采取的技术措施有两种：

一是降低反应活化能，通过物理场的作用将 H_2 激活成 H 或 H^+；激活态氢在低温下可以将铁矿还原。

二是提高反应物的表面积，即减小铁矿的粒径；粒径从 $45\mu m$ 降到 $5\mu m$，反应面积可提高 81 倍。

依据氢冶金原理，富氢或纯氢还原过程中必须保持原料-氢的平衡比例以及持续的能量供给，克服铁矿还原过程中的温度效应，突破热平衡、化学平衡和传质间矛盾导致的氢

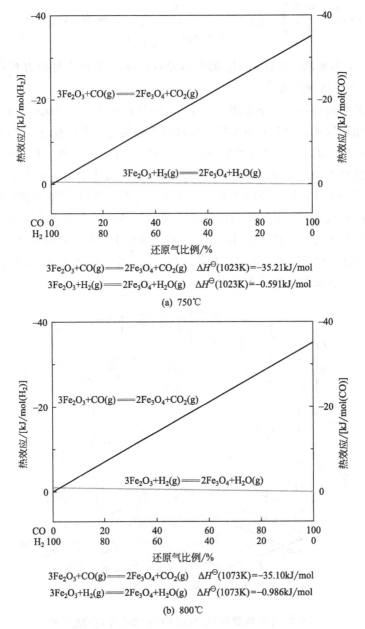

$3Fe_2O_3+CO(g) \Longrightarrow 2Fe_3O_4+CO_2(g)$ $\Delta H^{\ominus}(1023K)=-35.21kJ/mol$

$3Fe_2O_3+H_2(g) \Longrightarrow 2Fe_3O_4+H_2O(g)$ $\Delta H^{\ominus}(1023K)=-0.591kJ/mol$

(a) 750℃

$3Fe_2O_3+CO(g) \Longrightarrow 2Fe_3O_4+CO_2(g)$ $\Delta H^{\ominus}(1073K)=-35.10kJ/mol$

$3Fe_2O_3+H_2(g) \Longrightarrow 2Fe_3O_4+H_2O(g)$ $\Delta H^{\ominus}(1073K)=-0.986kJ/mol$

(b) 800℃

图 2-4 CO、H_2 磁化焙烧还原反应的热效应

利用率极限，才能真正实现工业大规模氢能低温还原浅度冶金技术。

2.4 磁化焙烧过程

磁化焙烧法主要是处理弱磁性氧化铁矿石，矿石在焙烧炉中加热，并在适宜气氛中使弱磁性铁矿物（赤铁矿、水赤铁矿、褐铁矿及菱铁矿）被还原剂（煤、焦炭、高炉煤气、发生炉煤气、天然气）还原为强磁性铁矿物，比磁化系数增加上千倍，由（0.5～2.5）×10^{-6} m^3/kg 增加到（250～500）×10^{-6} m^3/kg；脉石矿物在大多数情况下磁性变化不大，比磁化系数为（0.01～1.00）×10^{-6} m^3/kg，如表 2-9 所示[79]。

表 2-9　常见铁矿物的比磁化系数

矿物名称	比磁化系数/(m^3/kg)
褐铁矿	（0.3～0.50）×10^{-6}
赤铁矿	（0.4～2.00）×10^{-6}
菱铁矿	（0.4～1.00）×10^{-6}
人工磁铁矿	（625～1000）×10^{-6}
天然磁铁矿	（500～887.5）×10^{-6}

图 2-5 为弱磁性氧化铁矿物磁化焙烧图。C 点表示菱铁矿；L 点表示褐铁矿；A 点表示赤铁矿。菱铁矿在 400℃ 开始分解，到 560℃ 结束（CB 线段），其化学反应为

$$3FeCO_3 \longrightarrow Fe_3O_4 + 2CO_2 + CO \tag{2-17}$$

褐铁矿加热到 300～400℃ 时，还原反应即开始进行，并且磁性增强，但还原速度慢。温度达到 570℃ 后，还原反应进程如 BD 或 BF 线段所示。当赤铁矿还原反应终止于 D 点或 F 点时，说明已还原成磁铁矿，其化学反应为

$$3Fe_2O_3 + CO \longrightarrow 2Fe_3O_4 + CO_2 \tag{2-18}$$

$$3Fe_2O_3 + H_2 \longrightarrow 2Fe_3O_4 + H_2O \tag{2-19}$$

烧成的磁铁矿在无氧的气氛中迅速冷却时，其组成是不变的（DM 线段）。如果还原后的磁铁矿在 400℃ 以下的空气中氧化冷却生成强磁性的 $\gamma\text{-}Fe_2O_3$（DEN 线段），则反应式为[80]

$$4Fe_3O_4 + O_2 \longrightarrow 6\gamma\text{-}Fe_2O_3 \tag{2-20}$$

如在 400℃ 以上的空气中冷却，将生成弱磁性的 $\alpha\text{-}Fe_2O_3$（DT 段）。

当焙烧制度控制得不好，赤铁矿还原反应未在 D 点终止，而沿着 DH 线段继续进行时，就产生过还原（DG 线段）。当温度低于 570℃ 时，将出现如下的化学反应：

$$Fe_3O_4 + 4CO \longrightarrow 3Fe + 4CO_2 \tag{2-21}$$

$$Fe_3O_4 + 4H_2 \longrightarrow 3Fe + 4H_2O \tag{2-22}$$

当温度高于 570℃ 时，将还原生成弱磁性的 FeO（FK 线段）：

$$Fe_3O_4 + CO \longrightarrow 3FeO + CO_2 \tag{2-23}$$

$$Fe_3O_4 + H_2 \longrightarrow 3FeO + H_2O \tag{2-24}$$

由于 Fe_3O_4 能溶解 FeO，因此形成了 Fe_3O_4-FeO 固溶体，即所谓的富氏体。

由图 2-5 可以看出，若在磁化焙烧过程中产生过还原现象，不仅会导致热耗增加和焙烧时间延长，而且温度过高及矿石在还原区长期停留会使部分磁铁矿过还原成富氏体，降低矿石的磁性，增加磁选回收时的铁损失。还原区的温度越高，弱磁性矿物还原成磁铁矿的速度就越快，但温度上限受矿石组分中某一矿物的软化点限制；它应该低于最低软化点 50℃ 以上，不然就会形成结瘤[81]。R. C. Nogueira 等研究了用磁选分离还原了的铁矿石产品，发现用 $CO\text{-}CO_2$ 气体还原赤铁矿产生的磁铁矿比赤铁矿本身的可磨性好，焙烧产品极易用湿式弱磁选工艺分离。此外，还原剂不足、还原带温度的降低或该区出现氧化气氛以及大块矿石的存在都会使部分弱磁性矿物不能充分地还原成磁铁矿（欠还原），降低矿

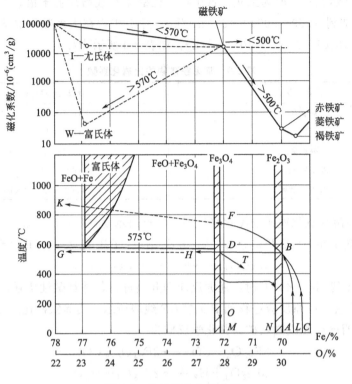

图 2-5　铁矿物磁化焙烧图

石的磁性，增加焙烧矿石在随后的弱磁选尾矿中铁的损失。磁化焙烧-磁选具有生产稳定、技术指标高、精矿易于浓缩脱水等优点。磁化焙烧除可增加矿物的磁性外，还具有以下作用：

① 排除矿物中的气体和结晶水。含水赤铁矿（或褐铁矿）和菱铁矿经过焙烧后失去水或二氧化碳，相应地提高矿石品位，有利于烧结和高炉冶炼。

② 由赤铁矿变成磁铁矿发生了晶格的变化[82]，前者为三方晶系六方晶格，而后者为等轴晶系立方晶格，还原造成晶格扭曲，产生极大的内应力，导致铁矿石在机械力作用下碎裂粉化。焙烧使矿石结构疏松，有利于降低磨矿费用，提高磨矿效率。

③ 从矿石中排除有害元素，例如硫化砷。焙烧时硫和砷变成气体从矿石中排除。

④ 铁矿石焙烧过程中，活性发生显著变化，铝硅酸盐等脉石矿物的矿物结构变异导致大量 Si—O 键和 Al—O 键断裂，产生大量活性质点，活性容易被激发而显示出较好的胶凝性能。因此磁化焙烧-磁选所产的尾矿粒度细、活性好，主要化学成分为 SiO_2，是优质建材原料，用作水泥、混凝土配料，可大幅度降低处置成本，深受建材企业青睐，二次固废大大减少，实现了资源无害化利用（图 2-6）。

根据 CO 还原铁氧化物的平衡气相组成与温度的关系图（图 2-1）[83,84]，可得出氧化铁矿磁化还原焙烧化学反应的特点是弱还原气氛、低温、易发生过还原。一般通过调节温度、磁化焙烧时间、粉煤配比和产品磨矿粒度来考查磁化焙烧效果。

在理想的焙烧情况下，如果矿石中的赤铁矿（Fe_2O_3）全部还原成磁铁矿（$Fe_2O_3 \cdot FeO$），还原焙烧效果最好，磁性最强。此时，磁铁矿的还原度为 42.8%。以此作为衡量焙烧矿质量的标准，如果 $R > 42.8\%$，说明焙烧矿中铁矿物已经发生过还原，有一部分磁铁矿已经变成 FeO 相；如果 $R < 42.8\%$，说明焙烧矿还原不足，还有一部分赤铁矿未还原成磁铁矿。

由以上分析可知，赤铁矿（Fe_2O_3）经还原焙烧转化成磁铁矿（Fe_3O_4）在热力学上容易进行，但易发生过还原生成 FeO 及其复合化合物，过还原难以控制。赤铁矿石还原焙烧生成磁铁矿的反应是按照未反应核心模型（收缩模型）进行的。磁化焙烧反应过程如图 2-7 所示[85]。参考有关文献［86］，可以认为赤铁矿还原焙烧生成磁铁矿的反应主要经历下列环节：

（1）矿物颗粒在热还原气流中预热。

（2）达到反应温度时，还原气体中的 CO 通过赤铁矿边界层向赤铁矿表面扩散、吸附，与表面赤铁矿反应，在表面生成磁铁矿 Fe_3O_4 及 CO_2（脱附）。

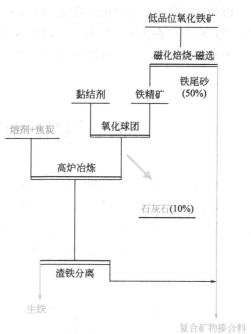

图 2-6　低品位氧化铁矿综合利用工艺流程

（3）CO 在表面继续吸附，外层的 Fe^{2+} 和电子通过晶格的空位向内层 Fe_2O_3 扩散，经过晶格重建，转变为磁铁矿 Fe_3O_4；而内层的 O^{2-} 向外层扩散，与 CO 作用生成 CO_2 脱除。

（4）前一过程继续进行，反应不断向内层推展，最终颗粒完全被还原，生成磁铁矿颗粒。

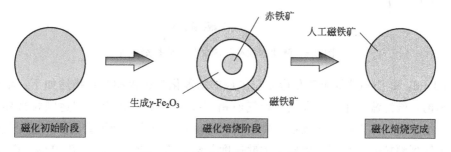

图 2-7　赤铁矿颗粒磁化过程模型

Fe_2O_3 还原为磁铁矿 Fe_3O_4 时，Fe_2O_3 表面吸附的 CO 稍有变形，活化了的 CO 分子以不同方向转向 Fe_2O_3 晶格表面，夺去 O^{2-} 生成 CO_2，带走 O^{2-} 留下 2 个电子，2 个电子仍留在晶格内促使 Fe^{3+} 还原成 Fe^{2+}：

$$CO + O^{2-} = CO_2 + 2e^-$$
$$2Fe^{3+} + 2e^- = 2Fe^{2+}$$

Fe_2O_3 晶格出现畸形，经过晶格重建，生成磁铁矿 Fe_3O_4：

$$4Fe_2O_3 + Fe^{2+} + 2e^- = 3Fe_3O_4(Fe_2O_3 \cdot FeO)$$

因此，氧化铁矿的磁化还原是 CO 与氧化铁矿表面发生还原反应，并通过 Fe^{2+}（包括电子）和 O^{2-} 在还原产物的晶体内扩散迁移进行的。这个过程是在磁铁矿与赤铁矿紧密连着的矿物层内由外向内进行的，导致人工磁铁矿颗粒长大速度减慢。

2.5　磁化焙烧气固反应模型

铁矿石在还原气体中的磁化焙烧反应属于典型的气体与固相间多相反应。图 2-8 为流化床中乳浊相内鲕状赤铁矿颗粒表面及内部的物理化学过程。图中 1 和 7 过程为颗粒表面的气体扩散，2、3、5 和 6 过程为气体在颗粒内部气孔中的扩散，4 过程为晶粒表面的界面反应以及铁离子在磁铁矿层中的扩散。

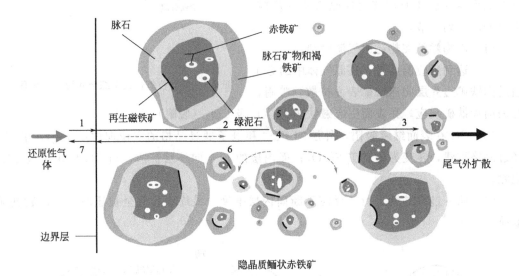

图 2-8　鲕状赤铁矿气固磁化还原焙烧过程

Bogdandy 和 Engell 等对流化床磁化焙烧的物理化学过程和特点描述如下：根据流态化相关理论，鼓泡流化床分为乳浊相和气泡相[87]，乳浊相气体直接到达颗粒边界的气相层，而气泡相的气体则在到达颗粒边界层气相之前，部分传递到了乳浊相，还原气体通过边界层扩散到颗粒表层和颗粒内部，扩散速度与氧化铁矿物表层的大孔和小孔表面相关。在此发生反应式(2-24) 或反应式(2-25)。

$$3Fe_2O_3 + H_2 \Longrightarrow 2Fe_3O_4 + H_2O \tag{2-25}$$

$$3Fe_2O_3 + CO \Longrightarrow 2Fe_3O_4 + CO_2 \tag{2-26}$$

赤铁矿气固体系中磁化还原实际的多相反应如图 2-9 所示[88]。在观测中发现，致密磁铁矿层在赤铁矿核外层不断增加，而还原气体不能穿过此磁铁矿层，氧则从磁铁矿晶格表层不断移走：

$$H_2 + O^{2-} \Longrightarrow H_2O + 2e^-$$

$$CO + O^{2-} \Longrightarrow CO_2 + 2e^-$$

两个电子仍留在晶格内促使 Fe^{3+} 还原成 Fe^{2+}：

$$4Fe_2O_3 + Fe^{2+} + 2e^- = 3Fe_2O_3 \cdot FeO$$

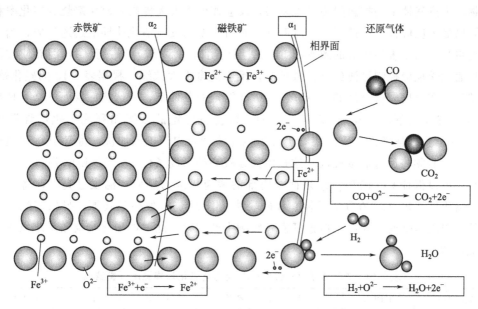

图 2-9   赤铁矿还原磁化反应原子模型

这是由于图 2-9 中 α_1 相层铁离子的梯度比 α_2 相高，电子通过磁铁矿层扩散到赤铁矿核而生成新的 Fe_3O_4，实际反应中 Fe^{3+} 还原成 Fe^{2+} 只需要一个电子：

$$Fe^{3+} + e^- = Fe^{2+}$$

氧在磁铁矿中的活动方向则相反，氧从磁铁矿内层扩散到外层。但是与铁离子的运动相比，氧离子在磁铁矿及富氏体中的运动可以忽略。

铁矿石在还原气体中的磁化焙烧反应属于典型的气体与固相间的多相反应，反应过程通常由下列几个步骤组成：

（1）反应物 CO 和生成物 CO_2 在主流气体与铁矿石表面之间的传质，即外扩散。

（2）反应物 CO 和生成物 CO_2 通过固体产物层 Fe_3O_4 的内扩散。

（3）气体反应物 CO 和固体反应物 Fe_2O_3 之间的界面化学反应，包括 CO 在 Fe_2O_3 表面的吸附、CO 和 Fe_2O_3 之间的化学反应、还原产物 CO_2 的脱附及新生 Fe_3O_4 的晶核形成和长大等过程。反应过程表示为

$$Fe_2O_3(s) + CO(g) = Fe_2O_3(s) \cdot CO(吸附) \tag{2-27}$$

$$3Fe_2O_3(s) \cdot CO(吸附) = 2Fe_3O_4(s) \cdot CO_2(吸附) \tag{2-28}$$

$$2Fe_3O_4(s) \cdot CO_2(吸附) = 2Fe_3O_4(s) + CO_2(g) \tag{2-29}$$

反应式(2-27) 表示还原气体 CO 被金属氧化物晶格表面吸附。反应式(2-28) 表示被吸附的还原性气体从金属氧化物晶格表面夺取氧原子，这部分常是最慢的阶段。反应式(2-29) 表示生成的气体 $CO_2(g)$ 进一步脱附，进入尾气。此外，还原反应也是分层进行的，从颗粒的外层向内层进行；外层的还原度高，每个被还原出来的新相形成一层，它包围着原来的高价氧化物。由此可知，用细粒 Fe_2O_3 作为反应物，可以大大加快还原进程，主要原因是颗粒的比表面积增大，增加了反应物之间的接触面积，同时还缩短了还原性气

体和产物气体的扩散时间[89]。

根据 Hiroshi Itaya 等[90]的研究结果，当铁矿石反应物平均粒径小于 $200\mu m$ 时，气体反应物在主流气体中的扩散阻力可以忽略，反应速度将大大提高，磁化焙烧的转化率和反应时间仍受未反应核模型控制，反应温度达到所需要的反应活化能即能迅速反应；当颗粒粒度变粗时，由于表层生成的致密型 Fe_3O_4 层会阻碍还原反应的进行[91]，因而使磁化焙烧由界面化学反应控制过渡到外扩散控制，反应速度大大减缓。根据表 2-10 的磁化焙烧-磁选结果，在温度较低（700℃）或较高（780℃）的条件下，磁选指标反而下降（精矿铁品位均在 58％以下，回收率 82％）。因而，试验室确定的多级循环流态化焙烧温度在 700℃±30℃为最佳条件。要想使 CO 在 Fe_2O_3 表面及内部扩散加快，将 Fe_2O_3 快速转化为 Fe_3O_4，必须将反应温度提高。这是因为在较高的温度条件下，CO 还原 Fe_2O_3 的活化能更高，可以保证 CO 在 Fe_2O_3 表面及内部的快速扩散与反应。温度过高时，将生成弱磁性的富氏体（Fe_3O_4-FeO 固熔体）和硅酸铁（图 2-10），发生过还原，导致焙烧产品质量不佳；温度过低时，还原反应速度慢，影响生产能力，此时的磁化焙烧效果难以达到理想的最佳状态。

表 2-10　某褐铁矿（－0.2mm）流态化磁化焙烧温度试验结果

焙烧温度/℃	时间/s	CO/%	产品	产率/%	品位/%	回收率/%
720	30	1.6~1.7	精矿	78.03	55.14	93.60
			尾矿	21.97	13.39	13.22
			合计	100.00	45.97	100.00
750	30	1.7~1.8	精矿	72.42	58.96	92.87
			尾矿	27.58	11.18	7.13
			合计	100.00	45.78	100.00
780	30	1.7~1.8	精矿	65.98	59.50	86.01
			尾矿	34.02	18.77	13.99
			合计	100.00	45.64	100.00

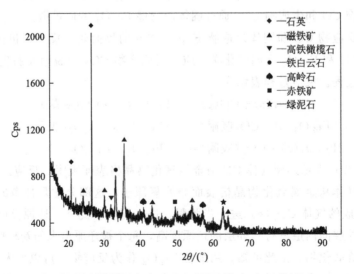

图 2-10　焙烧温度为 830℃时磁选尾矿 XRD 分析

2.6 赤褐铁矿磁化焙烧过程工艺矿物学

目前，广大研究工作者对人工磁铁矿性能进行了大量的研究。罗立群等[92]研究了氧化铁矿磁化焙烧产品磁性能的变化，结果表明，经过闪速磁化焙烧后，弱磁性铁矿物均转变为人造磁性颗粒和人造磁铁矿集合体。K. Barani、S. M. Javad Koleini 和 B. Rezaei 等的研究表明，氧化铁矿经微波技术磁化后，磁化系数增加 6～7 倍，但磁化率分布不均匀。广西大学的郭珊杉[93]发现磁化焙烧-磁选磁铁矿与石英混合矿和天然磁铁矿与石英混合矿磁选管分选效果存在差异，前者与石英混合矿产生了较明显的磁团聚现象，很难达到和天然磁铁矿与石英混合矿相近的分离效果。笔者在焙烧温度 750℃、还原剂用量 15％（质量比）、焙烧时间 60min 条件下焙烧褐铁矿，采用偏光显微镜对原矿和焙烧矿脉石矿物进行镜下鉴定，初步探明了脉石矿物组成。

图 2-11(a)～(c) 为原矿中的脉石矿物组成。主要脉石矿物石英以碎屑石英和硅质泥岩形式存在，还有少量含钙镁离子碳酸盐岩以藻核形石形式存在。图 2-11(d)～(h) 为焙烧矿的脉石矿物组成。通过焙烧主要脉石矿物赋存较原矿有所变化，有的以硅质石英及碎屑形式存在，还有部分细晶花岗岩，而且焙烧后一部分硅是被铁矿包裹着的，即磁化焙烧形成的磁铁矿有一定的包裹、充填和浸染现象，具有不完整的晶体结构[94]，分布较焙烧之前分散，矿石内部组织结构的不均匀程度有所增加。这可能是因为磁化焙烧是从矿石表面开始的，焙烧产品中存在着还原程度不同的颗粒。通过 XRD 分析，可对矿物中的铁物相及硅物相进行分析，了解有用矿物与脉石矿物的物相变化规律。由图 2-12 可知，有用矿物主要以 Fe_2O_3 形式存在，有少量铁白云石和绿泥石，脉石矿物主要以石英形式存在，含有少量磷灰石和高岭石。

经过磁化焙烧，矿物物相发生了变化，原矿中铁主要以赤铁矿形式存在，焙烧后磁性急剧增强，铁主要以磁铁矿和磁赤铁矿形成存在，为磁选提供条件；同时焙烧矿中铁白云石峰减弱，说明在焙烧过程中铁白云石会分解，分解产物 Fe_2O_3 被还原成 Fe_3O_4 有利于磁选。硅主要以石英形式存在，但是焙烧产物中还出现铁橄榄石和铁硅酸盐峰。磁化焙烧不仅仅是简单地将 Fe_2O_3 还原成 Fe_3O_4，矿物由外及里按 Fe_2O_3—Fe_3O_4—FeO—Fe 的顺序发生还原，铁矿物物相由 Fe_2O_3 转变成 Fe_3O_4 为主，还掺杂 Fe_2O_3、FeO、Fe，有用矿物的组成发生变化，矿物不均匀性增强。

焙烧矿经磨矿-弱磁选得到的铁精矿，矿物峰（图 2-13）明显比磁选之前减少，说明矿物中杂质减少；脉石矿物石英峰有所减弱，但仍有较多的石英杂峰，说明人工磁铁矿还存在较多的石英。若想进一步提高精矿铁品位，则需采用选矿工艺进一步脱除硅质脉石。

由人工磁铁矿反浮选提铁降杂精矿、尾矿 XRD 图谱分析（图 2-14、图 2-15）可知，相比磁选精矿，反浮选精矿 XRD 谱图中石英峰有所减弱，说明反浮选对于脱硅有一定效果，可以脱除部分石英。但在反浮选精矿中仍有一部分石英存在，焙烧后产生的橄榄石和硅酸盐矿物也有一部分发生团聚进入反浮选精矿中，导致人工磁铁矿反浮选精矿品位不高。同时铁橄榄石进入尾矿部分也造成铁损失，在反浮选尾矿中出现了 Fe_3O_4 峰，说明

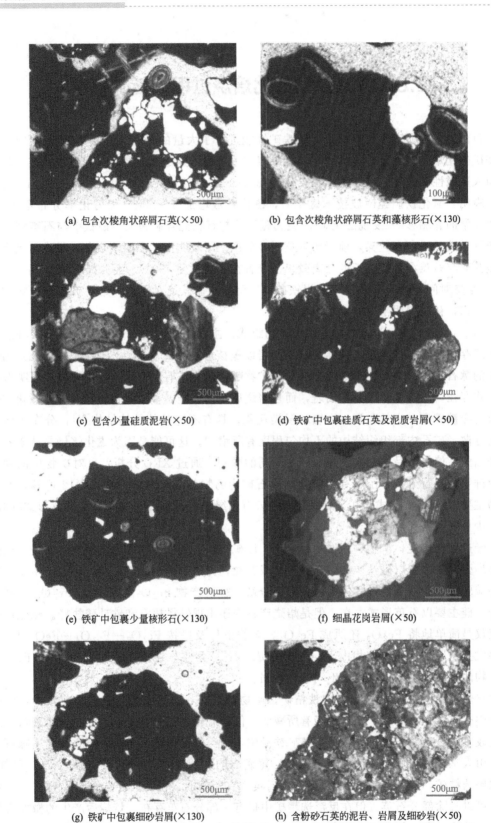

(a) 包含次棱角状碎屑石英(×50)

(b) 包含次棱角状碎屑石英和藻核形石(×130)

(c) 包含少量硅质泥岩(×50)

(d) 铁矿中包裹硅质石英及泥质岩屑(×50)

(e) 铁矿中包裹少量核形石(×130)

(f) 细晶花岗岩屑(×50)

(g) 铁矿中包裹细砂岩屑(×130)

(h) 含粉砂石英的泥岩、岩屑及细砂岩(×50)

图 2-11　原矿和焙烧矿显微结构图

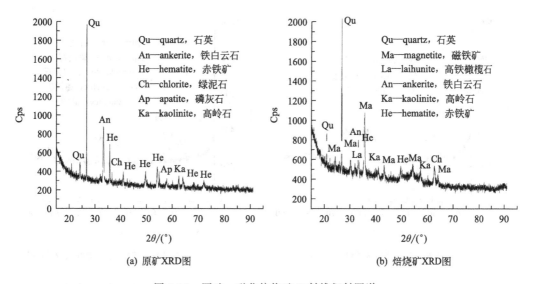

(a) 原矿XRD图   (b) 焙烧矿XRD图

图 2-12 原矿、磁化焙烧矿 X 射线衍射图谱

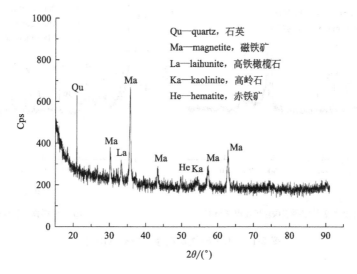

图 2-13 磁化焙烧-磁选精矿（人工磁铁矿）X 射线衍射图谱

在反浮选过程中有一部分磁铁矿进入了尾矿中，这可能是造成尾矿铁含量偏高、精矿铁回收率不高的主要原因。

矿相鉴定与 XRD 分析表明，人工磁铁矿和天然磁铁矿在矿物组成上存在差别：

① 人工磁铁矿有一定的包裹、充填和浸染现象，具有不完整的晶体结构。

② 磁铁矿晶体分布分散，矿石内部组织结构的不均匀程度增加。

③ 原矿的有用矿物主要以 Fe_2O_3 形式存在，脉石矿物主要是石英；磁化焙烧后铁矿物由 Fe_2O_3 转变成 Fe_3O_4 为主，并掺杂 Fe_2O_3、FeO、Fe，矿物组成发生变化，矿物的不均匀性增强。

④ 焙烧物中还出现了高铁橄榄石和铁硅酸盐，一部分橄榄石和硅酸盐矿物进入反浮选精矿中，造成铁损失。

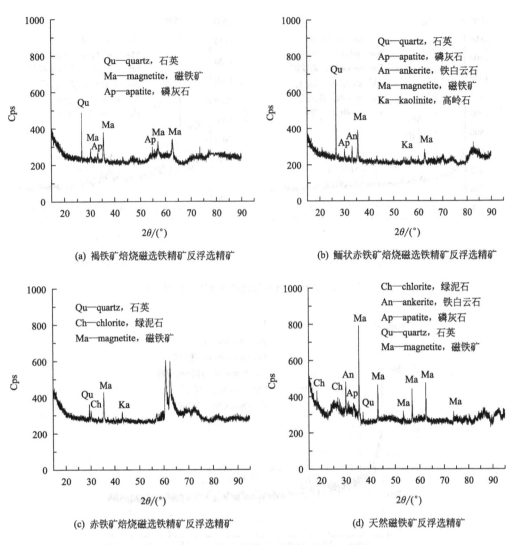

图 2-14　人工磁铁矿反浮选精矿 XRD 图

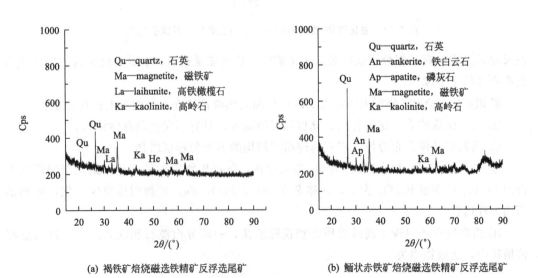

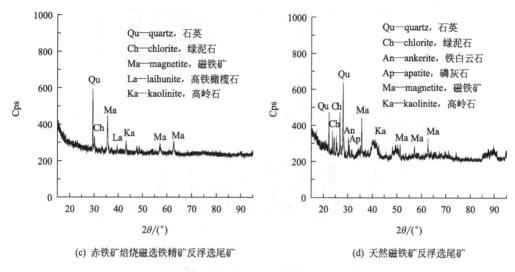

(c) 赤铁矿焙烧磁选铁精矿反浮选尾矿　　　　　(d) 天然磁铁矿反浮选尾矿

图 2-15　人工磁铁矿反浮选尾矿 XRD 图

2.7　鲕状赤铁矿磁化焙烧基础理论

2.7.1　鲕状赤铁矿矿石性质

鄂西典型隐晶质高磷赤铁矿化学多元素分析（XRF）结果见表 2-11。矿石中主要有用元素是铁，TFe 47.71％，有害成分磷的含量高达 0.93％，不利于后续冶炼，降磷提铁是矿物分离分选的首要任务[95,96]。矿石磁性率 TFe/FeO＝11.10，铁矿物主要赋存于赤铁矿中，脉石组分主要为 SiO_2、Al_2O_3、CaO，含量分别为 10.96％、5.98％、5.52％，四元碱度（CaO＋MgO）/（SiO_2＋Al_2O_3）＝0.38＜0.5，属酸性氧化矿石[97]。

表 2-11　鄂西典型隐晶质高磷赤铁矿多元素成分分析[98]　　　　　单位：％

成分	TFe	FeO	SiO_2	Al_2O_3	CaO	MgO	P
含量	47.71	4.30	10.96	5.98	5.52	0.943	0.930

成分	Na_2O	K_2O	S	烧失	TFe/FeO	碱性系数	
含量	0.771	0.335	0.030	3.42	11.10	0.407	

原矿 X 射线光谱仪（XRD，德国 Bruker，D8 ADVANCE）分析结果见图 2-16。铁矿物的组成较为复杂，铁、磷、硫等元素主要以独立的矿物形式存在，原矿中主要矿物赤铁矿、石英、白云石、鲕绿泥石的含量比较高，脉石矿物主要为石英、白云石、绿泥石。各矿物相对含量分析见表 2-12。

表 2-12　鄂西鲕状赤铁矿矿物组成分析　　　　　单位：％

矿物成分	赤铁矿	石英	鲕绿泥石	伊利石	方解石	胶磷矿	褐铁矿
含量	60.3	16.1	6.9	6.5	4.3	4.7	1.2

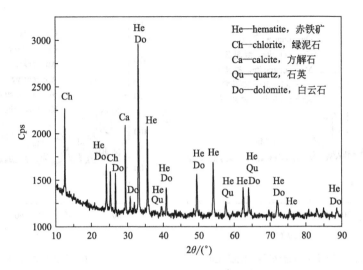

图 2-16 鄂西鲕状赤铁矿 XRD 分析图谱

矿石中铁物相和磷物相见表 2-13、表 2-14。该矿中铁赋存状态比较单一，主要以赤铁矿为主，其铁分布率达 97.28％；磷作为其中的主要有害物质，大多以胶磷矿的形式存在，含量较高，达到 0.93％，其分布率达到 97.85％[99]。综合铁、磷物相分析结果，表明该矿属于高磷酸性氧化型铁矿石。

表 2-13　鄂西鲕状赤铁矿铁的物相分析　　　　　　　　　　单位：％

铁相	磁性铁	赤铁矿	碳酸铁	硫酸铁	硅酸铁	合计
金属量	0.28	46.41	0.42	0.42	0.17	47.71
分布率	0.59	97.28	0.88	0.88	0.37	100.00

表 2-14　鄂西鲕状赤铁矿磷的物相分析　　　　　　　　　　单位：％

磷相	胶磷矿中磷	吸附磷	全磷
磷含量	0.91	0.02	0.93
磷分布率	97.85	2.15	100.00

2.7.2　鄂西鲕状赤铁矿主要矿物嵌布特征

1) 赤铁矿（Fe_2O_3）

赤铁矿理论含铁 69.94％，扫描电镜分析 7 个矿样平均含铁 68.31％（Fe_2O_3 97.67％）、Al_2O_3 0.77％、SiO_2 0.96％、CaO 0.15％，详细结果见表 2-15。赤铁矿主要呈针状、细鳞片状集合体嵌布在黏土矿物与片状鲕绿泥石中，常与褐铁矿及脉石矿物互层组成鲕粒，鲕粒中的赤铁矿含量波动大。以富铁集合体组成鲕粒、鲕核或鲕粒环带 [图 2-17(a)～(c)]，其中赤铁矿含量大于 50％；以贫铁集合体组成鲕粒、鲕核或鲕粒环带 [图 2-17(d)、(e)]，其中赤铁矿含量一般小于 45％，其余大部分为鲕绿泥石与黏土矿物，少量为石英、磷灰石等。还有少部分赤铁矿呈针状、细鳞片状集合体与黏土矿物、绿泥石、石英等胶结充填于鲕粒之间[85] [图 2-17(f)]，被胶结脉石矿物石英等粒度较粗，易于单体解离并被丢弃。部分可见中、细粒状赤铁矿嵌布在鲕粒之间 [图 2-17(g)]，粒度一般为 0.010～0.074mm。

表 2-15　赤铁矿 X 射线能谱分析结果　　　　　　　　单位：%

编号	Fe_2O_3	TFe	Al_2O_3	SiO_2	CaO	MgO	P_2O_5
1	99.14	69.34	0.30	0.56	—		—
2	100.00	69.98	—	—	—		—
3	95.20	66.58	1.92	2.08	0.80		—
4	98.78	69.09	0.33	0.61	0.26	0.02	—
5	94.85	66.34	0.78	1.12	—		3.25
6	99.46	69.56	0.26	0.28	—		—
7	96.21	67.28	1.73	2.06	—		—
平均	97.66	68.31	0.77	0.96	0.15		—

2）褐铁矿（$Fe_2O_3 \cdot nH_2O$）

褐铁矿含 Fe_2O_3 83.14%（Fe 58.20%）、Al_2O_3 1.64%、SiO_2 5.19%、H_2O 10.03%。该矿石中少量铁矿物以褐铁矿形式存在，主要呈粒状、脉状充填在鲕状赤铁矿颗粒之间或呈网脉状嵌布在石英、磷灰石等碎屑颗粒的间隙与裂隙中（图 2-18）。

3）磷灰石（$Ca_5[PO_4]_3[F、Cl、OH]$）

磷灰石可分为氟磷灰石 $Ca_5(PO_4)_3F$（理论含 CaO 55.5%、P_2O_5 42.3%、F 3.8%）与氯磷灰石 $Ca_5(PO_4)_3Cl$（理论含 CaO 53.8%、P_2O_5 41.0%、Cl 6.8%），相对密度 3.18～3.21。具有胶状构造的隐晶质细分散相的磷灰石称为胶磷矿。扫描电镜分析 7 个样，平均含 CaO 51.35%、P_2O_5 39.58%、FeO 4.44%（Fe 3.46%）、F 3.33%、Cl 0.59%、Al_2O_3 0.57%（表 2-16）。该矿样的磷灰石以氟磷灰石为主，少部分为氯磷灰石及胶磷矿。磷灰石呈细粒与赤铁矿、鲕绿泥石连生，或作为其中的包体存在（图 2-19、图 2-20），有时磷灰石中也含有少量针状微细粒赤铁矿包体。磷灰石的粒度一般为 0.003～0.080mm。

表 2-16　磷灰石扫描电镜分析结果　　　　　　　　单位：%

编号	CaO	P_2O_5	FeO	TFe	F	Cl	Al_2O_3	SiO_2
1	53.72	39.98	1.79	1.40	4.51	—	1.89	2.43
2	49.52	37.31	5.54	4.32	3.31	—	—	—
3	50.23	41.09	4.38	3.42	4.30	—	—	—
4	54.45	41.56	2.57	2.00	—	1.42	—	—
5	51.12	40.64	3.82	2.98	4.42	—	—	—
6	51.34	38.69	4.63	3.61	3.22	—	0.85	1.27
7	49.06	37.78	8.36	6.52	3.56	—	1.24	—
平均	51.35	39.58	4.44	3.46	3.33	—	0.57	0.53

4）菱铁矿 $FeCO_3$、菱锰铁矿（Fe、Mn）CO_3

鲕状赤铁矿中菱铁矿、菱锰铁矿含量很低。扫描电镜分析表明，菱铁矿含 FeO 62.56%（Fe 48.17%）、CO_2 37.44%，菱锰铁矿含 FeO 34.35%（Fe 26.69%）、MnO 14.66%（Mn 11.36%）、MgO 4.44%、CaO 1.11%、CO_2 45.44%。菱铁矿、菱锰铁矿

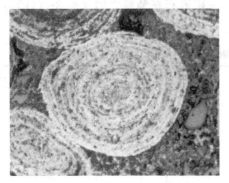

(a) 赤铁矿与少量绿泥石等互层以富铁集合体组成鲕粒(反光，×300)

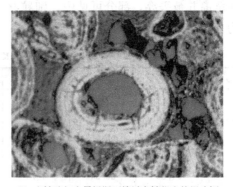

(b) 赤铁矿与少量绿泥石等以富铁集合体组成鲕粒环带，鲕核为石英(反光，×300)

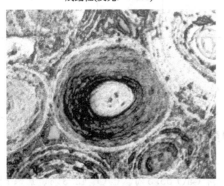

(c) 鲕核及鲕粒外环带与内环带(反光，×300)

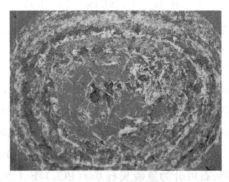

(d) 鲕粒环带、鲕核中的针状赤铁矿(反光，×300)

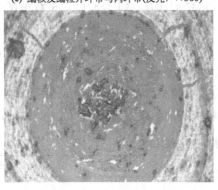

(e) 鲕粒环带、鲕核中的针状、鳞片状赤铁矿(反光，×300)

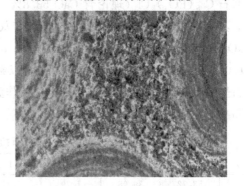

(f) 鲕粒之间的针状、细鳞片状赤铁矿集合体(反光，×300)

(g) 细粒状赤铁矿嵌布在鲕粒之间(反光，×300)

图 2-17　鲕状赤铁矿中的赤铁矿嵌布形态

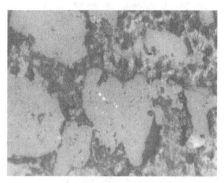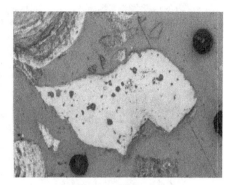

(a) 与绿泥石共生的不规则状褐铁矿(反光，×300)　　　(b) 粗粒褐铁矿单体颗粒(反光，×300)

图 2-18　鲕状赤铁矿中的褐铁矿嵌布

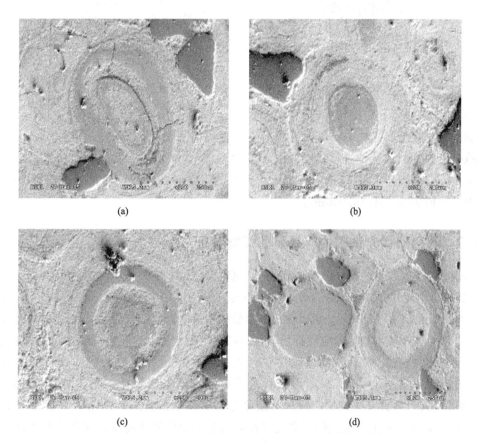

图 2-19　磷灰石、胶磷矿（Ap）的主要产出特征扫描电镜照片

呈粒状或不规则状嵌布在鲕粒或基质中，粒度为 0.02～0.1mm。

　　5）石英

　　石英是矿石中主要脉石矿物之一，一部分与铁矿物等互层构成鲕粒，另一部分胶结在鲕状赤铁矿的基质中；其粒度粗细不均，一般为 0.002～0.15mm，较粗粒含铁很低或不含铁，较细粒普遍含铁。扫描电镜分析石英平均含 SiO_2 96.86%、FeO 3.14%（Fe 2.45%）。

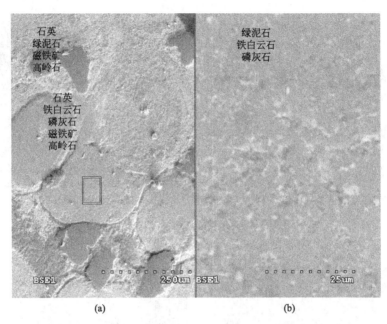

图 2-20　磷灰石、胶磷矿（Ap）中分布有微细粒赤铁矿

6）黏土矿物

　　黏土矿物在鲕状赤铁矿矿石中普遍存在，以高岭石为主。高岭石含结合水 11％，扫描电镜分析表明，其中含 FeO 34.68％（Fe 27.05％）、Al_2O_3 13.17％、SiO_2 40.01％、K_2O 0.14％。黏土矿物是该铁矿石经风化产生的，常嵌布在石英及其他矿物裂隙中，粒度较细，一般为 0.001～0.050mm。

2.7.3　鄂西鲕状赤铁矿中赤铁矿的解离特征

　　赤铁矿的粒度范围是 0.001～0.600mm，多数为 0.003～0.300mm。其中粗粒（＞0.3mm）占 20.51％，中粒（0.074～0.3mm）占 30.54％，细粒（0.010～0.074mm）占 35.64％，微粒（＜0.010mm）占 13.31％。可以看出，赤铁矿集合体以中细粒为主，占比 66.18％，粗、中、细、微粒嵌布极不均匀。应该指出，在显微镜下测定针状、片状赤铁矿的嵌布粒度时，并没有将许多微粒状、鳞片状鲕绿泥石等矿物的包体排除出去，表 2-17 中统计的实际上是一个无法解离的复合体。图 2-21 为鲕状赤铁矿的扫描电镜照片。赤铁矿集合体放大到1000 倍时，其中包裹有微粒状、鳞片状鲕绿泥石等，是影响选矿铁精矿质量的主要因素之一。在显微镜下采用直线截距法测定赤铁矿集合体的单体解离度，结果见表 2-18。

表 2-17　赤铁矿的嵌布粒度统计

粒度范围/mm	含量/%	累计/%	粒度范围/mm	含量/%	累计/%
＋0.589	4.12	4.12	−0.104＋0.074	6.99	51.05
−0.589＋0.417	5.06	9.18	−0.074＋0.043	12.71	63.76
−0.417＋0.295	11.33	20.51	−0.043＋0.020	12.45	76.21
−0.295＋0.208	9.35	29.86	−0.020＋0.015	6.41	82.62
−0.208＋0.147	8.99	38.85	−0.015＋0.010	6.07	88.69
−0.147＋0.104	5.21	44.06	−0.010	11.31	100.00

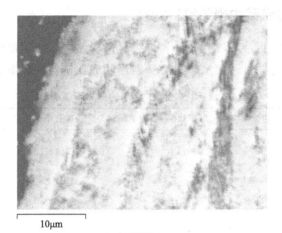

(a) 电子图像(×1000)

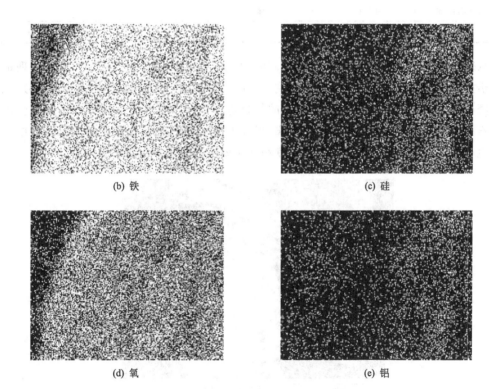

(b) 铁　　　　　　　　　　　　　　(c) 硅

(d) 氧　　　　　　　　　　　　　　(e) 铝

图 2-21　鲕状赤铁矿扫描电镜照片

表 2-18　赤铁矿集合体在不同磨矿细度下的解离度　　　　　单位：％

磨矿细度 （−0.074mm）	单体解离度	连生体含量	磨矿细度 （−0.074mm）	单体解离度	连生体含量
60	63.87	36.13	90	85.33	14.67
70	70.42	29.58	96	89.45	10.55
80	80.12	19.88			

2.7.4 鄂西鲕状赤铁矿中磷的赋存状态

磷是影响铁精矿质量的主要杂质之一，通过显微镜鉴定、化学物相分析、X射线能谱等方法，对磷的赋存状态进行了考查。磷在鄂西鲕状赤铁矿各种矿物中的分布见表 2-19。

表 2-19　磷在各种矿物中的分布平衡表　　　　　　　单位：%

矿物名称	矿物量	矿物中 P_2O_5 含量	矿石中 P 含量	矿石中磷分布率
磷灰石	2.8	39.58	0.48	64.47
三斜磷钙铁石	微	15.31	微	—
水硫磷钙铝石	微	8.79	微	—
赤铁矿	60.9	0.21	0.14	17.11
褐铁矿	4.7	0.25	0.01	1.31
鲕绿泥石	14.3	0.85	0.13	17.11
其他脉石矿物	12.3	微	微	—
合计	100.0	—	0.76	100.0

从表 2-19 中可看出，赤铁矿、褐铁矿的 P_2O_5 含量分别为 0.21%、0.25%，理论上可初步推断铁精矿中磷的含量最低可降到 0.13%。图 2-22 为赤铁矿中磷灰石（Ap）包裹体［磨矿细度（−0.074mm）为 96%］的扫描电镜照片。实际上一部分赤铁矿集合体中磷灰石的微细粒包裹体在磨矿中难于解离[100]，同时与赤铁矿紧密共生的鲕绿泥石中一部分磷也会不可避免地进入铁精矿，使得铁精矿中磷的含量很难降到理论指标。

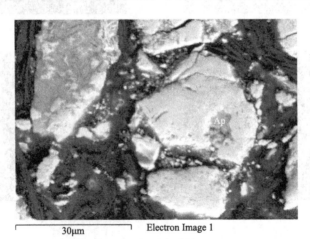

图 2-22　赤铁矿中的磷灰石（Ap）包裹体

2.7.5 鲕状赤铁矿磁化焙烧矿物组成与粒度嵌布

在鲕状赤铁矿磁化焙烧-磁选最佳试验条件下得到焙烧矿、粗精矿，采用 MLA 技术进行工艺矿物学分析，主要包括化学成分分析、矿物组成分析、解离特征分析等，为粗精矿后续的进一步分选提质提供指导。

FEI MLA（mineral liberation analyser）250 型矿物自动分析系统是目前最先进的工

艺矿物学参数定量分析测试系统，包括 QUANT250 扫描电镜（SEM，美国 FEI 公司）和 Genesis X 射线能谱仪（EDS，美国 EDAX 公司）及一个软件包，由测量、图像处理、矿物编辑和数据输出四部分构成。它利用背散射、电子图像区分不同物相和能谱分析快速、全面、准确地鉴定矿物，可以自动测定选矿产品中矿物的粒度、解离度以及矿物相对含量等。

某高磷鲕状赤铁矿磁化还原焙烧-磁选的工艺条件为：还原焙烧温度 800℃、焙烧时间 90min，利用荧光光谱仪（XRF）对焙烧矿及磁选粗精矿进行化学成分分析，同时结合 MLA 矿物自动分析系统对焙烧矿、磁选粗精矿的矿物组成及矿物嵌布特征等进行分析。焙烧矿和粗精矿的化学多元素分析结果见表 2-20、表 2-21。经磁化还原焙烧后，某高磷鲕状赤铁矿中 FeO 的含量为 20.56%；磁性率 TFe/FeO 为 2.32，说明还原焙烧效果较好，赤铁矿已基本转化为人工磁铁矿；主要有害杂质 P 的含量高达 0.913%，Al_2O_3 的含量为 6.13%。

表 2-20　高磷鲕状赤铁矿磁化焙烧矿的化学成分　　单位：%

成分	TFe	FeO	SiO_2	Al_2O_3	CaO	MgO	P
含量	47.71	20.56	10.96	6.13	5.52	0.943	0.913
成分	Na_2O	K_2O	S	烧失	TFe/FeO	碱性系数	
含量	0.077	0.335	0.030	3.42	2.32	0.378	

表 2-21　高磷鲕状赤铁矿磁化焙烧-磁选粗精矿的化学成分　　单位：%

成分	TFe	FeO	SiO_2	Al_2O_3	CaO	MgO	P
含量	58.13	28.00	7.43	5.78	2.77	0.753	0.721
成分	Na_2O	K_2O	S	TFe/FeO	碱性系数		
含量	0.043	0.235	0.030	2.06	0.267		

由表 2-21 可知，焙烧矿经两段磁选得到的粗精矿 TFe 为 58.13%，铁回收率为 90.41%。相较于焙烧矿，粗精矿 SiO_2 的含量减少了 3.53%，为 7.43%；P 的含量下降了 0.192%，仍然较高，为 0.721%；Al_2O_3 的含量减少了 0.35%，为 5.78%。从焙烧矿到粗精矿，虽然铁含量提高较大，但有害元素的去除效果不佳，需进一步分选。

运用 MLA 矿物自动分析系统对焙烧矿及磁选粗精矿的矿物组成进行分析，结果见表 2-22、表 2-23。由表 2-22 可看出，焙烧矿中铁主要以磁铁矿的形式存在，其次为绿泥石、铁白云石、铁铝榴石，其中磁铁矿的含量为 65.34%，TFe 为 47.64%，基本与化学法所测的数据相符；脉石矿物主要为绿泥石、磷灰石、石英、方解石、铁白云石等，其中磷灰石和绿泥石的含量分别高达 7.45% 和 7.29%，这也是导致该矿中有害杂质 P、Al 含量偏高的主要原因。

表 2-22　高磷鲕状赤铁矿磁化焙烧矿的矿物组成　　单位：%

矿物	磁铁矿	绿泥石	石英	磷灰石	铁白云石	方解石
含量	65.34	7.29	5.81	7.45	4.19	4.97
矿物	白云母	白云石	铁铝榴石	重晶石	其他	合计
含量	1.58	1.89	0.46	0.46	0.56	100.00

表 2-23　高磷鲕状赤铁矿磁化焙烧-磁选铁精矿的矿物组成　　　单位：％

矿物	磁铁矿	绿泥石	石英	磷灰石	铁白云石	方解石
含量	85.54	3.91	1.51	3.28	4.36	0.09
矿物	白云母	白云石	铁铝榴石	其他	合计	
含量	0.22	0.35	0.34	0.4	100.00	

由表 2-23 可以看出，经过一次弱磁选后得到的粗精矿，磁铁矿的含量得到了显著提高，为 85.54％。此时脉石矿物主要为绿泥石、磷灰石、铁白云石、石英，其中磷灰石和绿泥石的含量分别降低了 4.17％和 3.38％，但仍然偏高；而铁白云石的含量基本保持不变，推测可能是焙烧过程中也产生了一定磁性导致磁选过程部分铁白云石进入精矿中。

鲕状赤铁矿磁化焙烧矿物的嵌布特征：

1）焙烧矿中主要矿物的产出形式

为进一步了解焙烧矿中主要矿物的嵌布粒度和连生状况，采用矿物自动分析仪（MLA）对其进行了嵌布特征分析。磁铁矿为选矿回收的主要对象，约占矿物总量的65％，嵌布特征较为复杂。根据集合形态与脉石之间的交生关系，可将矿石中磁铁矿的产出形式分为四种类型（图 2-23）。

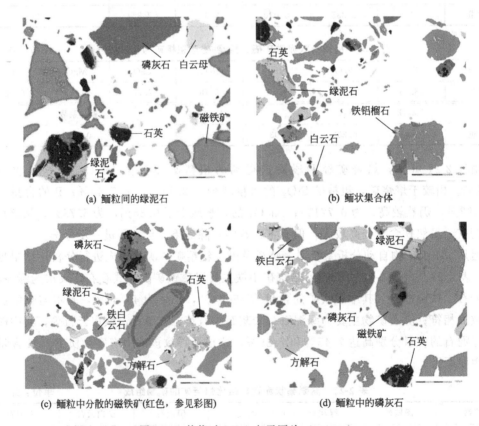

(a) 鲕粒间的绿泥石　　　(b) 鲕状集合体
(c) 鲕粒中分散的磁铁矿(红色，参见彩图)　　(d) 鲕粒中的磷灰石

图 2-23　焙烧矿 MLA 电子图片（×1000）

（1）鲕状集合体：鲕粒的形态多为圆形或椭圆形，部分为扁平的豆荚状［图 2-23(b)、(c)］。鲕粒粒度变化较大，圆形、椭圆形鲕粒的粒径一般为 0.1～0.5mm，少数鲕

粒可至 1.0mm 左右，长宽比大多在 2∶1 以内。

（2）呈不规则状、微细的脉状沿石英、绿泥石等脉石矿物粒度间充填分布 ［图 2-23 (a)、(c)］，粒度变化较大，细者小于 0.01mm，一般在 0.03～0.2mm 之间。

（3）呈碎屑状集合体，但部分集合体内部可包含少量石英碎屑（图 2-23），粒度相对较粗，一般为 0.2～0.5mm。

（4）呈毛发状、微粒状以星散浸染状的形式嵌布在脉石中 ［图 2-23(c)、(d)］，一般与绿泥石、铁白云石呈稠密浸染，粒度在 0.03mm 以下。

绿泥石占 7% 左右，主要为鲕绿泥石和鳞绿泥石，前者呈鲕状，但常与石英或磁铁矿互层嵌布组成鲕粒，部分呈带状与磁铁矿密切交生 ［图 2-23(b)］，后者则呈不规则状沿磁铁矿鲕粒间嵌布或与石英、方解石连晶，少部分为纤维状结合体交代生物碎屑并与铁矿物共生；部分则作为胶结物与碎屑状石英、磷灰石在磁铁矿鲕粒之间填充 ［图 2-23(a)、(b)、(d)］。

磷灰石占 7% 左右，为非晶质状态的微晶磷灰石，由胶体沉淀形成。矿石中广泛出现的有害杂质矿物多包裹在磁铁矿内部，作为磁铁矿鲕粒的鲕核出现，约占磷灰石总量的 30% ［图 2-23(c)、(d)］，粒度 -0.2mm；部分零星嵌布在石英和赤铁矿鲕粒之间，局部较为丰富 ［图 2-23(b)、(d)］，粒度在 0.5～0.2mm 之间。

铁白云石的含量约为 4%，部分以星散浸染状形式与磁铁矿、绿泥石等矿物结合 ［图 2-23(b)、(d)］，或以不规则团块状、棒状等形式出现在脉石矿物中 ［图 2-23(a)、(b)］，嵌布粒度 -0.20mm。

方解石约占 5%，解离状况较好，多呈不规则块状单独出现，粒度在 0.5～0.2mm 之间 ［图 2-23(c)、(d)］，少量与绿泥石、白云石共生，嵌布粒度 -0.2mm。

其他矿物白云母、白云石等 ［图 2-23(a)、(c)］约占总含量的 5%，白云母多呈片状独立存在，白云石则多与铁白云石、绿泥石等共生。

2）磁选粗精矿主要矿物的产出形式

焙烧矿经一次弱磁选获得粗精矿，磁铁矿的含量约 85%。这部分磁铁矿多呈细小不规则粒状、片状分布 ［图 2-24(a)～(c)］，此外，还含有少许磨碎后的鲕状残晶，磁铁矿残粒大小在 0.005～0.05mm 之间，最大 0.10mm。绿泥石的含量为 3%～4%，多呈不规则团块状、浸染状 ［图 2-24(a)、(b)］，多与磁铁矿相互包裹，粒度在 0.01～0.03mm 之间 ［图 2-24(a)］；偶见不规则粒状、棱角状碎屑产出，大小在 5～0.2μm 之间。

磷灰石的含量约为 3%，多为细粒致密状，多与铁白云石、磁铁矿相互浸染，粒度极细 ［图 2-24(a)、(d)］，粒径在 5～20μm 之间。

铁白云石的含量约为 4%，多呈不规则板片状碎屑，粒径在 0.02～0.1mm 之间 ［图 2-24(a)、(b)］；部分为细小鳞片状，与磷灰石、绿泥石等脉石矿物连晶，粒度在 0.005～0.02mm 之间 ［图 2-24(c)］。

石英的含量小于 2%，多呈单晶碎屑均匀分布，与不规则形赤铁矿紧密互相嵌布，粒度在 0.01～0.03mm 之间 ［图 2-24(a)、(b)］；部分呈不规则块状，分布在磁铁矿碎屑间，粒度为 0.02～0.05mm。焙烧矿石中磁铁矿、磷灰石的嵌布粒度是决定再磨再选工艺的重要参数，运用 MLA 分析系统分别对焙烧矿和磁选粗精矿中的磁铁矿、磷灰石粒度特征进行了系统测定，结果见图 2-25。

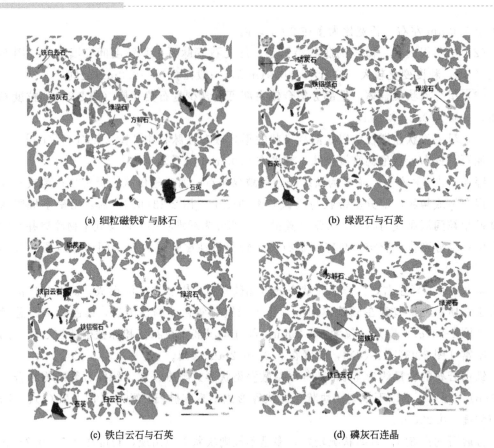

(a) 细粒磁铁矿与脉石

(b) 绿泥石与石英

(c) 铁白云石与石英

(d) 磷灰石连晶

图 2-24　弱磁选粗精矿 MLA 电子图片（×1000）

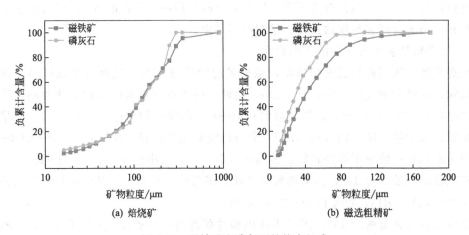

(a) 焙烧矿

(b) 磁选粗精矿

图 2-25　磁铁矿和磷灰石的粒度组成

由图 2-25(a) 可知，焙烧矿在未磨的条件下，磁铁矿和磷灰石粒度相近，主要分布在 0.075～0.355mm 粒级范围内；在＋0.075mm 粒级中磁铁矿和磷灰石的粒度占有率分别为 74.32％和 76.75％。由图 2-25(b) 可知，对于磁选粗精矿，在－0.075mm 粒级中磁铁矿的分布率为 82.93％，而磷灰石的分布率达到 98.02％，且磷灰石粒级分布较为均匀，－0.022mm 粒级含量仍然达到 35.14％；加权调和平均粒径更适合于表达细粒粉状物料的粒度，计算可得磁铁矿的加权调和平均粒径为 26.68μm，磷灰石为 19.13μm，可见磁铁矿的粒度大于磷灰石，故要进一步提高指标，粗精矿需在避免泥化的情况下细磨深选。

为进一步考察粗精矿细磨的粒度，对不同磨矿粒度的粗精矿进行了矿物解离度分析，将磁铁矿 MLA 电子图片颗粒面积占有率达到 80% 以上的全部归纳为单体，结果如表 2-24 所示。由表 2-24 可知，随着磨矿细度的增加，微细粒嵌布的磁铁矿与脉石矿物解离开来；当磨矿细度－0.022mm 的含量高于 80% 时，随磨矿细度的增加，解离度缓慢上升，为避免耗能过高，最终细磨粒度定在－0.022mm 的含量 80% 左右。

表 2-24　细磨对磁铁矿解离度的影响　　　　　　　　单位：%

磨矿细度 －0.022mm 的含量	解离度	磁铁矿颗粒组成(面积占比)					
		0~20	20~40	40~60	60~80	80~100	100
60	58.65	0.55	2.69	10.55	27.56	38.97	19.68
70	73.97	0.40	0.51	4.65	20.46	44.18	29.79
80	84.63	0.48	1.03	2.63	11.23	47.07	37.56
85	86.69	0.63	1.54	2.58	8.56	47.63	39.06

2.7.6　鲕状赤铁矿磁化焙烧-分选过程中铁磷的分布

2.7.6.1　焙烧矿中铁磷的分布特征

对最佳焙烧条件下的鲕状赤铁矿磁化焙烧矿进行了光学显微镜观察、扫描电子显微镜分析和 EDS 能谱微区分析，探究了焙烧矿中铁磷元素的分布特征，分析不同选别阶段对铁磷元素走向的影响。光学显微镜下焙烧矿中铁磷的关系见图 2-26。

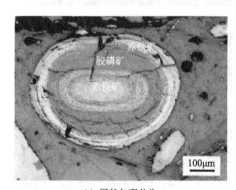　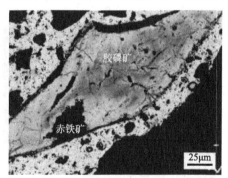

(a) 层状包裹共生　　　　　　　　　　　　(b) 它形共生

图 2-26　焙烧矿鲕粒微观结构

焙烧矿中铁、磷元素分别以赤（磁）铁矿和胶磷矿为主要赋存矿物，焙烧过程没有改变原有的鲕粒结构，焙烧矿中依旧以鲕粒结构为主。赤铁矿与胶磷矿主要分布在鲕粒内部，层状包裹，少量呈它形分布。由上述研究可以看出通过磨矿，很难使铁磷矿物达到单体解离，且磁选粒度不能太细，否则还原程度较低的细颗粒铁矿难以回收。因此，磨矿产品中铁磷矿物分离不完全，特别是鲕粒中细粒嵌布和铁磷紧密共生部分。

采用扫描电子探针对焙烧矿中的典型鲕粒进行了 Fe、P、Ca、Si、O 等元素面扫描，结果见图 2-27。鲕粒内部主要为铁矿物和磷矿物，各自具有一定的富集，呈环状分布，同一矿物不同位置的环厚度大小不一。层间距较厚，易于在磨矿过程中实现单体解离；层间距较薄，则需要采用细磨，才能实现二者分离，而且细粒选别过程不易控制，分选效果不佳。因而对焙烧矿进行磨矿-磁选后，仅能初步实现铁磷分离，效果不明显。

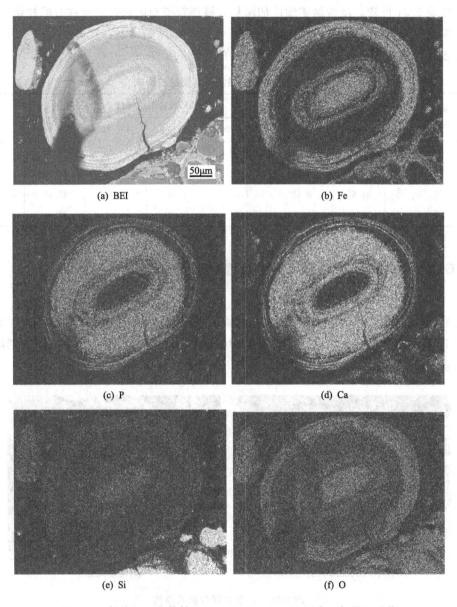

图 2-27　鲕粒 BEI 背散射及 Fe、P、Ca、Si、O 元素面扫描电子像

　　对焙烧矿鲕粒内部的不同矿物微区进行了组成分析，测试点位置分布见图 2-28，不同微区的 EDS 能谱分析结果见表 2-25。结合图 2-28 和表 2-25 中的数据可知，同一矿物区域的同一圈层或不同圈层元素组成基本一致，铁矿物区域中以 Fe 元素为主，最高达到 80.57%，杂质含量相对较少，几乎不含 P 元素；磷矿物区域以 P 元素为主，最高含量达到 35.88%，Fe 元素的含量仅为百分之几。圈层交界面处，元素组成则差别很大，说明二者在此嵌布粒度极细，彼此共生。不同矿物微区点的 EDS 能谱图见图 2-28。

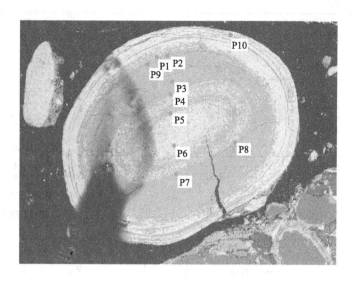

图 2-28 鲕粒 EDS 能谱分析点位置图

表 2-25 鲕粒内部 EDS 能谱成分分析结果

区域	位点	Fe	P	F	Si
磷微区	P 3	5.66	35.81	7.47	0.42
	P 10	4.36	35.35	9.15	0.00
铁微区	P 4	80.02	0.00	0.00	3.94
	P 5	71.33	0.00	0.00	6.24
	P 6	38.83	0.00	0.00	18.62
	P 7	61.87	0.00	0.00	9.43
磷铁界面	P 2	82.50	0.19	0.00	2.97
	P 8	40.37	20.33	4.36	0.63
	P 9	13.68	22.61	2.65	5.71

从表 2-25 中的数据可知，鲕粒内部不同微区的元素组成及含量各不一样，不同矿物有一定程度的富集。赤铁矿微区中 Fe 元素的含量相对于其他微区较高，最高值达到 80.02%，最小值为 38.83%，杂质 P、Si 等元素的含量均较低，这与图 2-29(a) 的 EDS 图谱分析相同。胶磷矿微区中 P 的含量较其他微区高，均在 26% 以上，Fe、Si 等的含量较少，而图 2-29(b) 中 P、Ca 的峰值较高，Fe、Si 则无峰，表明该微区胶磷矿较高；能谱中发现 F、Ca 等元素的含量与 P 的含量呈正相关，表明该矿石中胶磷矿的主要成分为氟磷灰石 $[Ca_5(PO_4)_3F]$。石英微区的元素分析结果表明该区主要元素为 Si，含量为 46.59%，与纯 SiO_2 中 Si 的理论含量 46.67% 相差无几；结合能谱图 2-29(c) 中仅有 Si、O 元素峰，表明该微区石英纯度高。

结合表 2-25 和图 2-29，可以将颗粒中不同矿物层的交界面简单归纳为 Fe-P 微区、Fe-Si 微区和 Si-P 微区。胶磷矿主要存在于鲕粒中部，呈圈层状，与赤铁矿层状嵌生，

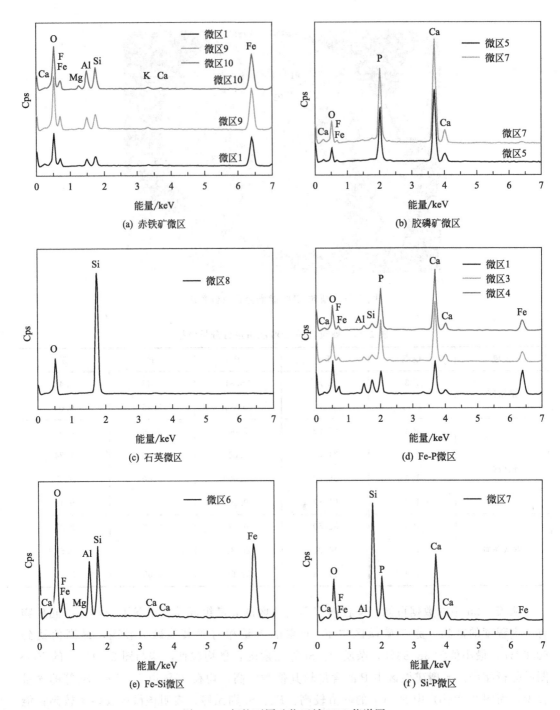

图 2-29　鲕粒不同矿物区域 EDS 能谱图

Fe-P 微区是胶磷矿与赤铁矿接触面或共生微区，Fe-P 界面的镶嵌特征关系到分选过程 P 的脱除效果。结合图 2-28 中 Fe、P 元素面扫描可知，点 2、3 处为 Fe-P 共生微区，该区域 Fe、P 元素的含量均较高，二者呈细粒嵌布。Fe-P 界面的 EDS 能谱分析见图 2-29(d)。由图 2-27 可知，鲕粒内部 Si 除形成鲕核外，多与 Fe 细粒共生，无层状独立矿物富集，与 P 少量共生。Fe-Si 界面的 EDS 能谱分析见图 2-29(e)。鲕粒内部 P 和 Si 的关系比较简单，仅当鲕核为石英时，Si 与 P 才有直接接触关系，即与胶磷矿接触。Si-P 界面的 EDS 能谱分析见图 2-29(f)。从图 2-29(a) 中各微区点的 Si 和 Al 特征峰及表 2-25 中的铁区域成分分析可以看出，铁区域中 Si 含量为 3.94％～18.62％、Al 含量为 3.14％～8.07％，表明铁区域中的脉石主要为含铁硅铝酸盐，呈细粒嵌布与赤铁矿构成圈层状分布 [图 2-26(a)、图 2-27]。预计磁选难于分离，若进行反浮选降杂脱除含硅、铝矿物，铁将损失较大，这也是其难分选的重要原因。

2.7.6.2 鲕状赤铁矿磁化焙烧-磁选过程中铁磷的关系

以鄂西 TFe 为 47.71％、P 含量为 0.874％的高磷鲕状赤铁矿为研究对象，试样经磁化焙烧后，焙烧产品中铁矿物的磁性大幅升高，通过磨矿-磁选，将部分铁矿物与脉石矿物及含磷杂质分离。针对最佳焙烧条件下获得的焙烧矿，控制磨矿产品细度分别为 $-0.045mm$ 占 57.10％、74.83％、90.08％、95.56％、98.97％，在磁场强度为 127kA/m 的磁选管中进行了磁选试验，试验结果如图 2-30 所示。

磁场强度试验采用一粗一精流程，在鼓型弱磁选机中进行，控制入选细度为 $-0.045mm$ 占 90.08％，粗选磁场强度为 278kA/m，精选场强分别为 159kA/m、199kA/m、238kA/m，试验结果见图 2-31。

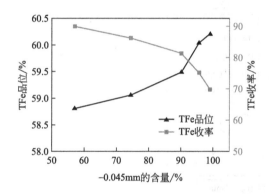

图 2-30 不同细度磨矿产品的磁选效果

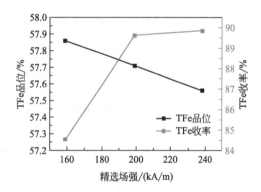

图 2-31 不同磁选场强的磁选效果

由图 2-30、图 2-31 可知，在入选细度为 $-0.045mm$ 占 90.08％，磁场强度为粗选 278kA/m、精选 199kA/m 的磁选条件下，能够得到铁品位为 57.71％、铁收率为 89.63％ 的精矿产品。此时铁精矿产品中杂质磷的含量降为 0.64％，但仍高于国家标准（铁精矿中磷的含量需 0.30％以下）。如果降低入选细度，再增加矿物的单体解离度，此时磷含量略有降低，为 0.59％～0.61％，但会使精矿中铁的收率大幅下降，导致铁损失严重（图 2-32）。磁选过程对铁、磷元素的分布走向影响均较大，而部分磷矿物呈细粒分布在铁精矿中，难以分离。

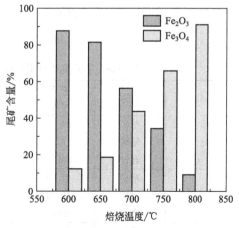

图 2-32 鲕状赤铁矿磁化焙烧-磁选尾矿中
Fe_2O_3 与 Fe_3O_4 的相对含量

2.7.6.3 磁选精矿反浮选过程中的铁磷分离

以铁磷矿物的嵌布特性为研究基础，采用反浮选除杂工艺（图2-33），探究了不同入浮细度对反浮选过程中铁磷元素分布的影响。反浮选降磷试验结果见表2-26，不同入浮细度对精矿中铁磷元素的影响见图2-34。由表2-26可知，当入浮细度为－0.038mm占86.20％时，精矿产品中铁品位为60.95％，磷含量从0.64％降至0.32％，反浮选铁收率为87.61％；当入浮细度增加至－0.038mm为100.00％时，精矿产品中铁品位为61.78％，磷含量可降至0.23％，反浮选铁收率为83.84％。反浮选过程中铁与杂质磷元素能够有效分离，选别粒度越细，分离效果越好。但粒度过细，会增加分选铁损失，当入选细度从－0.038mm为86.20％升高至100.00％时，反浮选铁收率从87.61％降低至83.48％，铁精矿中磷的分布率从42.27％降至29.24％。如何在精矿中减少磷含量的基础上，控制铁元素的损失，还需要深入研究。对矿物的解离性质和微细粒矿物的浮选行为进行研究将有助于解决这一问题。

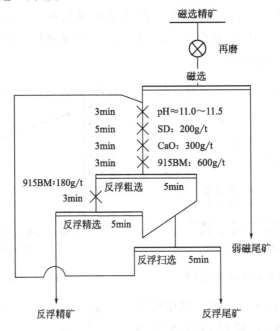

图2-33　磁选精矿反浮选试验原则流程图

表2-26　不同磨矿细度条件下反浮选后铁与磷分布的试验结果

－0.038mm/%	产物	产率/%	TFe/%	P/%	铁回收率/%	磷分布率/%
86.20	精矿	84.54	60.95	0.32	87.61	42.27
	尾矿	15.46	47.13	2.39	12.39	57.73
	合计	100.00	58.81	0.64	100.00	100.00
95.62	精矿	81.09	61.61	0.27	84.32	34.18
	尾矿	18.91	49.15	2.23	15.68	65.82
	合计	100.00	59.28	0.64	100.00	100.00
100.00	精矿	80.10	61.78	0.23	83.48	29.24
	尾矿	19.90	49.23	2.24	16.52	70.76
	合计	100.00	59.28	0.63	100.00	100.00

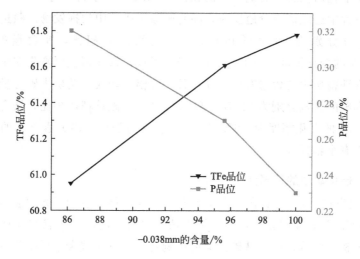

图 2-34　不同磨矿细度对反浮选精矿中铁磷含量的影响

将整个分选流程分为焙烧、弱磁选、反浮选三个阶段，通过考察不同选别阶段产品中铁磷元素的含量，分析了不同选别阶段对铁磷元素走向的影响规律。不同选别阶段产品中铁磷的含量及变化率见表 2-27 和图 2-35。

表 2-27　选别阶段产品中铁磷的含量及变化

产物	TFe/%	TFe 变化/%	P/%	P 变化/%	比较基准
原矿	47.71		0.87		
磁化焙烧矿	48.33	1.30	0.97	11.49	原矿
磁选精矿	58.52	21.08	0.70	−27.84	焙烧矿
磁选尾矿	15.30	−68.34	1.14	17.53	
磁精反浮选精矿	61.78	5.57	0.23	−67.14	磁选精矿
磁精反浮选尾矿	49.23	−15.87	2.24	220.00	

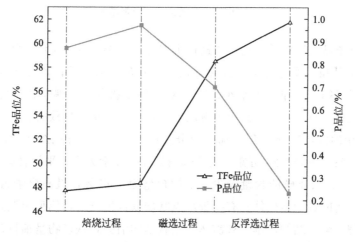

图 2-35　不同阶段产品中铁磷含量的变化

鲕状赤铁矿磁化焙烧后，焙烧矿中的铁品位和磷含量分别升高了1.30%和11.49%，这是因为焙烧过程中还原剂充分地反应，同时脱除了矿石中的挥发物。磁选过程中，精矿中铁和磷的含量分别为58.52%和0.70%，与焙烧矿相比，铁含量的变化幅度为21.08%，磷含量的变化幅度为－27.84%。经过磁选，铁元素主要富集在精矿中，与杂质分离；磷元素在铁精矿中的含量有所下降，且下降幅度较大，精矿中磷含量依旧较高。反浮选精矿中铁和磷的含量分别为61.78%和0.23%，与磁选精矿相比，铁含量的变化幅度为5.57%，磷元素的变化幅度为－67.14%。反浮选过程中，磷元素含量的变化幅度相对较大，铁元素则有小幅提升。

2.7.6.4　反浮选精矿中的铁磷元素分布

对TFe含量为61.78%、P含量为0.23%的反浮选精矿进行了光学显微镜观察、扫描电子显微镜分析和EDS能谱分析，探究最终精矿中铁与磷的分布状态和特征。结合反浮选试验数据，分析反浮选试验对铁磷走向的影响规律，查明残余杂质磷的赋存原因。反浮选精矿光学显微镜下的微观结构见图2-36。由图2-36可知，矿物粒度细小，无明显组成结构，赤铁矿含量居多，胶磷矿分布在赤铁矿外围，无单体胶磷矿的形式存在，这可能是鲕粒内部层间距较小的胶磷矿难以与赤铁矿分离导致的。

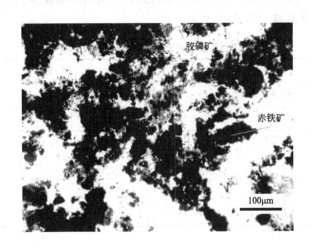

图 2-36　反浮选精矿的微观结构

采用扫描电子显微镜对反浮选精矿进行了Fe、P、Ca、Si、O元素面扫描，结果见图2-37。由图2-37可知，浮选精矿中铁含量较高，分布范围广泛；磷元素含量较少，呈少量残余分布而无规律，嵌布粒度细小；Si元素呈星点状分布，偶见连生的粗粒石英，这应该是磨矿过程中未与赤铁矿达到单体解离，浮选时混入精矿导致的。

对图2-37中的区域进行了EDS微区成分分析，测试点位置见图2-38，不同测试点的元素组成见表2-28。由表2-28可知，反浮选精矿以铁元素为主，平均含量为51.37%，最高含量为86.86%；杂质磷的含量较少，平均含量为1.67%，最高含量为9.96%，磷元素分布无规则，呈散点状连生体；有少量星点状硅铁连生杂质，偶见粗粒硅铁杂质。反浮选精矿粒度较细，鲕粒结构基本上被破坏，层状结构消失，铁矿物呈细粒存在，此时铁与磷单体解离度高，共生关系被破坏。不同微区点的EDS能谱图见图2-39。

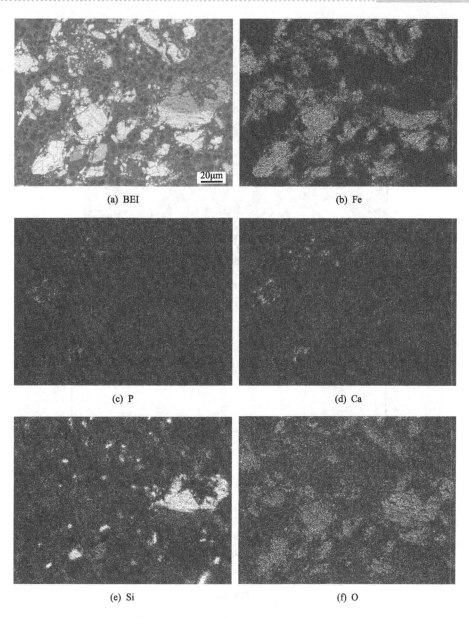

图 2-37　反浮选精矿 BEI 背散射及 Fe、P、Ca、Si、O 元素面扫描电子像

表 2-28　反浮选精矿 EDS 能谱成分分析结果

位点	质量分数/%				
	Fe	P	Si	Ca	Al
P 1	86.86	0.00	0.99	0.11	0.78
P 2	54.19	9.96	3.88	5.95	2.00
P 3	86.49	0.00	2.90	0.11	2.26
P 4	0.00	0.00	69.68	0.00	0.00
P 5	73.02	0.00	6.93	0.13	6.31
P 6	44.03	0.00	15.71	0.06	16.97
P 7	66.37	2.93	5.57	1.82	4.57
P 8	0.00	0.00	68.06	0.00	0.00
平均	51.37	1.61	21.72	1.02	4.11

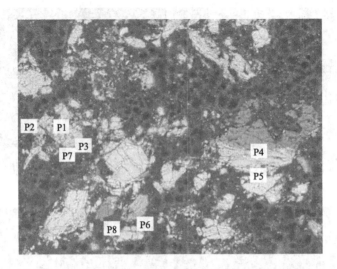

图 2-38 反浮选精矿的 EDS 分析点位置图

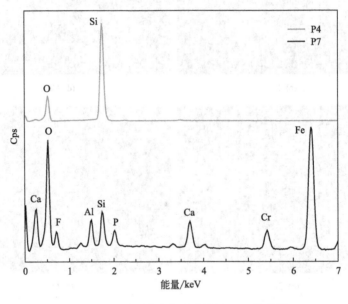

图 2-39 反浮选精矿典型区域的 EDS 能谱图

鲕状赤铁矿磁化焙烧-磁选精矿中 SiO_2 含量仍偏高，分析原因如下：①部分未解离的铁矿物连生体仍然存在，磨矿粒度未达到要求；②人工磁铁矿磁团聚现象严重，夹杂脉石混入精矿。对鄂西典型高磷鲕状赤铁矿采用磁化焙烧-磁选-反浮选工艺进行选别，该过程中铁、磷元素的走向规律分析表明：恩施高磷鲕状赤铁矿磁化焙烧-磁选，可获得铁品位（TFe）为 57.71%、铁收率为 89.63%的磁选精矿产品，其中杂质 P 的含量为 0.38%。控制磨矿产品的细度从 −0.038mm 为 86.20%至 100.00%范围，磁化焙烧-磁选精矿反浮选精矿产品中的铁品位从 60.95%升高至 61.78%，磷含量从 0.38%降低至 0.23%，磁选阶段的铁品位从 48.33%提高至 58.52%，磷的脱除率为 27.84%；反浮选可将铁品位提高到 61.78%，磷含量降低到 0.23%，磷脱除率为 67.14%。鲕状赤铁矿中铁-磷共生关系复杂，焙烧矿中铁磷主要分布在鲕粒内部，以赤（磁）铁矿和胶磷矿的形式层状包裹，各自的富集层元素组成和含量相似。细磨分选后的反浮选精矿中矿物颗粒粒度较细，铁矿物以"单体"形式为主，残余杂质磷以星散状连生体形式存在，常围绕在铁矿物外围共生。

2.7.7 鲕状赤铁矿磁化焙烧存在的问题及发展方向

隐晶质鲕状赤铁矿结构致密、铁矿物嵌布粒度极细，磁化焙烧时极易发生欠还原或过还原。采用磁化焙烧-磁选工艺处理鲕状赤铁矿，铁精矿的 TFe 一般在 60% 以下，有效磁化率（FeO 以 $Fe_2O_3 \cdot FeO$ 的形态存在）不高。原因主要有：

(1) 鲕状赤铁矿矿物内部有其他矿物的环带状包裹（如 SiO_2、黏土矿物、胶磷矿物），阻碍了铁矿物与还原性气氛的接触，减缓了 Fe^{2+}、电子和 O^{2-} 在矿物层的扩散，使焙烧效果变差[97]；

(2) 隐晶质鲕状赤铁矿矿物嵌布粒度复杂、晶粒细，磁化还原过程中存在较大程度的过还原或欠还原现象，新生人造磁铁矿晶粒长大难；

(3) 新生 Fe_3O_4（$Fe_2O_3 \cdot FeO$）不能稳定存在，易发生反应生成铁橄榄石 Fe_2SiO_4 和尖晶石 $FeAl_2O_4$，形成黏结物。

Yu 等[101]对鄂西鲕状赤铁矿采用闪速磁化焙烧-磁选工艺进行选别，获得了铁精矿品位 56.0%、产率 64.8% 的分选指标。综合铁精矿指标，对闪速焙烧炉的炉型结构和工艺参数进行了详细分析发现：该矿的磁化焙烧适宜采用高温、强还原性气氛。鲕状赤铁矿的工艺矿物学、磁化焙烧动力学研究也表明，与菱铁矿、褐铁矿相比，所需的焙烧温度及还原气氛更强、焙烧时间更长，存在明显的欠还原或过还原现象（图 2-40）。在相同粒度下，即使增加磁化焙烧时间，鲕状赤铁矿的磁化焙烧-磁选效果仍不如其他铁矿石，铁精矿回收率只能达到 80% 左右，尾矿中存在一定量的欠还原铁矿物（Fe_2O_3）和过度还原铁矿物（含 FeO 复合化合物），TFe 接近 27%[94,102]。同样条件下，菱铁矿的闪速磁化焙烧时间约 30s，赤铁矿为 30~60s，磁选尾矿 TFe 在 10% 以下，有些矿石甚至在 5% 以下；而鲕状赤铁矿大约在 180s，磁选尾矿 TFe 均在 15% 以上，且相对于其他铁矿石，回收率

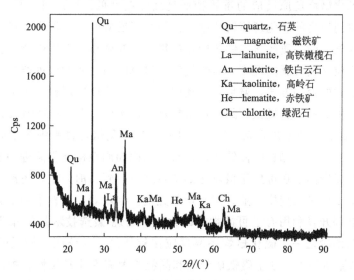

图 2-40 过还原焙烧-磁选尾矿 X 衍射图

较低。有必要对鲕状赤铁矿的磁化焙烧机理进行研究。

学者们在铁矿（直接）还原焙烧动力学方面做了大量的研究工作，但关于以 Fe_3O_4 为还原产物的氧化铁矿磁化还原焙烧动力学研究较少，目前只针对菱铁矿、褐铁矿的磁化焙烧做了一些动力学研究，对隐晶质显微结晶态的鲕状赤铁矿磁化焙烧动力学的系统研究、欠还原行为及过还原行为研究还很缺乏。

黄冬波等[91]的研究表明，鄂西鲕状赤铁矿中脉石矿物除部分集中分布在脉石中外，还有部分均匀分布在鲕粒环状脉石中，与铁矿物紧密相嵌，粒度在几微米左右，使得这部分脉石很难单体解离。矿石粒度对磁化焙烧还原度的影响比较大，矿石粒度越大，还原磁化完全所需的时间越长，效率越低，适当减小矿石粒度可以有效改善赤铁矿石的磁化性能。

毕膳山[103]以贵州赫章鲕状赤铁矿为原料，H_2 为还原剂，研究了还原温度、还原时间和添加剂等因素对其还原过程的影响。研究结果表明还原温度和还原时间对金属化率的影响显著，随着温度和时间的增加，金属铁颗粒逐渐变大，矿粉的失重率和金属化率也相应增加。同时建立了各温度下还原反应的动力学方程。

杨颂等[104]考察了氢气气氛下还原时间、还原温度和还原度等对鲕状赤铁矿还原过程的影响。结果表明随着还原时间增加，鲕状赤铁矿还原度逐步增大，还原焙烧矿金属化率逐步增大。400℃下氢气低温还原赤铁矿的过程为：

$$Fe_2O_3 \rightarrow Fe_3O_4 \rightarrow Fe_3O_{4-\delta} \rightarrow FeO \rightarrow Fe_3O_4 + Fe \rightarrow Fe$$

但从宏观上看，产物由 Fe_3O_4 直接变为 Fe，中间没有 FeO 产生。Guo 等[105]的研究表明，鲕状赤铁矿磁化还原反应主要受内扩散控制，在弱还原气氛（$CO=3\%$）的条件下，温度为 650℃时扩散系数为 $9.018 \times 10^{-7} m^2/s$，添加 CaF_2 和 Na_2CO_3 可以改善扩散效果，提高磁化焙烧产物的磁性；在 650~800℃ 的温度范围内，还原反应先受化学反应控制，后主要受内扩散控制，反应活化能为 14.816kJ/mol。Bahgat[86]等研究了磁铁矿在 H_2 中的还原（磁化还原过还原）规律，结果表明在 900~950℃ 的温度范围内，还原反应受固相扩散速度控制，还原率可以达到 90%。

氧化铁矿磁化焙烧还原反应的重要特征是反应温度低、还原气氛弱、容易发生过还原，因此，要得到较高的磁化还原转化率，必须实现反应温度、焙烧气氛、焙烧时间与矿石粒度的合理匹配。隐晶质鲕状赤铁矿中铁矿物嵌布粒度小、有用矿物与脉石之间的赋存关系复杂，尤其应该实现反应温度、焙烧气氛、焙烧时间之间的合理调控，选择适合微细粒人工磁铁矿长大的冷却方式，避免"欠还原"与"过还原"现象。为了揭示隐晶质鲕状赤铁矿磁化还原生成的人造磁铁矿的晶体重构规律，张亚辉等[106]对鲕状赤铁矿进行了磁化焙烧-晶粒长大-磁选新工艺研究，证实鲕状赤铁矿磁化焙烧过程中新生成的临近磁铁矿可能相融合兼并生成更大晶粒的磁铁矿，但长大规律和调控机制仍需进一步研究。

国内外鲕状高磷赤铁矿都属于极难选的矿石之一，到目前为止，还没有处理该类型铁矿石的成熟选矿工艺及大规模工业开发利用的先例。但随着选冶技术的不断进步，使此类铁矿资源经济合理开发利用有了可能性，磁化还原焙烧-磁选技术是隐晶质鲕状赤铁矿高效利用的最有效手段之一。磁化焙烧还原反应在较低的 CO 分压、较低的温度下即可发生[107]，但在低温焙烧下，新生磁铁矿结晶和晶粒长大速率非常缓慢；提高温度或 CO 分压可以提升反应速率，但高温会使磁铁矿向金属铁相转变，导致磁化焙烧变成直接还原过程，在此过程中会产生大量非磁性富氏体，影响铁回收率。

鲕状赤铁矿石磁化焙烧有效磁化还原转化率和磁选回收率不高的原因除了因为铁精矿存在较多磁团聚夹杂外，还有磁化焙烧可能存在较大程度的过还原。因此应在分析隐晶质鲕状赤铁矿磁化还原反应热力学条件和动力学条件的基础上，揭示还原反应温度、矿石粒度、气氛及反应时间对磁化还原反应效率的影响规律，建立合理的"欠还原"与"过还原"现象调控机制。另外，需要深入研究焙烧温度、气氛等热力学因素对隐晶质鲕状赤铁矿磁化还原焙烧铁物相变化的影响，明确磁化还原产物-人工磁铁矿晶粒的形成和重构长大规律，为确定隐晶质类赤铁矿磁化还原焙烧调控机制提供依据。

此外，适合微细粒人工磁铁矿分选除杂的弱磁选设备开发与应用也很重要。

2.8　锰铁矿同步还原机理

我国氧化锰矿中大多数为高铁低锰的贫矿，单一洗矿、重选、强磁选、浮选工艺对低品位氧化矿的分选效果不理想，磁选-重选-还原浸出工艺、强磁选-浸出工艺、浮选-磁选-重选联合工艺虽有一定的回收效果，但流程复杂。氧化锰矿物大多与铁矿物共生，使锰矿不适合生产铁合金，制约着我国锰系产品的生产和可持续发展。一般把含有相当数量的锰和铁，但以铁为主，Mn/Fe<1 的矿石，称为铁锰矿石，Mn/Fe<3 为高铁锰矿；主要含铁（Fe>35%），而含 Mn 5%～10% 的矿石，称为含锰铁矿石；沉积锰矿铁量较高，部分构成铁锰矿石 [$w(Mn)\geqslant10\%$，$w(Mn)+w(Fe)\geqslant30\%$]，工业上通过磁选工艺或磁化焙烧-磁选工艺除铁。在一些锰系产品生产集中的地区，所用碳酸锰矿的品位已经由含锰 18%～20% 降低到了只有 13%～15%，而另一方面，大量含锰 20%～25% 的软锰矿，因为利用效率低、成本过高等问题得不到利用。锰硅合金生产冶炼主要是锰的高价氧化物受热分解成低价氧化物，低价氧化物进一步还原成锰金属的过程。由整个还原过程得知，氧化锰矿入炉后大部分消耗被用在高价锰（MnO_2、Mn_2O_3）向低价锰（MnO）还原的过程，而一氧化锰（MnO）还原的时间是很短的，因此，如果将氧化锰预还原的过程放在炉外进行，一氧化锰直接入炉，可使得整个生产过程的时间缩短 40% 以上，实现快速还原，提高产量、降低电耗、减少排放。初步估计使用一氧化锰（MnO）入炉，单位电耗降低 30%，缩短冶炼时间 40%，提高产量 30%，减少二氧化碳排放 20%，节能效果非常明显，降低生产成本 10% 以上。在化工硫酸锰生产时，为从各类高价态氧化锰矿物资源中浸出锰，首先需要将难溶氧化锰还原为酸溶性的 MnO，这一还原过程对湿法冶金锰系产品的生产流程、基建投资、生产成本以及产品品质均有重要影响，所以合理、经济、高效的软锰矿还原工艺技术一直是国内外锰矿加工产业的重要研究课题。

含铁氧化锰矿低温（700～800℃）还原-分选利用需明确氧化锰和氧化铁矿的矿相转变、晶型转变规律，晶粒长大规律，在掌握氧化锰矿中 MnO_2、Mn_2O_3 和 Fe_2O_3 同步还原的热力学条件及动力学规律基础上，通过焙烧粒度、温度、气氛控制与调节，促进矿石中高价氧化锰转化为 MnO 的同时，弱磁性铁矿物 Fe_2O_3 磁化还原转化为强磁性 Fe_3O_4，并通过弱磁选分离提纯，锰铁比提高到 5 以上，以提高锰硅合金冶炼效果、降低锰硅合金冶炼排放，或为锰浸出提供优质原料，实现锰和铁的资源综合利用。因此，加强高铁氧化锰矿还原焙烧技术研究，提高锰资源利用水平，降低一氧化锰生产成本，对缓解我国锰矿进口压力，实现我国锰业可持续发展具有十分重要的意义。

对含铁较高的铁锰矿，为了降低浸出过程中铁元素杂质的混入，使铁、锰资源分别得到充分利用，最为普遍的工艺为还原焙烧-磁选工艺；首先还原 MnO_2，通过还原焙烧溶蚀铁锰矿中的锰铁共生结构，为后续铁锰分离创造矿物学条件，随后通过磁选处理，将铁锰分离。主要反应如下：

$$MnO_2 + C \Longrightarrow MnO + CO \quad \Delta G_T^{\ominus} = 19940 - 192.8T \tag{2-30}$$

$$2MnO_2 + CO \Longrightarrow Mn_2O_3 + CO_2 \quad \Delta G_T^{\ominus} = -146610 - 21.85T \tag{2-31}$$

$$MnO + C \Longrightarrow Mn + CO \quad \Delta G_T^{\ominus} = 270960 - 159.52T \tag{2-32}$$

$$MnCO_3 \Longrightarrow MnO + CO_2 \quad \Delta G_T^{\ominus} = 113800 - 183.12T \tag{2-33}$$

$$3Fe_2O_3 + CO \Longrightarrow 2Fe_3O_4 + CO_2 \quad \Delta G_T^{\ominus} = -42121 - 53.37T(T>570℃) \tag{2-34}$$

$$Fe_3O_4 + CO \Longrightarrow 3FeO + CO_2 \quad \Delta G_T^{\ominus} = 35380 - 40.16T(T>570℃) \tag{2-35}$$

$$FeO + CO \Longrightarrow Fe + CO_2 \quad \Delta G_T^{\ominus} = -16950 + 20.64T(T>570℃) \tag{2-36}$$

用 XRD、SEM 和化学分析等方法对回转窑工艺还原低品位软锰矿的产物进行表征，结果表明回转窑还原工艺的产品中锰的还原率可达到 93% 以上。锰主要以一氧化锰的形式存在；二氧化硅为石英形态，与少量锰、铁氧化物形成硅酸盐；铁和铝主要以硅酸盐的形态存在，这种存在方式与铁、铝的氧化物相比，在硫酸浸出中更难溶解浸出。A. A. El-Geassy 等也采用热重法研究了高锰铁矿石（TFe 50.15%、Mn 4.46%）在 80% CO-20% CO_2 气氛中、600~1000℃条件下的磁化焙烧特征及行为，结果表明：600~800℃时，铁矿物转化为磁铁矿，出现少量碳化铁；800~1000℃时出现富氏体和金属铁，而 MnO_2 转化为 MnO。弱磁选分选铁精矿中铁回收率为 94.4%，Mn 的含量下降到 2.5%[108]。

由图 2-41 可知，在试验温度范围内，除反应式(2-32)、式(2-36)外其他反应的标准吉布斯自由能都小于 0，说明其他各反应均能自发进行。对于反应式(2-32) 和式(2-36)，即 MnO 还原 Mn 以及 FeO 还原 Fe 的过程，温度影响较小，影响其反应的主要因素为还原剂用量或还原气氛，还原剂用量或 CO 浓度过高会促进并加快其反应进行。理论计算表明，还原反应式(2-34) 和 $MnO_2 + CO \longrightarrow MnO + CO_2$ 为放热反应，只需较低还原气氛即可完成，且随着温度升高，热效应变化不大；而反应式(2-35) 为产生富氏体的主要反应，主要通过控制 CO 浓度、焙烧时间来阻碍反应的进行，避免过还原，提高磁铁矿的产率。

在此工艺路线中，氧化锰矿的还原效果将直接决定整个工艺过程中锰的利用率。理论计算表明，还原反应 $MnO_2 + CO \longrightarrow MnO + CO_2$ 为放热反应，并且随着温度升高，热效应变化不大；而 MnO 与硫酸的浸出反应 ΔG 均小于 0，反应正方向进行，与试验结果吻合。

图 2-42(a)~(d) 分别为 700℃、750℃、800℃、850℃下锰铁焙烧矿的 XRD 衍射图。图中表示的是锰铁矿原矿中主要物质石英、针铁矿、褐铁矿及二氧化锰的衍射峰，随着焙烧温度升高到 700℃，Fe_3O_4 的衍射峰增多，部分 Mn_2O_3 转化为 Mn_3O_4；在焙烧温度升

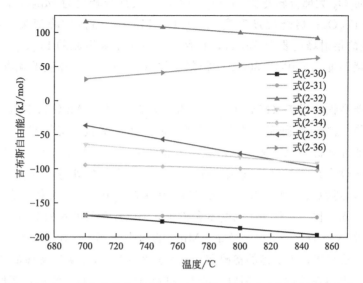

图 2-41 锰、铁氧化物各还原反应在不同温度下吉布斯自由能的变化

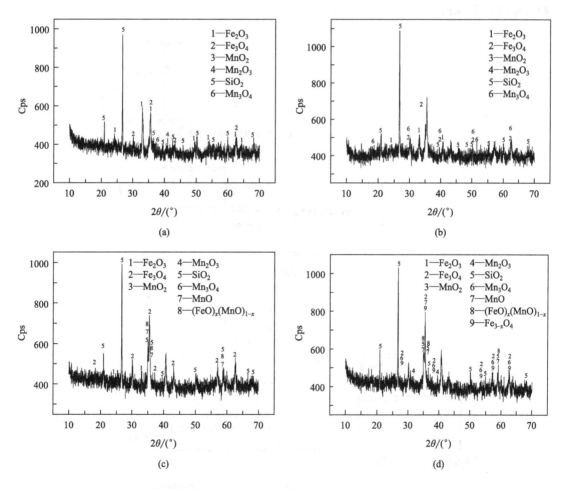

图 2-42 锰铁矿不同温度下磁化焙烧矿的 XRD 衍射图

至 750℃时，Fe_2O_3 大部分转化为 Fe_3O_4，Mn_2O_3 大部分转化为 Mn_3O_4，但依然存在部分未被还原的 Fe_2O_3；焙烧温度升高至 800℃，Mn_3O_4 的衍射峰消失，锰的衍射峰以 MnO 为主，铁的衍射峰主要为 Fe_3O_4，只存在极少量未被还原的 Fe_2O_3，并开始出现铁锰氧化物；焙烧温度为 850℃、800℃时衍射峰没太大差异，铁和锰的赋存状态以 Fe_3O_4 和 MnO 为主。

对广西大新高铁软锰矿（Mn 21.59%、MnO_2 31.31%、MnO 2.33%、TFe 9.68%）进行了还原焙烧-磁选试验研究，顺利完成了还原煤用量试验、实验室氧化锰快速流态化还原焙烧工艺研究和流态化快速还原焙烧半工业试验研究（图 2-43），摸索出了软锰矿流态化快速还原焙烧合理的温度、气氛条件，对相关工艺参数进行了优化。结果表明（表 2-29、表 2-30），还原气氛中，在反应炉温度为 950～1000℃、气体中的 CO 体积分数 4.5%～6.5%、固气比 0.6kg/m³ 的基本条件下，MnO_2 的转化率高达 95%，还原焙烧产物弱磁选除铁率达到 78%～83%，Mn、MnO 的损失率不足 3%，锰铁比由 2.6 提高到 5.0，还原焙烧-磁选高锰产物锰的稀硫酸浸出率达到 98%（原矿的稀硫酸浸出率为 7%～9%）；磁选后还可得铁品位在 55% 以上的铁精粉副产品。实验室流态化还原反应时间 10s 左右，半工业试验预热和还原总时间不足 1min，证实了软锰矿在几十秒内可以完成 MnO_2 转化为 MnO。

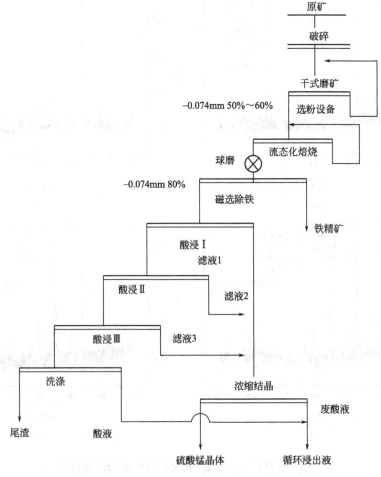

图 2-43　氧化锰快速流态化还原焙烧-浸出流程

表 2-29　氧化锰矿（—0.074mm 72%）流态化试验结果

反应炉温度/℃	上部温度/℃	反应炉进口 CO/%	尾气 CO/%	Mn/%	MnO/%	MnO₂/%	转化率/%
1006	932	5.9	3.9	35.06	43.5	2.17	96.52
957	861	6.4	2.7	34.55	42.37	2.75	95.41
969	876	6.3	2.7	35.50	43.10	3.42	94.46
992	917	6.2	2.7	33.76	40.69	3.56	93.77
946	853	6.4	2.4	34.99	40.23	5.61	90.23
906	822	6.4	2.4	34.25	38.00	7.63	86.32
918	797	6.7	3.9	35.82	40.28	7.32	87.49

表 2-30　氧化锰矿（—0.074mm 72%）流态化还原-磁选试验结果

反应炉温度/℃	产品	产率/%	品位/%				回收率/%	
			P	SiO₂	Fe	Mn	Fe	Mn
1015	磁尾	90.38	0.16	33.45	7.20	29.12	36.92	96.14
	磁精	9.62			39.6	11.00	63.08	3.86
	合计	100.00			10.32	27.38	100.00	100.00
992	磁尾	90.11	0.13	30.01	8.62	33.10	34.14	96.91
	磁精	9.89			40.73	9.63	65.86	3.09
	合计	100.00			11.79	30.78	100.00	100.00
969	磁尾	89.44	0.19	34.13	8.92	32.23	66.44	95.53
	磁精	10.56			38.16	12.76	33.56	4.47
	合计	100.00			12.01	30.17	100.00	100.00

　　铁锰氧化物同步还原新工艺采用了逐级预热、同步还原传热传质机制，充分利用了系统气流热能，排放废气温度在 100℃以下，能源利用率高，可实现对含铁氧化锰矿的有效综合利用。

　　为了确定氧化锰流态化快速还原焙烧工艺的技术经济指标，以连续试验为例，进行了系统的热平衡能耗分析，基本原始数据如下：

　　锰矿粉比热容：1.22kJ/(kg·℃)；

　　CO 热值：1.18MJ/kg，消耗量按气体体积的 3%计算；

　　废气比热容：1.424kJ/(m³·℃)；

　　烧失热量消耗：260kJ/kg，锰矿烧失 12.43%；

　　根据半工业试验焙烧生产装置计算的热平衡：见表 2-31；

　　反应 $MnO_2 + CO \longrightarrow MnO + CO_2$ 的热效应：—15.123kJ/mol（放热）；

　　回风量：50%；

　　筒体散热：10%；

　　处理量：500kg/h；

　　固气比：0.5kg/m³；

　　成品温度：800℃；

　　废气排放温度：350℃。

据热平衡表 2-31 计算可得，焙烧 1t 原矿需要补充的热耗为 2.010×10^6 kJ/t（原矿），折合标准煤，氧化锰流态化快速还原半工业试验的能耗为 68.69kg（标准煤）/t（原矿）。

表 2-31　氧化锰流态化快速还原焙烧半工业试验热平衡表

热收入项				热支出项			
序号	项目	热值/10^3 (kJ/kg)	比例/%	序号	项目	热值/10^3 (kJ/kg)	比例/%
1	LPG 燃烧热	2.010	80.11	1	出炉物料带出热	0.976	38.90
2	化学反应放热	0.069	2.55	2	尾气带走热	0.997	39.74
3	回风带入热	0.430	17.34	3	CO 损失热	0.025	1.00
				4	物料水分蒸发热	0.260	10.36
				5	窑壁散热	0.251	10.00
	合计	2.509	100.00		合计	2.509	100.00

在理论上，基于氧化锰和铁矿物同步还原热力学基础，加强对氧化锰矿铁锰矿物同步还原产物的矿相组成与转变、结晶形态、矿石中铁矿物与锰矿物之间共生关系等工艺矿物学特性研究，可揭示磁化还原焙烧过程中铁矿物与氧化锰矿物的物相变化规律及交互影响规律，查明黏结物结晶长大机理、可能形成黏结物的条件、低熔点化合物的类型及结晶形态和固结方式、氧化锰矿还原黏结的有效控制机制，为含铁锰矿同步还原确定合理的调控机制提供理论依据。同时，还原产物通过弱磁选分离提纯，实现产品锰铁比的大幅度提高并同步回收铁组分。采用同步还原处理高铁中低品位锰矿，也可以利用冶炼炉本身的尾气，预还原-磁选实现了氧化锰提质，由于 Mn/Fe 比的提高，使用高铁锰矿生产锰铁将会有更大程度的自由度。不仅为充分利用锰矿资源提供了技术基础，为锰的深加工提供了大量优质锰原料，还可为同类型矿石的高效综合利用提供技术支持。

2.9　磁化焙烧法回收固废中的铁

2.9.1　磁化还原焙烧在铬渣干法解毒中的应用

铬渣是一种强毒性的危险废弃物，其中含有的水溶性和酸溶性六价铬对人、畜及农作物都有极大危害，对周围环境造成严重污染，急需得到治理。

铬渣的粒径一般为 0.05~1mm，水分的质量分数≤15%。铬渣中 Fe 的质量分数一般为 20%~35%，主要是 Fe_2O_3。

固相还原法以还原剂与铬渣进行高温（700~800℃）反应，使铬渣中的 Cr(Ⅵ) 还原成 Cr(Ⅲ)，最终以玻璃态或尖晶石形态存在，解毒彻底、稳定，是铬渣资源化处理的首选方法。渣中弱磁性的 Fe_2O_3 还原成强磁性的 Fe_3O_4，通过磁选回收得到铁精矿副产品。反应时将铬渣与煤粉充分混合，在密闭、还原气氛条件下，将所得的混合料通过给料器均匀给入反应炉，通过合理调整气氛，经过脱水干燥、预热、焙烧还原、冷却、淬冷、磨矿、磁选（磁场强度 63.7～159.2kA/m），得到铁精砂和无毒铬渣。铬渣干法还原解毒工艺的主要反应如下：

$$3C(s)+2CaCrO_4(s)\Longrightarrow 2CaO(s)+Cr_2O_3(s)+3CO(g) \tag{2-37}$$

$$3CO(s)+2CaCrO_4(s)\Longrightarrow 2CaO(s)+Cr_2O_3(s)+3CO_2(g) \tag{2-38}$$

$$3C(s)+2Na_2CrO_4(s)\Longrightarrow 2Na_2O(s)+Cr_2O_3(s)+3CO(g) \tag{2-39}$$

$$3CO(s)+2Na_2CrO_4(s)\Longrightarrow 2Na_2O(s)+Cr_2O_3(s)+3CO_2(g) \tag{2-40}$$

$$C(s)+CO_2(g)\Longrightarrow 2CO(g) \tag{2-41}$$

$$3Fe_2O_3+CO\longrightarrow 2Fe_3O_4+CO_2 \tag{2-42}$$

采用多级动态磁化还原装置（图 2-44），以煤粉和煤气联合作为还原剂，对铬渣进行还原解毒。在多级密封炉内，铬渣中水溶性的 Na_2CrO_4 被高温还原为低毒性的三价铬，通过控制干燥、预热、焙烧各层不同位置的烧嘴来调节四个不同反应阶段的气氛和温度，保证炉内 CO 的体积分数在 0%～7.5% 之间，炉内温度在 200～900℃ 之间，炉内压力控制在 -10～$+10$Pa，通过调节料层厚度、刮料耙齿转速控制反应时间，对终渣擦磨后，进行弱磁选选别，得到高品位铁精砂以及无毒铬渣。其主要工艺参数见表 2-32。采用多级动态焙烧法处理云南曲靖铬渣〔粒度<1mm，Cr(Ⅵ) 含量 2.09%，Fe 含量 28.50%〕，在煤粉用量 2% 的条件下，经过还原焙烧-擦磨-弱磁选后，得到铁品位 54% 的铁精矿产品，铁回收率为 71.5%。所得淬冷产品按 HJ/T 301—2007 标准的方法分析铬渣中 Cr(Ⅵ) 的浸出浓度为 0.18mg/L，小于标准 0.50mg/L 的建材产品要求，可达到排放利用标准，有效实现了铬渣干法解毒、固化和铁资源的回收利用。

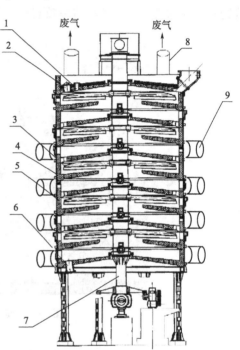

图 2-44　铬渣气固还原解毒装置

1—进料孔；2—炉顶清扫孔；3—扒臂；
4—炉壳；5—炉衬；6—排料口；7—中心轴；
8—烟气出口；9—燃烧室

表 2-32　铬渣还原解毒工艺参数

多级高温还原炉	温度/℃	气氛(CO)/%	多级高温还原炉	温度/℃	气氛(CO)/%
第一层	250～300	0	第六层	700～800	3～7.5
第二层	350～400	0	第七层	800～850	3～7.5
第三层	450～500	0	第八层	850～900	3～7.5
第四层	500～600	1	第九层	700～750	3～7.5
第五层	650～700	0～2	第十层	700～600	3～7.5

2.9.2　赤泥磁化焙烧

拜耳法是生产氧化铝的主要方法，其产量占全球氧化铝总产量的 90% 以上。赤泥（红泥）是从铝土矿中提炼氧化铝后排出的含铁工业固体废物，氧化铁（Fe_2O_3）含量高，外观与赤色泥土相似，部分因含氧化铁较少而呈棕色或灰白色。拜尔法赤泥含铁较高，平均每生产 1t 氧化铝，产生 1.0～2.0t 赤泥。近年来，我国已成为世界第一的氧化铝生产大国，据估算，当前我国赤泥堆存量约 6 亿吨，每年排放的赤泥高达 7000 万～8000 万吨。

2010 年 10 月 4 日，大量有毒赤泥从匈牙利一家铝厂废水池涌向附近三个村庄，造成 10 人死亡，百人受伤，受伤者几乎 70％的皮肤被烧伤。这些碱性有毒赤泥覆盖了大约 40km² 的土地，对生态环境和经济造成了不可估量的损失（图 2-45）。赤泥的危害主要体现在四个方面：占用土地和农田；强碱会向地下渗透，污染土壤、水资源和大气；腐蚀建筑物和构筑物表面；对环境造成放射性污染等（图 2-46）。

图 2-45 匈牙利"赤泥流"事件

图 2-46 洛阳新安赤泥库滑坡现场

赤泥综合利用主要包括两个方向：一是提取赤泥中的有用成分，如回收铁、铝、镓、钪等；二是将赤泥作为建筑原材料综合利用，如作环保功能材料、建筑墙体材料、水泥、矿山充填等。如表 2-33 所示，拜耳法赤泥中 Fe_2O_3 的质量分数一般在 40% 以上，是赤泥的主要有价成分。每年我国在赤泥中损失的铁资源高达 1000 万吨以上，对赤泥中的铁资源进行回收，不仅可以降低赤泥堆存占地面积，减少赤泥对周围环境的污染，还可以实现固废资源综合利用。磁选铁精矿可作为炼铁原料，增加了炼铁原料来源，提高了赤泥中有价金属回收的附加值。国内外学者开展了拜耳法赤泥中铁的回收研究，主要方法有磁化焙烧-磁选法、直接强磁选法、直接还原熔炼法、微波还原和浸出-提取法等。其中磁化焙烧-磁选法是最有效的手段之一。

表 2-33　广西百色赤泥成分分析 (XRF)　　　　单位：%

成分	Fe_2O_3	TiO_2	SiO_2	Al_2O_3	CaO	MgO
含量	50.816	4.556	8.831	12.649	9.985	0.268
成分	Na_2O	K_2O	CO_2	SO_3	P_2O_5	MnO
含量	5.379	0.068	6.390	0.291	0.116	0.108

由表 2-34 可知，山东魏桥赤泥中铁含量高，另外 Al_2O_3、TiO_2 和 SiO_2 的含量较高。硅铝含量高会导致在还原焙烧过程中有部分铁的氧化物与硅酸盐及铝酸盐进行固相反应，生成铁橄榄石和铁尖晶石等化合物，影响对铁的回收。在赤泥还原磁化焙烧之后，还可以对尾渣中的钛加以回收利用。

表 2-34　山东魏桥赤泥成分分析结果 (XRF)　　　　单位：%

成分	Fe_2O_3	TiO_2	SiO_2	Al_2O_3	CaO	MgO
含量	60.908	4.79	3.892	15.474	1.288	0.197
成分	Na_2O	K_2O	SO_3	Cr_2O_3	P_2O_5	MnO
含量	2.854	0.04	0.133	0.171	0.186	0.082

山东魏桥赤泥经磁化焙烧后（图 2-47、表 2-35），铁元素在形态和矿物组成上都发生了很大的变化，即焙烧前很少有磁铁矿（Fe_3O_4），焙烧后磁铁矿（Fe_3O_4）明显增加；

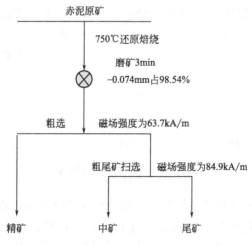

图 2-47　赤泥磁化焙烧（750℃）-磁选流程

经弱磁选后，赤泥中铁矿物磁化还原得到的磁铁矿（Fe_3O_4）、假象磁铁矿（$\gamma\text{-}Fe_2O_3$）等强磁性矿物得到了较好的富集。

表 2-35 山东魏桥赤泥磁化焙烧-磁选结果

焙烧时间/min	产品	产率/%	TFe/%	铁回收率/%	FeO/%
40(800℃)	精矿	71.54	57.71	86.32	
	中矿	4.33	37.81	3.42	
	尾矿	24.13	20.33	10.26	4.26
80(800℃)	精矿	79.09	55.83	95.06	
	中矿	2.14	25.57	1.17	
	尾矿	18.77	9.32	3.77	7.55
120(800℃)	精矿	75.42	59.49	90.00	Al_2O_3 11.48%
	中矿	7.23	39.40	5.71	
	尾矿	17.35	12.32	4.29	6.72

从赤泥中提取铁元素对资源综合利用、促进节能减排及循环经济的发展都有一定的意义，但存在下列四个方面的问题：

① 赤泥泥化部分含量较高，经过分级、细磨后全部进入磁选工序，在选别过程中，受泥化影响，产品铁精粉的品位不高严重影响产品过滤效果；

② 赤泥 Al_2O_3 含量高，难以满足冶炼要求；

③ 对赤泥中铁的回收，仅限于对含铁量较高的拜耳法赤泥的处理，而由于生产 Al_2O_3 时所用的矿石铁品位不同致使拜耳法赤泥的铁含量有一定差异，限制了从拜耳法赤泥中回收金属铁工艺的广泛应用；

④ 赤泥粒度细，比表面积为同等粒径铁矿粉的 50～100 倍，孔隙率极高，磁化焙烧过程的控制模型有别于典型的气固未反应核收缩模型，因此还原条件参数和再生磁铁矿晶核形成及长大具有均相反应的部分特征。

2.9.3 硫酸渣磁化焙烧

如图 2-48 所示，硫铁（精）矿在制取硫酸的过程中，首先在沸腾炉内高温焙烧，然后由焙烧产物二氧化硫制取硫酸，而焙烧渣就是硫酸渣。其主要反应如下：

$$4FeS_2 + 11O_2 \rightleftharpoons 2Fe_2O_3 + 8SO_2$$
$$3FeS_2 + 8O_2 \rightleftharpoons Fe_3O_4 + 6SO_2（氧不充分）$$

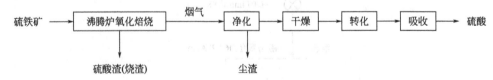

图 2-48 硫酸生产工艺流程

硫酸渣的排放量与所用原矿品位有关。硫铁矿含硫量越高，硫酸渣排放量越低，如表 2-36 所示。当硫铁矿含硫 25%～35%时，每生产 1t 硫酸约产生 0.7～1.0t 硫酸渣。我国是硫酸生产大国，年产量接近 1 亿吨，其中硫铁矿制酸约占制酸总量的 20%以上。据统计，每生产 1t 硫酸会排放硫酸渣 0.8～1.0t，我国硫酸渣年排放量约 2000 万 t，占化工废渣总量的 1/3。

表 2-36　硫铁矿烧渣的化学组成　　　　　　　　　　　单位：%

产地	TFe	FeO	CaO	SiO$_2$	Al$_2$O$_3$	MgO	S	P
铜陵	54.39	6.41	2.18	10.03	2.47	3.0	0.456	0.03
大连	48.00	2.82	2.58	9.85	0.98	1.57	1.62	0.04
上海	43.45	13.12	1.68	25.90	4.89	0.81	1.82	0.17
川化	47.40	1.0	5.10	12.70	5.89	1.68	0.81	0.056
德阳	44.26	0.55	6.33	11.26	2.46	10.47	3.42	0.032
绵竹	44.69	1.34	2.45	19.12	3.83	4.00	2.14	0.024
什邡	43.27	9.67	3.16	18.28	6.79	7.08	2.30	0.017
江油	45.50	0.80	6.33	10.83	4.40	5.32	3.45	0.031
彭山	46.46	0.45	7.72	8.02	0.47	5.30	4.41	0.05

从硫酸渣中直接提取铁，经过磁选或重选，对粒度较粗的先经过再磨工序，可回收一部分铁矿物，铁回收率 50%～60%，铁品位 45%～55%；采用磁化焙烧处理硫酸渣，使弱磁性铁矿物 Fe$_2$O$_3$ 转化为强磁性 Fe$_3$O$_4$，再用磁选法回收利用硫酸渣中的铁，回收率在 90% 以上，铁品位大于 60%，提质降杂效果明显。

下面以铜陵有色硫酸渣磁化焙烧为例进行介绍。铜陵有色集团铜冠冶化分公司的硫酸渣为酸性氧化型铁矿渣，多元素分析见表 2-37。其铁品位为 56.11%，含铜 0.29%。矿样中 TFe/FeO 的比值为 51.48，大于 3.5；碱性系数（CaO+MgO)/(SiO$_2$+Al$_2$O$_3$）为 0.81，该硫酸渣属半自熔性氧化铁矿石，需要选矿排除的脉石组分主要为 SiO$_2$。其中铁主要以氧化铁（Fe$_2$O$_3$）形式存在，磁性铁含量低，可见少量磁黄铁矿，微量黄铁矿、黄铜矿、斑铜矿、蓝辉铜矿及褐铁矿等，偶见自然铜。硫酸渣中铁主要分布在 45μm 及以上的颗粒中，而铜的嵌布粒度较细，因此杂质铜的含量较高。根据铁物相分析，采用磁化焙烧-磨矿-铜浸出-磁选的方法回收硫酸渣中的铁、铜，可获得高品质的铁精矿，其原则流程见图 2-49。硫酸渣磁化焙烧试验条件：焙烧温度 750℃，焙烧时间 50min，还原剂（煤粉）

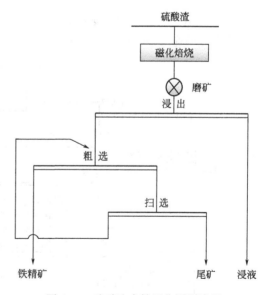

图 2-49　硫酸渣中铁回收原则流程

配比为 8%，焙烧矿磨矿细度 -0.045mm 占 87.31%。由表 2-38 可以看出，硫酸渣经磁化焙烧后，铁主要以磁性铁为主，含量占 95% 以上，易于磁选分离。杂质铜去除采用的浸出条件：H$_2$SO$_4$（体积分数）为 3%，固液比 1∶4（g/ml），浸出温度 70℃，磨矿细度 -0.045mm 占 74.55%。浸出 3h 时，铜的去除率可达 82.27%。浸出渣采用一粗一扫进行弱磁选。

表 2-37 铜陵有色硫酸渣多元素成分分析　　　　　　单位：％

成分	TFe	FeO	S	Cu	P	SiO$_2$	Al$_2$O$_3$	CaO	MgO
含量	56.11	1.09	0.85	0.29	0.035	7.61	0.79	3.31	3.51

表 2-38 磁化焙烧矿 Fe 物相分析　　　　　　单位：％

TFe	磁性 Fe		FeCO$_3$ 中 Fe		Fe$_2$O$_3$ 中 Fe		FeS 中 Fe		FeSiO$_3$ 中 Fe	
	品位	分布率	品位	分布率	品位	分布率	品位	分布率	品位	分布率
57.28	54.43	95.02	0.43	0.75	1.01	1.76	1.28	2.23	0.13	0.24

　　铜陵有色金属公司的硫酸渣经过磁化焙烧-磨矿-铜浸出-磁选全流程获得的精矿、尾矿其物理化学性质见表 2-39。由表可知，经过上述全流程选别，可以获得铁品位 66.45％的精矿产品，铁回收率 90.94％，产率 76.79％，精矿中 Cu、S、P 和 SiO$_2$ 的含量分别为 0.052％、0.15％、0.023％和 2.82％。选铁尾矿中铁品位为 8.21％，铜品位可降到 0.082％，S 品位为 2.23％。有害元素 S 在磁选过程中，主要向尾矿富集，有利于获得高品质的铁精矿。硫酸渣回收铁的数质量工艺流程见图 2-50。

表 2-39 硫酸渣磁化焙烧-磁选铁产物的物理化学性质

| 成分 | 多元素分析/％ | | | | | | | | | 物理性质 | | | |
	TFe	FeO	S	Cu	P	SiO$_2$	Al$_2$O$_3$	CaO	MgO	含水率/％	堆密度/(g/cm^3)	真密度/(g/cm^3)	比表面积/(cm^2/g)
精矿	66.45	26.40	0.15	0.052	0.023	2.82	0.249	0.656	1.31	23.89	1.09	3.47	3949.6
尾矿	8.21	3.35	2.23	0.082	0.039	29.88	4.09	4.27	5.21	22.96	0.92	2.80	

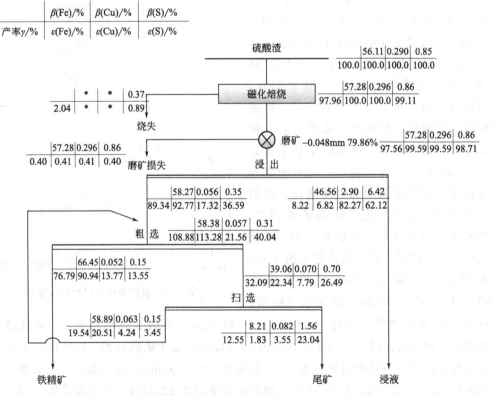

图 2-50 硫酸渣采用磁化焙烧-磨矿-铜浸出-磁选工艺数质量流程图

3
磁化焙烧工艺与装备

近年来，磁化焙烧-磁选工艺常常用于处理赤铁矿以外的其他类型难选铁矿石。如周亮、张旭东对某菱铁矿进行磁化焙烧处理，将 $FeCO_3$ 分解还原为磁铁矿后再经过弱磁选选别；原矿品位为 36.00%，经过选别后，可以获得铁品位为 57.74% 的铁精矿产品，回收率和产率分别为 84.16% 和 52.62%[85]。笔者对广西某铁品位为 52.07%、磁性率（TFe/FeO）为 2.11 的难选赤褐铁矿石进行了磁化还原焙烧-磁选选矿试验，磁选精矿铁品位 63.27%，产率 82.7%，铁回收率 95.99%。昆钢包子铺褐铁矿用常规选矿方法无法得到满意的产品，邱崇栋等采用磁化焙烧-磁选工艺处理，铁精矿品位达到 59.47%，铁回收率 92.86%。印度某铁矿矿石中主要铁矿物为赤铁矿和褐铁矿，相对含量约占 86%，采用常规的物理选矿方法难以处理，最佳的铁品位为 54.57%，收率为 72.11%[94]；郑桂兵等[108]研究采用磁化焙烧-磁选工艺流程，获得了铁品位为 67.98%、铁回收率为 95.18% 的铁精矿。于福家等[109]采用磁化还原焙烧-磁选工艺处理矿物组成非常复杂、嵌布粒度很细、铁矿物与脉石紧密共生难以分选的羚羊铁矿石，获得了铁品位 60% 以上、回收率 70% 以上的选矿指标。龚俊等[110]将含铁尘泥瓦斯灰和转炉红尘混合，进行了磁化焙烧-弱磁选试验研究，在焙烧温度 750℃、焙烧时间 60min 的条件下，获得了铁品位 60.00% 和回收率 88.6% 的铁精矿。王秋林等[111]针对綦江铁矿的矿物特征，确定了磁化焙烧制度，对焙烧矿进行弱磁选获得了 TFe 60.03% 的磁铁精矿，对焙烧磁选精矿进行阴离子反浮选试验，得到了 TFe 60.84%、回收率 86.99% 的铁精矿。

铜陵有色集团的硫酸渣（以 Fe_2O_3 为主，TFe 为 56.11%）在磁化焙烧温度为 750℃、焙烧时间为 50min、还原煤粉配比为 8%、焙烧矿磨矿细度 −0.045mm 占 87.31% 时，经过磁选可得 TFe 65.58%、回收率为 96.99% 的铁精矿[112]。付元坤等[113]对黄铁矿烧渣的回转窑磁化焙烧利用问题进行了研究，将烧渣与还原煤按一定比例混合，在 700℃、焙烧时间 10min 时可以得到良好的结果，磁化率接近理论值。董风芝等[114]使用焙烧温度 800℃、焙烧时间 15min、掺碳量 7% 的条件对硫酸渣进行磁化焙烧，获得了精矿品位 65.30%、回收率 83.54%、产率 67.60% 的优良选别指标。梁晓平的研究结果与此类似。

田锋[115]针对西北某硫铁矿的烧渣进行了磁化焙烧-磁选试验研究，采用挥发分较高的新疆烟煤，当焙烧温度为 700℃、焙烧时间为 30min、煤粉配比为 6% 时，可获得铁品位为 63.08%、回收率为 75.78% 的技术指标。

目前能在工业上用磁化焙烧工艺处理赤铁矿、褐铁矿、菱铁矿等难选低品位氧化铁矿石的设备主要有竖炉、回转窑[116]和多级动态磁化焙烧装置[117-119]。其中竖炉工艺由于透气性的问题，只适合粒度范围在 15～75mm 之间的块矿焙烧，资源的利用率仅 50% 左右，但由于矿块或球团矿粒度大、焙烧时间较长、还原不均匀，选矿技术指标不理想，成本高。多级动态磁化还原焙烧技术是针对不同类型难选弱磁性氧化铁矿的高效、快速磁化还原系统的集成，氧化铁矿粉经干燥预热、磁化还原、密闭冷却等过程为一体的高效快速、低耗磁化还原炉处理，磁化还原焙烧质量均匀，可实现分选效果的显著改善。

3.1 回转窑磁化焙烧

块矿铁矿石（≥15mm）采用竖炉焙烧已有长期成功的生产实践，联邦德国爱彼尔选矿厂采用竖炉以高炉煤气作燃料进行菱铁矿石焙烧，然后经筛分、粗粒拣选及磁选等过程获得了精矿；我国酒钢公司选矿厂采用竖炉工艺已有 30 多年的历史，主要处理镜铁山铁矿石[120]，矿石中有用矿物为镜铁矿、褐铁矿和镁菱铁矿，脉石矿物主要有碧玉、石英、铁白云石、重晶石和绿泥石、绢云母[121]等含铁硅酸盐类矿物，以高炉煤气作燃料，焙烧矿经磨矿-弱磁选可获得品位 55%～56% 的铁精矿。

回转窑工艺适合大于 5mm 粒级固体物料的焙烧，已经在陕西大西沟、新疆克州亚星矿产资源集团等地用于铁矿磁化焙烧生产，但磁化率有待提高、能耗有待降低。采用回转窑进行中性焙烧或磁化还原焙烧-弱磁选是一种有效的菱铁矿选矿技术，虽然加工成本相对较高，但随着铁矿资源紧缺和价值的升高，该项技术的发展逐渐令人关注（表 3-1）。20 世纪 60 年代，苏联中央采选公司开始针对以赤铁矿、褐铁矿为主的氧化铁矿石，采用回转窑磁化焙烧方法进行处理，矿石破碎至 25mm 以下，以天然气和褐煤进行加热与还原，焙烧矿经磨矿、磁选，生产出的精矿含铁 64%～65%，铁回收率 67%～69%；长沙矿冶研究院经过多年的试验研究和工业化实践，成功开发出"低品位菱、褐铁矿回转窑磁化焙烧-磁选"新型高效的工艺技术和成套装置，解决了此类矿石大规模工业应用方面的技术和成套装备难题。通过磁化焙烧，菱铁矿、褐铁矿及其共生矿转化为易选的磁铁矿，可进行高效、低成本的弱磁选分离，磁化率达 85%～95%，铁回收率 80%～90%，精矿品位 60%～64%。"低品位菱、褐铁矿回转窑磁化焙烧-磁选"新型高效工艺技术和成套装置的成功开发，为储量巨大的该类难选铁矿工业应用找到了一个技术可靠、经济可行的方法。

回转窑对于各种类型的氧化铁矿石都能较好地进行磁化焙烧，其磁化焙烧矿质量及分选技术指标较竖炉好。

表 3-1 苏联不同矿区铁矿石的焙烧-磁选指标

矿区	磨矿粒度/mm	原矿铁品位/%	精矿			尾矿品位/%	备注
			产率/%	铁品位/%	回收率/%		
中央采选公司(克里沃罗格)	0.05(98%)	35.48	47.56	64.46	86.54	13.9	回转窑
彼得罗夫斯科耶(克里沃罗格矿区)	0.071(80%)	30.1~34.3	32.0~45.7	66.5~67.3	84.5~89.6	6.8~7.8	实验室
刻赤	0.2~0	43.5	61.8	58.0	82.4	30.4	马弗炉
非赫石化的矿石	−0.3	39.1	60.2~63.4	61.2~58.6	94.4~95.2	6.9~5.2	半工业
赫石化的矿石	−0.3	32.6~43.2	54.8	55.8~63.0	92.9~92.8	5.6~5.7	回转窑
平衡表外矿石	−0.3	27.2	40.6	59.4~58.7	88.6~89.9	5.8~5.1	
阿克尔马诺夫	−0.5	38.5	55.9	55.0	79.86	17.6	
赤塔洲别佐诺夫	—	43.2	64.2	59.2	88.0	17.4	实验室
南方采选公司(新克里沃罗格)	−0.05(98%)	39.7	48.8	69.1	85.0	11.6	回转窑
库尔斯克磁力异常区(氧化矿)	−0.05(98%)	40.0~41.0	50.0~52.0	64.5~66.5	80~85	11.0~13.0	

陕西大西沟铁矿自 2006 年起建成了 90 万 t 选矿厂，采用回转窑磁化焙烧工艺处理铁品位为 24%~28% 的菱铁矿矿石，焙烧矿经磨矿、磁选、反浮选，得到了品位 60% 左右的铁精矿（图 3-1）；新疆克州亚星矿产资源集团也是采用回转窑工艺技术处理菱铁矿-赤铁矿混合矿石，年处理能力 200 万 t。这两处菱铁矿选矿厂的投产成功，带动了国内贫杂难选铁矿石开发利用的热潮。酒泉钢铁公司在进行难选铁矿石（镜铁矿粉矿 0~15mm）磁化焙烧试验研究的过程中[122]，发现还原温度由 650~750℃ 提高到 800~900℃ 时，磁化焙烧所需的还原剂主要源于炭与 CO_2 的气化反应产生的 CO，在研究分析现有难选铁矿石磁化焙烧还原剂主要源于煤挥发分中 H_2 的基础上，提出了新的难选铁矿石"炭气化磁化焙烧理论"；通过提高磁化焙烧温度到 800℃ 以上，为炭与 CO_2 的气化反应创造条件，产生磁化焙烧所需的还原剂 CO，在解决制约回转窑有效应用的产能低、成本高等问题方面实现了突破。

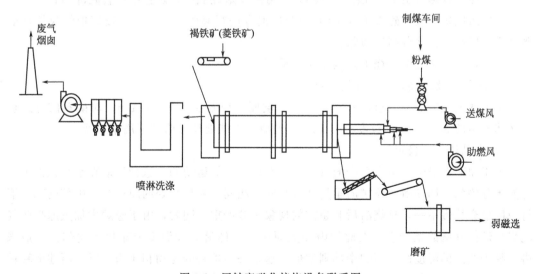

图 3-1 回转窑磁化焙烧设备联系图

回转窑工艺的优点：①焙烧均匀。②燃料可用气体燃料、重油和煤粉，也可混合使用两种燃料。③实现了焙烧生产的大型化，而且随单机系统规模的加大，其规模效益特别明显，能耗也较低。

综上，相比于竖炉工艺，回转窑磁化焙烧工艺具有较大进步，包括入炉粒度小、焙烧时间短、产量大、能耗低等优点。但回转窑工艺仍存在下列问题：不能全粒级焙烧（+5mm），热力学条件（温度和气氛）可控性差，焙烧不均匀，密封和非氧化气氛下冷却困难，装备运行连续性差，工业生产过程中过烧、欠烧及结圈等问题严重。

3.2 竖炉磁化焙烧

1926 年，日本人在我国鞍山建成第一座赤铁矿竖炉焙烧磁选厂，出现了"鞍山式焙烧竖炉"。

主要是处理块矿（入炉粒度 15~75mm）的一种炉型。鞍山钢铁公司、鞍山黑色冶金矿山设计研究院和酒泉钢铁公司等单位，在多年的研究、设计和生产实践中，对竖炉炉体结构和辅助设备，曾不断进行改进。

酒泉钢铁公司选矿厂年处理铁矿石 650 万吨，矿物成分主要为镜铁矿，含少量菱铁矿和褐铁矿。其中 350 万吨粒度大于 15mm 的块矿采用竖炉焙烧，共建有 100m³ 竖炉 40 余座，入炉块矿含铁 34%~35%，生产的铁精矿品位 55%~56%，含 SiO_2 10.5%，铁回收率 72%~74%。

我国在竖炉磁化焙烧工艺领域也积累了诸多宝贵经验：

（1）闭路焙烧，使磁选回收率提高 3% 左右；

（2）采用 22% 焦炉煤气和 78% 高炉煤气（热值 1500~2000kJ/m³）配比的混合煤气，使焙烧能耗有所降低；

（3）煤气预热（由 25℃ 预热到 78℃），可降低焙烧能耗，防止冬季管路冻结；

（4）焙烧矿和天然磁铁矿以 4∶6 的配比混合进行磨矿、磁选，可较好地解决焙烧矿严重磁团聚和滤饼水分高等问题。

但是，块状矿竖炉焙烧工艺也存在严重不足：

1）对原料要求高，原矿利用率低

由于透气性方面的要求，入竖炉原矿粒度要求控制在 15~100mm，对矿石破碎过程中必然产生的 30%~40% 粒度小于 15mm 的原矿不能处理，原矿利用率过低。

2）产品质量不稳定

由于原矿在竖炉内是靠自身的重力而不断地向下部运动的，这种运动在水平截面上不可能十分均匀。即使每个原矿的重量和大小完全相同，靠炉壁处的原矿与炉中部的原矿下行速度也会快慢不一，焙烧滞后和超前的现象十分严重。同时，由于竖炉内加热原矿的气流来自炉体外侧的燃烧室，因此炉内加热原矿的气体流速和温度分布也不均匀。一般来讲，靠炉壁处的温度高，而炉中部则偏低，这正好与炉料的运动相矛盾。以上所述的种种固有的工艺缺陷，都将导致在生产过程中很难保证原矿都达到焙烧过程最终所需的温度和时间，因而造成其成品焙烧矿质量不均。另外由于入炉原矿粒度大，容易产生大颗粒物料中心欠烧、外表过烧现象，进而导致选矿效率下降。某选矿厂采用了竖炉焙烧磁选工艺处理镜铁山铁矿石，焙烧矿选矿主要技术指标不稳定[124]。

3）单炉规模很难大型化

目前我国生产的磁化焙烧竖炉容积一般都在 100m³，年处理量在 20 万吨左右，要扩大规模，难度十分大[125]。如要扩大其横向尺寸，上述提到的炉内温度的分布势必更难做到合理和有效；如要增大长度尺寸，则会由于长度和温度（排料温度 400℃）方面的原因，给排料辊的设计和制造带来更大的难度。

4）只能使用气体燃料

竖炉焙烧燃料适应性差。从目前工业生产实践的情况看，竖炉使用气体燃料时，焙烧效果要好些。用煤作燃料也有不少试验研究，但要达到一定的工业效果，实现较为稳定、连续的作业，其难度十分大。

由于上述种种原因，作为最早出现的原矿竖炉磁化焙烧工艺，在国外已基本被淘汰和拆除，仅存的为数极少。这些问题导致竖炉焙烧能耗大、技术经济指标不高、回收率低（表 3-2）、生产成本高，随着强磁选机器的出现，逐渐被高效的强磁选工艺取代。

表 3-2 竖炉磁化焙烧-磁选技术的经济指标

项目	鞍钢烧结厂 焙烧磁选-反浮选	鞍钢齐大山	酒钢选矿厂	包钢选矿厂
矿石种类	赤铁矿	赤铁矿/磁铁矿	镜铁矿/菱铁矿	赤铁矿/磁铁矿
原矿品位/%	31.83	30.05	39.98	约 31
精矿品位/%	65.82	60.77	56.88	约 58
尾矿品位/%	11.07	13.32	22.78	
铁回收率/%	78.41	63.58	72.32	约 70
煤气性质	混合煤气	混合煤气	高炉煤气	高炉煤气
耗热量/(GJ/t)	1.050	1.087	1.328	1.338
煤气热/(MJ/m³)	7.3～7.5	7.3～7.5	3.4～3.5	3.5～3.8

3.3 沸腾炉磁化焙烧

沸腾炉主要用于处理粒度为 0～3mm 的矿石。20 世纪 60 年代，我国也进行了沸腾磁化焙烧的研究，试验规模达 100t/d，处理矿石为鞍山钢铁公司和酒泉钢铁公司等的贫赤铁矿石、广西八一锰矿的贫氧化锰矿石。沸腾炉以流态化技术为基础，固体颗粒在气流的作用下，形成流态化床层式沸腾状态，被称作流态化床或沸腾床。这样矿石可在沸腾状态下进行加热还原，有利于提高焙烧矿的质量。

铁矿石沸腾炉磁化焙烧，在中国科学院化工冶金研究所（现中国科学院过程工程研究所）曾进行过大量研究工作。鞍山钢铁公司在 100t/d 试验炉的基础上设计建成日处理量 700t 的折倒式半截流两相沸腾焙烧炉，对鞍钢齐大山赤铁矿石进行了半工业试验，取得了较好的焙烧指标。原矿经 $\phi4m\times1.2m$ 无介质磨矿机磨到 $0\sim3mm$，运送到主炉炉顶入炉后，矿粒受到炉内气流的作用自然分级。细粒级随气流进入副炉还原焙烧；粗粒级下落与主炉内上升的气流呈逆向运动，在稀相状态下进行预热，然后至浓相沸腾床中进行还原反应，完成还原焙烧过程。焙烧好的粗粒产品经设在气体分布板上的溢流管落到下部矿浆池中，进行淬冷；细粒级产品经副炉和收尘器收集也排到矿浆池中。磁化焙烧操作条件：处理量为 320t/d；主炉预热带温度为 $450\sim500℃$，燃烧带为 $830\sim870℃$；副炉稀相段为 $710\sim850℃$；废气出炉温度为 600℃；还原用焦炉和高炉混合煤气 $2000\sim2500m^3/h$，加热用 $800\sim1500m^3/h$；煤气压力 $23\sim24kPa$，热值为 $7.5MJ/m^3$；空气用量 $3000\sim5000m^3/t$。

物料粒度越细，比表面积越大，气固接触效率越高，反应活性越高。如能直接在流态化状态下实现磁化焙烧，不仅能极大地提高磁化反应速度与焙烧效率，还省去了烦琐与耗能高的造球工艺。大量试验研究表明，沸腾炉焙烧与竖炉、回转窑相比，具有如下优点：

① 由于焙烧矿石粒度小，气固两相接触面积大，因此传热传质效率高；

② 沸腾床中的温度和气流分布容易维持均匀；

③ 矿石粒度小，通过矿粒的扩散阻力小，有利于还原反应加速进行；

④ 气体和矿粒紧密接触混合，还原和热交换能迅速而均匀地进行，有利于提高焙烧矿的质量。

虽然较前两种炉型的焙烧矿分选指标有所改善，可是沸腾炉焙烧同样存在着诸多问题，能耗高、焙烧成本高、还原时间长、产品质量仍不理想、运行不稳定、焙烧炉的工艺技术以及某些装置及炉型等问题也没有得到彻底的解决，同时由于炉型结构等问题，未应用于工业生产。长沙黑色冶金矿山设计研究院的刘超群等在 1979 年对使用粉煤作燃料和还原剂的广西屯秋鲕状赤铁矿（回转窑焙烧）、云南八街铁矿（回转窑焙烧）及广西八一锰矿（沸腾炉焙烧）进行的焙烧磁选技术经济效果分析表明，当时屯秋铁矿处理每吨原矿选矿加工费较一般铁矿竖炉焙烧磁选厂的加工费高 50%，是强磁选加工费的两倍。因此，沸腾炉焙烧炉型及工艺问题也没有得到彻底解决，还需进一步研究。

3.4 新型磁化焙烧工艺及装备

除了常见的回转窑、竖炉和沸腾炉磁化焙烧工艺外，国内在 20 世纪 70 年代初期也曾由宣化铁厂、湖南酒埠江钢铁厂研制了斜坡炉作为粉矿磁化焙烧设备。该工艺处理能力小，精矿品位低，生产不顺利，难以推广应用。目前为止，有关细粒级粉状物料（8.0～0mm）磁化焙烧的工艺和炉型国外很少有研究报道，国内更是空白，需要从理论与实践上进行深入细致的研究。

综上所述，磁化焙烧-磁选工艺是近年来发展起来的综合利用低品位氧化铁矿石资源的新工艺。由于该工艺无需燃料制备和原料深加工，对合理利用自然资源、保护人类环境有积极的作用，因此受到普遍关注。氧化铁矿石磁化焙烧矿的质量为：竖炉＜回转窑＜沸腾炉。也就是说，大块矿石不如细颗粒氧化铁矿的磁化焙烧矿质量好。

近年来开发的磁化焙烧工艺主要有多级动态磁化焙烧工艺、闪速磁化焙烧工艺和悬浮磁化焙烧技术。

武汉工程大学研发的多级动态磁化焙烧系统处理微细粒嵌布的难选氧化铁矿石具有单位能耗低、处理时间短、磁性铁转化效率高、设备紧凑、台时效率高、适用范围广等显著的优点，应用简单工艺流程即能获得较理想的分选指标。图 3-2 展示了多级动态磁化焙烧工艺的基本结构和流程。多级动态磁化焙烧系统采用原料逐级预热-逐级反应、热废气循环利用、废气中细粒矿物回收再利用等节能环保技术，降低了生产能耗，减少了废气的排放，属节能减排新技术，具有较广阔的应用前景（表 3-3）。该技术在大冶市智达资源再生材料厂、湖北卓成科技有限公司、福建鑫鹭峰实业股份有限公司（25 万吨/年）、广西合浦（灵山）诚丰矿业有限公司（25 万吨/年）用于处理低品位的褐铁矿，获得了铁品位 60% 的铁精矿，铁回收率达到 85%～92%；在四川凉山州进行了宁南鲕状赤铁矿多级动态磁化焙烧技术及装备研究开发，获得了较好的指标。生产实践表明，低品位难选氧化铁

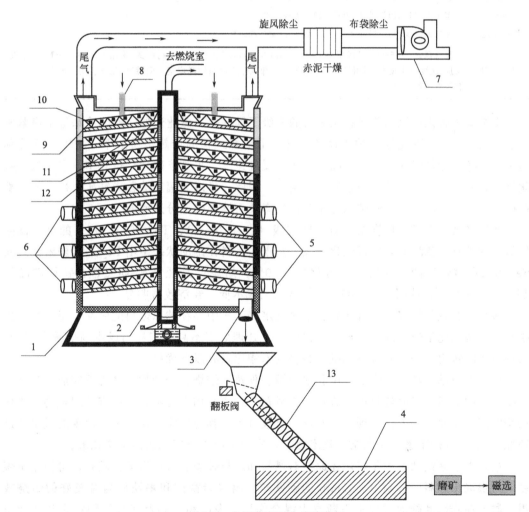

图 3-2 多级动态磁化焙烧装置

1—筒体；2—主轴；3—出料口；4—水池；5—A 组燃烧室；6—B 组燃烧室；7—引风机（抽风机）；

8—给料口；9—扒臂；10—扒齿；11—隔板；12—下料孔；13—溢流型螺旋

矿石焙烧后，再经简单的磨矿-弱磁选工艺，可以获得铁品位为 60％左右、铁回收率为85％左右的铁精矿，煤耗小于 40kg（标准煤）/t（原矿），成本低，适用于不同类型的难选弱磁性氧化铁矿（包括大冶铁矿等铁矿山尾矿库中大量已经磨细到粒度 0.2mm 左右、品位近 30％、因技术条件过去无法利用的难选铁矿石和硫酸渣）。另外，对于已磨细的低品位弱磁性氧化铁矿适用性较强。

表 3-3　多级动态磁化焙烧技术的工程化优势

项目	多级动态磁化焙烧
知识产权	国家发明专利/湖北技术发明奖
工业化	2011 年开始，已经在福建三明(25 万吨/年)、广西北海(25 万吨/年)、四川宁南(鲕状赤铁矿,60 万吨/年)实现工业化
原料准备	简单破碎工艺，−15.0mm；水分≤10％
燃料	气(人工煤气、低热值高炉煤气)煤混用、喷煤
还原时间	10～20min
工艺控制	多个燃烧室实现对反应温度、反应气氛、反应时间的准确控制
排料	多个下料口，料温低于 400℃，稳定连续排料
生产稳定	易损部件少，可连续生产 3 个月无停机，无结圈结块
能源利用	废气风速 4～5m/s，可以用来干燥原矿，减少高温废气的排放，节约能源；采用了原料逐级预热-逐级反应-逐级冷却技术；利用焙烧炉中心轴的冷却风作为动态炉燃烧室的助燃风，充分利用了能源，减少了有害气体的排放

多级动态磁化焙烧工艺将粉状矿石的多级干燥预热、磁化还原、密闭冷却等工序紧密联合，以高效动态磁化还原炉为设备，增大了焙烧过程的传热传质效率[126,127]，充分利用余热，降低能量消耗；通过提高气固还原反应速度，提高了磁化焙烧效率；采用低温磁化焙烧，有效避免了铁矿物与杂质矿物烧结。因此，可以大幅度改善赤铁矿、褐铁矿、菱铁矿、镜铁矿等难选氧化铁矿的磁化转化效率及后续弱磁选分选性能。

使用多级动态磁化焙烧技术对不同粒级（−15.0mm）、TFe 25％～45％的难选低品位氧化铁矿石（硫酸渣）进行磁化焙烧，实现了物料在翻动状态下由 Fe_2O_3（弱磁性）向 Fe_3O_4（强磁性）的快速转变，转化率≥90％；焙烧产品经磨矿-弱磁选，铁精矿品位TFe 58％～45％，铁回收率≥85％，综合加工成本低，经济效益明显。

多级动态磁化焙烧技术有效解决了磁化焙烧工艺中存在的原燃料适应性、温度气氛控制难、物料磁化焙烧时间长、还原过程缓慢、处理效率不高、能耗与成本高等致命问题，与现有的回转窑、竖炉及流态化磁化焙烧技术相比具有以下优势：

（1）多级动态磁化焙烧工艺中脱水干燥、预热、焙烧、冷却均在动态下完成，改变了传统单一的堆积态气固传热传质方式，物料在炉内翻滚均匀受热，可以有效缩短物料磁化焙烧时间，还原的均匀性得到大大改善，有效避免了其他磁化焙烧工艺中出现的过烧（过还原）、欠烧（烧不透）及黏结等技术瓶颈，实践生产中全年无结圈结块现象。

（2）煤基多级动态磁化焙烧还原炉对燃料和原料种类、粒度适应性较强，可使用全煤基或气煤混用燃料，针对 0～15mm 的菱铁矿、鲕状赤铁矿和褐铁矿均有较好的焙烧效果；物料在降落和翻动过程中不断发生混合作用，表层和中心及底部的物料交替变换位置，物料与还原剂接触充分，反应较完全，还原率可达到 90％以上，燃耗低。

（3）多燃烧室型多级动态磁化还原炉的各级炉体温度梯度明显，矿粉的脱水干燥、预热、焙烧、冷却过程在一台设备内独立完成，温度调节便捷，不同阶段温度、气氛可控性强。设备占地面积小，操作简单。

（4）在合理的温度制度和风流匹配下，系统阻力和出系统尾气温度之间达到最佳平衡。炉顶排出的废气可以用来干燥原矿，既减少高温废气的排放，又节约能源，同时也方便根据实际的情况进行调节。焙烧炉采用原料逐级预热-逐级反应技术，利用中心轴的冷却风作为动态炉的助燃风，充分利用了能源，并减少了有害气体的排放。处理每吨矿粉的工序能耗低于40kg标准煤，生产成本大幅度降低，实现了铁矿物与脉石矿物的高效分离及低成本地回收利用难选赤铁矿资源。

（5）焙烧-磁选得到的尾矿是一种细磨高活性物料，其主要化学成分 SiO_2 的含量大于30%，可用作建筑材料、公路用砂、陶瓷、玻璃、微晶玻璃、花岗岩及硅酸盐新材料原料。同时由于其铁含量可达10%，粒度为 $-0.074mm$ 达到90%以上，用作水泥添加料，可大幅度降低水泥的生产成本，因此深受水泥厂等建材加工企业的青睐。

四川宁南点石矿业公司、福建三明鑫鹭峰实业公司和广西合浦诚丰矿业公司等企业的生产经验（表3-4～表3-6）表明，为了保证多级动态磁化焙烧产品的产量、质量和设备安全运行，需对各阶段的工艺参数进行检测、控制、调节。多级动态磁化焙烧工艺设备联系图见图3-3，现场图见图3-4。

表3-4 四川宁南鲕状赤铁矿72h多级动态磁化焙烧工艺参数

焙烧段	平均温度/℃	气氛(CO)/%	原矿品位/%	精矿品位/%	转化率/%	选矿回收率/%
第一层	289	0				
第二层	380	0				
第三层	451	0.5				
第四层	507	1.6				
第五层	602	2.1	焙烧矿 38.26	57.05	91.88	86.29
第六层	700	3.3				
第七层	770	5.1				
第八层	552	5.0				
第九层	466	3.5				
第十层	342	1.0				
弱磁选场强/Oe			第一段 1800；第二段 1500			
给矿粒度/mm		−8	磨矿粒度(−0.074mm)/%		87.25	
日平均处理量/(t/日)			306			
配煤/%			2.0			

注：$1Oe = 79.5775A/m$。

表3-5 福建三明褐铁矿多级磁化焙烧系统生产指标

焙烧段	平均温度/℃	气氛(CO)/%	原矿品位/%	精矿品位/%	转化率/%	选矿回收率/%
第一层	259	0				
第二层	361	0				
第三层	448	0.5	给矿 42.63 焙烧矿 47.69	58.05	91.88	90.35
第四层	510	1.6				
第五层	593	2.9				

焙烧段	平均温度/℃	气氛(CO)/%	原矿品位/%	精矿品位/%	转化率/%	选矿回收率/%
第六层	670	3.1	给矿 42.63 烧结矿 47.59	58.05	91.88	90.35
第七层	745	5.0				
第八层	702	4.5				
弱磁选场强/Oe			第一段 1800；第二段 1500			
给矿粒度/mm		−12	磨矿粒度(−0.074mm)/%		90.00	
日平均处理量/(t/日)			366			

注：2013 年 7 月三天共 72h 的生产指标。

表 3-6　广西合浦褐铁矿多级磁化焙烧系统生产指标

焙烧段	平均温度/℃	气氛(CO)/%	原矿品位/%	精矿品位/%	转化率/%	选矿回收率/%
第一层	205	0	给矿 40.50 焙烧矿 45.37	57.05	93.23	90.29
第二层	325	0				
第三层	421	0.3				
第四层	515	1.5				
第五层	602	2.1				
第六层	705	3.9				
第七层	760	5.0				
第八层	752	5.0				
第九层	649	4.3				
第十层	420	1.6				
弱磁选场强/Oe			第一段 1800；第二段 1200			
给矿粒度/mm		−15	磨矿粒度(−0.074mm)/%		95.02	
日平均处理量/(t/日)			374			

注：2012 年 8 月试生产 72h。

多级动态磁化还原新技术，脱水干燥（100℃以上）、预热（200～500℃）、焙烧（500℃开始，800℃完成）、冷却（非氧化气氛）均在动态下完成，矿石在炉体内规则翻滚和均匀受热，改善了其与还原介质的接触效率，磁化焙烧速度大幅度提高（整个磁化还原时间 40min），还原的均匀性得到改善。

1）影响氧化铁矿物磁化转化为磁铁矿的主要工艺参数

（1）温度：750～800℃；

（2）还原剂用量：CO 1%～5%，O_2 0.01%；

（3）反应时间：与料厚、转速、给料量匹配，有效避免过烧或欠烧；

（4）矿石粒度：−15mm，最好−5mm；

（5）原矿水分：<10%。

2）热烟气的作用

（1）提供还原剂 CO、H_2；

（2）燃烧提供升温热量；

（3）热量传递载体。

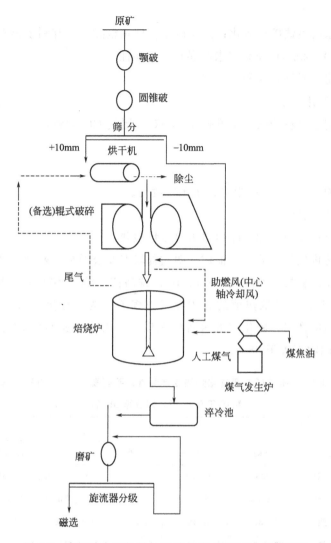

图 3-3　多级动态原料制备-磁化焙烧-弱磁选设备联系图

图 3-4　广西诚丰矿业公司褐铁矿（−15mm）多级动态磁化焙烧炉

3）水淬作用

避免已经还原的磁铁矿再氧化；产品冷却；使颗粒脆裂，有利于磨矿。

4）微正压（0～20Pa）控制（未配煤）的必要性

避免炉内氧化，提供必要的还原剂。

5）能源综合利用要求

尾气温度：用于原料干燥，温度低于250℃；尾气CO含量：小于1%，1～5层CO含量低。

6）安全要求

高温环境保护；CO爆炸或中毒；水蒸气烫伤。

7）环境袋式除尘器

除尘器进、出口压力检测；除尘器出口流量检测。

湖北大冶智达再生材料公司、福建三明鑫鹭峰实业公司和广西合浦诚丰矿业公司等采用多级动态磷化还原新技术对粒度0～15mm、铁品位30%～40%的赤褐铁矿（表3-4～表3-7）进行综合利用，以低热值的高炉煤气或煤粉作为还原剂，取得了较好的生产指标，燃料和原料适应性强，磁化率可达到90%以上，焙烧矿经磨矿-弱磁选，精矿铁品位大于58%，选矿回收率大于88%。

表3-7 赤褐铁矿多级磁化焙烧生产装置热平衡表（原矿：TFe 55%，

精矿 TFe 65%，回收率95%）

热收入项				热支出项			
序号	项目	热值/(kJ/t)	比例/%	序号	项目	热值/(kJ/t)	比例/%
1	煤气燃烧热	859860	88.55	1	出炉物料带出热	351640	36.21
2	磁化反应热	42231.38	4.35	2	尾气带走热	73973.25	7.62
3	原矿显热	61537	6.34	3	还原剂损失	29040.60	2.99
4	空气显热	7397.33	0.76	4	还原剂消耗	467820.3	48.18
				5	窑壁散热等	48551.56	5.00
	合计	971025.71			合计	971025.71	100.00

武汉理工大学等单位联合开发了闪速磁化焙烧（多级循环流态化）工艺及装置，将褐铁矿、菱铁矿石及难分选的鲕状赤铁矿石预先粉磨至0.2mm以下，以流态化形式分布于还原气氛中，物料的流态化状态可以大幅改善焙烧过程中的传热、传质效率，将磁化还原反应时间缩短至10～60s，试验结果表明该方法可以高效利用难处理弱磁性铁矿。采用闪速磁化焙烧-弱磁选工艺对鲕状赤铁矿进行了提铁试验研究，结果表明，在焙烧时间30s、CO浓度6%～7%的条件下，通过磁化焙烧-弱磁选可将磷含量由0.84%降低至0.65%，二氧化硅含量由21.61%降低至9.53%。

典型难选矿的闪速磁化焙烧磁选试验结果（表3-8）表明，采用闪速磁化焙烧-磁选能够取得90%以上的铁回收率，赤铁矿、菱铁矿、褐铁矿的选别指标相比于鄂西鲕状赤铁矿更好，尾矿品位也明显比鄂西鲕状赤铁矿低10%以上。

表 3-8　典型难选矿的流态化磁化焙烧-磁选试验结果　　　单位：%

矿样名称	产率	TFe	回收率	备注
大冶强磁粗精矿	70.96	60.16	93.05	赤铁矿/菱铁矿
昆钢包子铺铁矿	57.40	59.50	92.06	以褐铁矿为主
湖北黄梅	50.83	60.67	94.49	褐铁矿/菱铁矿
昆明王家滩铁矿	59.58	57.13	90.34	以菱铁矿为主

具有高效传质传热特点的流态化悬浮预热还原反应及以其为核心的闪速磁化焙烧技术有许多优点，它省去了粉状物料焙烧烦琐的造块工艺，与传统竖炉或回转窑磁化焙烧技术相比，其最大不同点在于将原来的回转窑内堆积态气固传热和传质变为了悬浮态气固传递过程。物料进入预热器后，在旋风筒切向风力的作用下形成悬流，稀相悬浮态下的动量、热量、质量传递过程较回转窑内堆积态下的动量、热量、质量传递过程，有如下优点[128]：

① 传递面积大。在悬浮态下相同质量的原料粉与气体接触的面积比回转窑内估计增加 3000～4000 倍。传递界面面积的增加是气固两相热交换、质传递和颗粒化学反应速率提高的根本原因所在。

② 综合传递系数大。悬浮预热还原反应炉系统是由多级风流单元自上而下串联成的逆流式传热反应器，粉体进入每一个单元时首先被高速上升的气流打散，进而被气流带动加速，最后进入等速风流阶段。在加速的气固之间的相对运动速度往往比回转窑内大 4～6 倍，湍流度较高，故热边界层、质边界均比较薄。加之气固之间温差较大和某物质的浓度差较大，综合传递系数较大，一般而言，要大 10～20 倍。

③ 传递动力大。在多级悬浮预热系统的每一个单元体中，固体颗粒与气流混合的瞬间，气固间有着很大的温度差（400～200℃），形成了巨大的热量传递动力。

自 20 世纪 50 年代初期联邦德国洪堡公司建造的第一台带旋风预热器的回转窑（称洪堡窑）投产（水泥生产）以来，已相继出现了许多类型的悬浮预热窑。它是流态化高效气固反应器先进技术的集成。悬浮预热窑的特点是，在窑后装设了悬浮预热器，使原来在窑内以堆积态进行的物料预热及部分碳酸盐分解过程，移到悬浮预热器内以悬浮状态进行，因此呈悬浮状态的生料粉能与热气流充分接触，气、固相接触面大，传热速度快、效率高，有利于提高窑的生产能力，降低原料烧成热耗。同时它还具有运动部件少、附属设备不多、维修简单、占地面积较小、投资费用较低等优点。

水泥悬浮预分解技术很好地解决了粉料焙烧的连续作业及热能利用问题，但是它与磁化还原焙烧有本质的区别，主要在于还原焙烧需要密闭环境和气氛条件，这是水泥悬浮焙烧没有涉及的，但水泥悬浮预分解技术中对粉料进行悬浮加热和高效处理粉状铁矿石热能交换的思路对磁化还原技术开发具有特别重要的借鉴作用。

利用流态化技术的优点开发循环流态化反应炉，其处理量相比于传统磁化焙烧工艺将大大提高。本书利用已磨细的选矿中矿或半成品精矿具有粒度细、比表面积大、化学反应快的特点，研究了其在悬浮流化床中磁化焙烧的反应速度、反应机理以及工艺条件，采用闪速磁化焙烧-弱磁选联合流程，极大地提高了难选复杂氧化铁矿石的回收利用技术水平，大幅度降低了磁化焙烧成本，使这一研发成果得以在工业上应用。

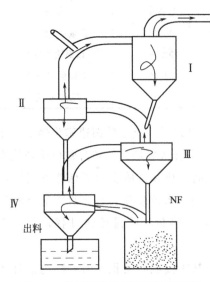

图 3-5　多级旋流悬浮还原装置简图
Ⅰ～Ⅳ—旋风筒；NF—反应炉

以四级循环流态化磁化焙烧炉为例，分析多级循环流态化磁化焙烧炉的工作原理。如图 3-5 所示，反应器由四级串联旋风筒和反应炉组成。单个旋风筒的工作原理与旋风收尘器相似，只不过旋风收尘器不具备传热功能，仅具备较高的气固分离效率，而循环流态化旋风筒则具有一定的传热作用，只要保持其给定的气固分离效率即可。

铁矿粉喂入连接第Ⅰ级和第Ⅱ级旋风筒的气体管道，悬浮在热烟气中，同时进行热交换，然后被热烟气带进Ⅰ级旋风筒，在旋风筒内旋转，产生离心力；生矿粉在离心力和重力的作用下与烟气分离沉降到锥体，而后落入连接Ⅱ、Ⅲ级旋风筒之间的气流管道内，又悬浮在烟气中进行第二次热交换，然后顺次进入Ⅲ、Ⅳ级旋风筒之间的通气管道，最后进入反应炉，进行最后一次热交换，被烟气带进Ⅳ级旋风筒；物料在Ⅳ级旋风筒内与热烟气分离，沉降到筒锥体部分，产品最后由锥体下部排料管排入水池。由燃烧炉产生的热烟气穿过反应炉并通过与Ⅳ级旋风筒相连的管道进入Ⅳ级旋风筒，顺次再进入Ⅲ级旋风筒、Ⅱ级旋风筒、Ⅰ级旋风筒，在Ⅰ级旋风筒与生矿粉分离，排出磁化焙烧炉。整个系统物料的运动方向与气流运动方向相反。

旋风筒单元由旋风筒及上下两级旋风筒的连接管道构成。旋风筒由圆柱体、圆锥体、进口管道、出口管道、内筒及下料管等部分组成。连接管道（传热管道）上部与上级旋风筒进口管道连接，下部与下级旋风筒出口管道相连接；中间适当部位与上级旋风筒的下料管与之连接；在上级旋风筒下料管的适当部位装设有锁风阀；在上级旋风筒下料管最下部与传热管道的连接部位还设有撒料装置[129,130]，确保物料均匀分布在管道气流中。

本系统工艺流程主要由铁矿给料系统、烟气排放系统、四级循环流态化预热系统、磁化焙烧反应炉、燃烧炉及成品收集等组成（图 3-6）。

原料经仓下变频调速圆盘给料器及螺旋输送机送入二级旋风筒出风管道，管道内的原料粉在撒料板及气流作用下立即分散、悬浮在气体中，与气体充分进行热交换后随气流进入一级旋风筒。借助离心力作用在旋风筒内进行气料分离后，料粉利用自身重力进入三级旋风筒出风管道内，随后进入二级旋风筒；物料经逐级热交换后，在三级旋风筒分离进入反应炉下部，被充分流态化后与从燃烧炉进入的 CO 过剩的高温烟气迅速反应；反应后的料粉在气流作用下由反应炉进入四级旋风筒，经四级旋风筒分离后由下料管进入冷却水池冷却。由于本系统要求在还原性气氛（O_2 含量小于 0.5%，含 CO 6% 左右）下完成，以保证铁矿粉中 Fe_2O_3 较完全的还原反应，为防止系统发生爆炸事故，系统多处设置了防爆阀（包括燃烧炉、反应炉上升管道、四级筒上升管道及三级筒上升管道）；且在燃烧炉出口（系统进气）及一级筒出口（系统尾气）均设置了 O_2 及 CO 气体分析仪，检测系统烟气中二者的体积分数，以保证系统的安全，控制 CO 含量在原料实际要求的合理

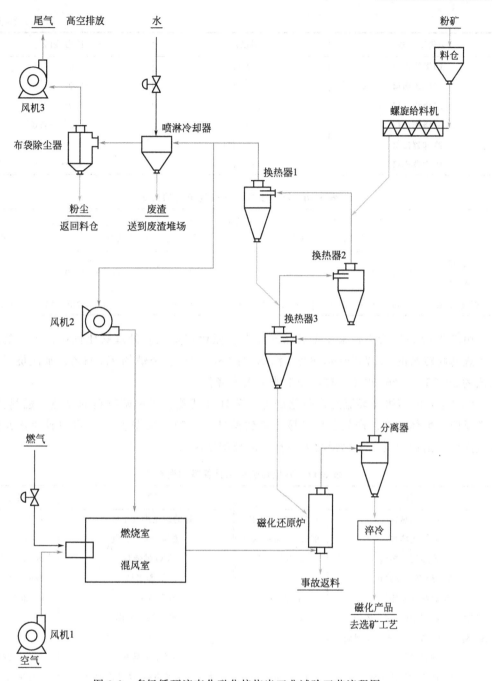

图 3-6　多级循环流态化磁化焙烧半工业试验工艺流程图

范围内。本系统多处设置了温度及压力仪表对实验数据进行监测（表 3-9），并反馈调节信息。

表 3-9　多级循环流态化磁化焙烧半工业试验炉的操作参数

热工参数	温度/℃	压力/kPa
反应炉进口	950～1150	−0.05～−0.15
反应炉上段	800～850	−0.15～−0.3
回风	0～200	6.0～8.0

续表

热工参数	温度/℃	压力/kPa
四级筒出口	750～800	−1.0～−1.5
三级筒出口	500～600	−2.0～−2.5
二级筒出口	400～450	−4.0～−4.5
一级筒出口	300～350	−6.5～−7.0
冷却器出口	200～250	−4.0～−4.5
收尘器出口	150～200	−4.5～−5.0

表 3-10 不同工艺磁化焙烧热耗的对比

工艺	煤基回转窑	竖炉（煤气）	竖炉（煤气）	沸腾炉（煤气）	循环流态化（液化气）	水泥烧成预分解	水泥烧成（其他）	水泥烧成（理论）
热耗/10^3[kcal/t(矿)]	416～600	389	367	355	286.2	720～1100	1300～1500	400
标准煤/kg	59～85	55.57	52.43	50.71	40.89	100～150	185～215	57.14

由表 3-10 可以看出，采用多级循环流态化磁化焙烧工艺处理氧化铁矿，需要的热耗仅为煤基回转窑的 47.7%～68.8%、沸腾炉的 80.62%、竖炉的 77.98%、水泥烧成常规工艺的 39.75%～26.02% 左右，加工成本大大降低。

600kg/h 的多级循环流态化磁化焙烧工艺处理某菱、褐铁矿物料的显热、燃料消耗、化学反应、炉体散热、产品及烟气显热等数据见表 3-11。根据表 3-11 可以计算出总的热量收入和支出情况及各项热量收入与消耗的分配情况（表 3-12）。

表 3-11 磁化焙烧热工计算基础资料[131]

项目	指标	项目	指标
空气比热容	1.30kJ/(m³·K)	煤的理论烟气生成量	6.486m³/kg
矿石比热容	879.1J/(kg·℃)	热风中 CO 含量	2.0%
高炉煤气发热量	3.8MJ/m³	CO 燃烧热	282.99kJ/mol
发生炉煤气发热量	6.2MJ/m³	氢燃烧热	285.8kJ/mol
焦炉煤气发热量	17MJ/m³	废气气体温度	250℃
焦炉煤气烟气量（不完全燃烧）	4.5m³/m³	原矿干燥后的温度	70℃
焦炉煤气空气消耗量（不完全燃烧）	3.5m³/m³	废气气体 CO 含量	1.0%
烟煤发热量	5500kcal/kg	菱铁矿分解吸热	87629.72J/g
煤的理论空气消耗量	6.027m³/kg	物料水分蒸发热（结晶水 12%）	2256.8J/g

表 3-12 多级循环流态化磁化焙烧热平衡表

收入热量	热值/[kJ/kg(矿石)]	比例/%	支出热量	热值/[kJ/kg(矿石)]	比例/%
燃料燃烧热	1199.97	90.73	$FeCO_3$ 吸热	154.64	11.69
回风带入热量	74.95	5.67	出炉热烟气热损失	283.56	21.44
Fe_2O_3 放热	47.68	3.60	筒体散热	292.6	22.12
			焙烧产品显热	591.8	44.75
合计	1322.60	100.00	合计	1322.60	100.00

东北大学等单位对复杂难选铁矿流态化磁化焙烧技术开展了大量的基础研究和装备开发工作[129]，揭示了流态化磁化焙烧过程中不同铁矿物物相转化及非均质颗粒的运动规律，提出了复杂难选铁矿石预氧化-蓄热还原悬浮磁化焙烧理念。预氧化焙烧可使物料焙烧性质均匀，蓄热还原过程可实现铁物相低温（450～580℃）还原精准控制，且焙烧产品冷却过程的潜热可回收，能源利用率高，针对复杂难选铁矿的特点，最终形成了预富集-悬浮磁化焙烧-磁选（preconcentration suspension roasting magnetic separation，PSRM）联合新工艺，东鞍山贫赤铁矿、鞍钢东部尾矿和酒钢粉矿经悬浮磁化焙烧扩大连续试验处理均取得了良好的选别指标（图 3-7），且设备运行稳定。

酒钢粉矿（镜铁矿）采用悬浮磁化焙烧-磁选工艺生产（半工业试验）的铁精矿铁品位相比现有竖炉工艺可提高 12％以上，铁回收率提高 10％以上，技术指标取得了重大突破。

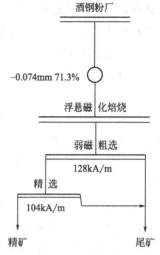

图 3-7 酒钢粉矿磁化焙烧-磁选工艺流程

3.5 鲕状赤铁矿动态磁化焙烧

3.5.1 鲕状高磷赤铁矿动态磁化焙烧系统

鄂西鲕状高磷赤铁矿动态磁化焙烧采用 SHY-I 型多级旋转炉（图 3-8），分为预热段（200～500℃）、焙烧段（600～800℃）和冷却段（500～200℃）。炉前为预热阶段，物料在此阶段开始升温，部分矿石开始发生还原反应；炉中为反应阶段，此段为温度最高的部分，矿石的大部分还原反应发生在此阶段；炉尾为保温冷却阶段，部分未还原完全的矿石

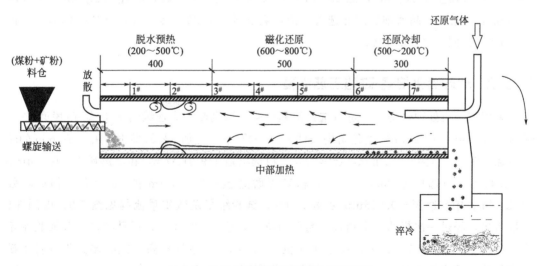

图 3-8 动态磁化还原焙烧试验装置简图

在此阶段继续发生还原反应，炉内温度由炉中的 800℃降低至 300℃，由排料口排入水冷池中进行水冷，以防止重新氧化。

炉体动力部分采用一台 0.6kW 的调速电动机，通过减速箱带动传动轴，又经过链条带动炉管旋转。加料器和传动轴间设置了一个三挡变速器，为给料量增加了调节的余地。电动机和减速箱设置在炉体下面，整体较为紧凑。对矿样进行焙烧试验，和传统的马弗炉、管式炉相比，其最大优点在于炉管是转动的，矿样在加工过程中，不停地由堆积态向翻动状态转换，因此焙烧质量均匀、热效率高。

影响氧化铁矿物磁化转化为磁铁矿的主要工艺参数为：①还原剂用量；②温度；③反应时间；④矿石粒度。本试验采用单一条件试验和连续试验，在确定磨矿磁选流程时，采用逐步推进、逐步优化的试验方案，最后综合各项选别指标，推荐最佳流程和工艺参数。试验必须实现对以上主要参数的控制：

① 通过调整窑的转速和倾角来控制焙烧时间；

② 试验采用（石油液化）气煤（粉）混用作为磁化还原焙烧的还原剂，通过调节气煤配比调节还原气氛，确保还原剂量；

③ 焙烧温度通过调整加热电流大小配合气煤用量来控制；

④ 矿石粒度在原料制备时预先设计，并在试验中实现全粒级焙烧。

通过螺旋不间断给料，同时可以保证反应室密封，通过窑头观察孔观察室内状况，焙烧产品直接通过密封溜槽进入水中淬冷，然后进行磨矿-磁选。

鲕状赤铁矿矿粉的脱水干燥、预热、焙烧过程在一台多段设备内独立完成，采用气煤混合燃料，原料逐级预热-逐级反应，可以实现不同阶段温度（200~800℃）、还原气体成分（CO 含量 0~5%）的准确调控，在赤铁矿磁化焙烧的适宜热力学条件下，完成铁物相转变过程。动态磁化焙烧的特点是连续给料、连续出料，给料机构将配有煤粉的矿石给入料仓中，通过动态的转动来实现连续出料，当改变试验条件时，由于炉中还留有残料，因此水冷池中的过程料需要抛除。待炉中焙烧条件稳定后，水冷池中的物料即为试验样品，后续用于磨矿磁选。试验结果确定鄂西鲕状赤铁矿动态磁化焙烧的最佳条件为：焙烧温度 800℃，煤气流量 0.9L/min，混配煤粉 5%，转炉倾角 1.8°，转炉转速 0.6r/min（焙烧时间 50min）。焙烧产品磨细后用磁选管分选，磁场强度为 95.52kA/m，分选指标为铁品位 58.56%，铁回收率 90.22%。

3.5.2　动态磁化焙烧-磁选工艺流程

采用磁选机处理焙烧矿，进行选矿流程试验，选别流程为连续焙烧-冷却-阶段磨矿-弱磁选。细粒级（0~2mm）磁化焙烧条件为：800℃下，配加 5%的煤粉，用 0.6r/min 的转速焙烧，煤气流量为 0.9L/min，连续给料。粗选场强 119.4kA/m，粗磨磨矿至 -0.074mm 占 34.42%。精选场强 95.52kA/m，精矿再磨磨至 -0.074mm 占 60.32%。扫选场强 112kA/m，中矿磨至 -0.045mm 占 88.70%。试验结果及数质量流程见图 3-9。由图 3-9 可以看出，经过一次粗选一次精选，精矿品位可以达到 59.70%，但精矿产率和回收率不高，仅为 59.78% 和 73.21%，而中矿品位为 48.23%，品位较高不能抛尾。所以将中矿再磨扫选，最终精矿品位 58.95%，回收率提高到 87.26%。

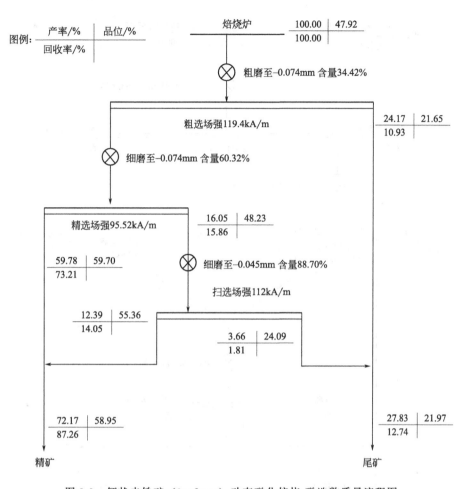

图例：产率/% | 品位/%
　　　回收率/%

焙烧炉　　100.00 | 47.92
　　　　　100.00

⊗ 粗磨至-0.074mm 含量34.42%

粗选场强119.4kA/m　　　24.17 | 21.65
　　　　　　　　　　　　10.93

⊗ 细磨至-0.074mm 含量60.32%

精选场强95.52kA/m　　　16.05 | 48.23
　　　　　　　　　　　　15.86

59.78 | 59.70
73.21

⊗ 细磨至-0.045mm 含量88.70%

扫选场强112kA/m

12.39 | 55.36
14.05

3.66 | 24.09
1.81

72.17 | 58.95
87.26

27.83 | 21.97
12.74

精矿　　　　　　　　　　　　　　尾矿

图 3-9　鲕状赤铁矿（0～2mm）动态磁化焙烧-磁选数质量流程图

　　粗粒级（0～6mm）焙烧-磁选流程如图 3-10 所示。粗选精矿经过再磨后，进入精选，而粗选尾矿则进入扫选，将精选尾矿与扫选精矿合并后，再磨再选，再选精矿并入最终精矿产品中。焙烧条件：800℃，配加煤粉 10%，用 0.6r/min 的转速焙烧，煤气流量为 0.9L/min。磁选条件：采用弱磁选机，粗选场强 119.4kA/m，初磨粒度为 −0.074mm 含量 68.09%；精选场强 95.52kA/m，精矿再磨磨至 −0.045mm 含量 61.00%；粗选尾矿扫选场强 119.4kA/m，将混合中矿磨至 −0.045mm 含量 88.67%，进行二段扫选，二段扫选场强为 95.52kA/m。由图 3-10 可以看出，经过一次粗选一次精选，精矿品位可以达到 59.45%，但精矿产率和回收率不高，分别为 65.59% 和 82.35%，而中矿品位为 42.33%，品位较高不能抛尾。所以将中矿再磨（−0.045mm 88.67%）扫选，最终精矿品位 58.69%，回收率提高到 89.50%。

3.5.3　鲕状赤铁矿动态磁化焙烧结果分析

　　表 3-13 为不同粒度（0～2mm 和 0～6mm）矿样经动态磁化焙烧后的铁物相分析结果。

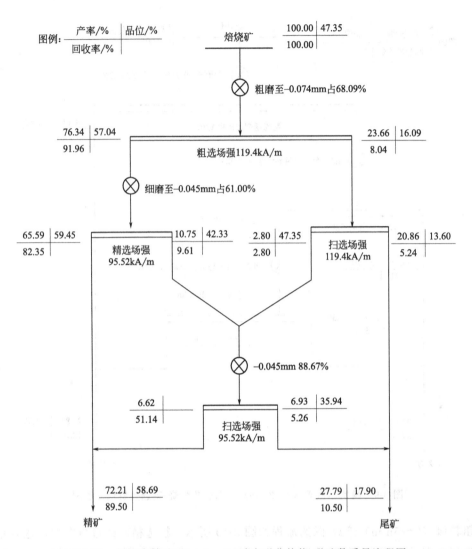

图 3-10 鲕状赤铁矿（0～6mm）动态磁化焙烧-磁选数质量流程图

表 3-13 焙烧矿铁物相分析结果　　　　　　　　　　单位：%

矿样	铁相	磁铁矿中铁	赤(褐)铁矿中铁	碳酸盐中铁	硫化物中铁	硅酸盐中铁	合计
（0～2mm）	金属量	45.44	1.26	0.14	0.14	0.10	47.08
	分布率	96.51	2.68	0.30	0.30	0.21	100.00
（0～6mm）	金属量	45.15	1.26	0.14	0.28	0.17	47.00
	分布率	96.06	2.68	0.30	0.60	0.36	100.00

　　原矿中赤褐铁矿的分布为 97.28%，磁性铁的分布为 0.59%，为典型的氧化矿，而不同粒级原矿经过磁化焙烧后，焙烧矿样中赤褐铁矿的分布分别降低到了 2.68%、2.68%，磁性铁分布则增加到了 96.52%、96.06%。由此可见，鄂西高磷鲕状赤铁矿经过动态磁化焙烧，实现了弱磁性赤铁矿向强磁性铁的还原转变，转化率在 93% 以上，多级动态旋转炉内焙烧均匀，无黏结现象。

3.6 鲕状赤铁矿流态化磁化焙烧

3.6.1 鲕状赤铁矿流态化磁化焙烧半工业试验

在处理量为 500kg/h 的多级循环流态化焙烧炉内进行了鄂西高磷铁矿循环流态化磁化焙烧半工业初步试验，各预热器旋风筒的入口温度分别为一级 322℃、二级 365℃、三级 559℃、四级 715℃，断面气体流速 3.0～5.0m/s；磁化反应炉的温度为 969～971℃，断面气体流速 7.0～7.5m/s，固气比 0.65～0.85kg/m³，给矿粒度为 -0.30mm，焙烧时间为 60s。

表 3-14 为不同原料粒度条件下的磁化焙烧试验结果。结果表明，经过磁化焙烧，焙烧矿中铁的品位提高了 1.0%～1.3%，这主要是原矿烧失挥发所致；弱磁选精矿品位达到了 55.92%，铁回收率 54.81%。原矿中铁的赋存状态较为复杂，分布在磁铁矿中的铁所占的比例很低，只有 0.46%，而以赤褐铁矿形式存在的铁分布率合计高达 95.11%。经过焙烧后，铁的赋存状态发生了较大改变，磁性铁矿物增加，焙烧矿理论转化率可达到 70%～80%，与之对应的赤褐铁矿中的铁所占的比例明显降低，说明焙烧过程中原矿中大部分赤铁矿、褐铁矿已转化为磁铁矿。从表 3-14 中可以看出，随着磨矿细度的增加，精矿产率和回收率呈下降趋势，但是精矿铁品位呈上升趋势，P 的含量由 0.81% 下降到 0.58%。主要原因是随着磨矿细度的提升，矿石单体解离度增加，磁性减弱，使得磁选时的精矿产率和回收率降低，品位提高，综合选别指标确定最佳磨矿细度为 -0.025mm 占比 95.0%。半工业试验处理量大大增加，焙烧系统控制困难，应在磨矿细度试验的基础上，优化焙烧条件，探究给矿粒度、焙烧温度、气氛控制、给料量（固气比）对焙烧产品转化率的影响。

表 3-14 鄂西高磷铁矿循环流态化磁化焙烧-磁选试验结果

磨矿粒度	产品	产率/%	品位/%			回收率/%			CO（进/出）/%
			Fe	FeO	P	Fe	FeO	P	
-0.025mm 95.0%	精矿	21.40	57.20			26.53			5.3/4.3
	尾矿	78.60	43.12			73.47			
	合计	100.00	46.13			100.00			
	精矿	26.38	57.18			33.05			4.1/3.5
	尾矿	73.62	41.51			66.95			
	合计	100.00	45.64			100.00			
	精矿	34.21	55.54			41.13			4.2/4.2
	尾矿	65.79	41.32			58.87			
	合计	100.00	46.18			100.00			
	精矿	44.58	55.92	15.46	0.58	54.81	70.84	28.00	6.4/5.2
	尾矿	55.42	37.09	5.12	1.20	45.19	29.16	72.00	
	合计	100.00	45.15	9.73	0.92	100.00	100.00	100.00	

磨矿粒度	产品	产率/%	品位/%			回收率/%			CO（进/出）/%
			Fe	FeO	P	Fe	FeO	P	
−0.074 mm 83.6%	精矿	64.29	52.42	11.23	0.73	73.42	82.60	48.96	6.4/5.2
	尾矿	35.71	34.16	4.26	1.37	26.58	17.40	51.04	
	合计	100.00	45.90	8.74	0.96	100.00	100.00	100.00	
−0.074 mm 27.6%（未磨）	精矿	74.92	49.84	9.48	0.81	81.55	87.19	62.37	6.4/5.2
	尾矿	25.08	33.69	4.16	1.46	18.45	12.81	37.63	
	合计	100.00	45.79	8.15	0.97	100.00	100.00	100.00	

焙烧矿分级磨矿（−0.025mm 95.0%）的试验结果（表 3-15）表明，焙烧矿−0.15mm部分经过磨矿再选，铁品位可以达到 55.26%，回收率 65.61%，该部分转化率较高；而+0.15mm 部分经过磨矿再选，铁品位可以达到 55.85%，回收率仅仅 24.81%，该部分转化率低。因而，进一步降低焙烧原料细度，增加−0.15mm 含量，有助于提高焙烧产品转化率。对弱磁选精矿的 SiO_2 分析表明，三个样品经焙烧-磁选后的精矿中 SiO_2 的含量分别为 10.50%、13.86%和 17.64%，仍偏高。分析原因如下：部分连生体仍然存在，磨矿粒度未达到单体解离要求；人工磁铁矿磁团聚夹杂 SiO_2 混入精矿。可在生产或研究中增加脱磁工艺和反浮选工艺，以降低精矿的 SiO_2 含量，进一步提高铁品位。

表 3-15　焙烧矿分级磨矿试验结果

试验样品	产品	产率/%	TFe/%	回收率/%	磨矿时间
+0.15mm 分布率 30.35%	精矿	20.45	55.85	24.81	35min
	尾矿	79.55	43.51	75.19	
	合计	100.00	46.03	100.00	
−0.15mm 分布率 69.65%	精矿	53.91	55.26	65.61	25min
	尾矿	46.06	33.88	34.39	
	合计	100.00	45.41	100.00	

由表 3-15 可以看出，在相同粒度（−0.2mm）下鲕状赤铁矿流态化磁化焙烧-磁选的效果仍不如表 3-8 中其他铁矿石的焙烧磁选试验结果，铁精矿回收率只能达到 75% 左右，尾矿含铁接近 27%。对于鲕状赤铁矿磁化焙烧-磁选，焙烧时间、焙烧温度、矿石粒度的影响均较大，磁化焙烧-磁选尾矿含铁超过 30%。小型流态化试验结果表明，减小矿石粒度对鲕状赤铁矿磁化焙烧-磁选更有利。同样条件下，菱铁矿的流态化磁化焙烧时间约 30s，赤铁矿为 30~60s，而鄂西鲕状赤铁矿在 180s 左右；相对于其他铁矿石，铁回收率较低，有必要对鄂西铁矿石的磁化焙烧机理进行深入研究。

3.6.2　鲕状赤铁矿流态化磁化焙烧机理分析

固气两相体系反应中，"传热速率"（Q）的表达式为：

$$Q = \alpha A \Delta t$$

式中　Q——气固传热速率，W；

　　　α——气固传热系数，$W/(m^2 \cdot ℃)$；

A——气固接触面积，m^2；

Δt——气固间平均温差，℃。

回转窑内主要的传热方式为热辐射和对流传热，窑内粉状物料的传热表面积（以回转窑为例）约为 $0.2 \sim 0.3 cm^2/g$。悬浮态下，与气流充分接触矿粉的传热面积即为矿粉的比表面积。一般原矿粉的比表面积（以低的计）为 $2500 cm^2/g$，则 1g 生料粉的传热面积亦有 $2500 cm^2/g$。

在传热系数和温差相同的情况下，悬浮态气固传热速度是堆积态气固传热速度的数百倍（表 3-16）。粒度为 0.2mm 的铁矿粉，比表面积大，在铁矿粉料和还原气氛系统悬浮态下气-固相界面积大（可达 $3280 \sim 16400 m^2/m^3$），相比在回转窑堆积态下还原气体与固体表面的接触面积增大 $3000 \sim 4000$ 倍[128]，而对固定床和移动床而言，使用的固体颗粒要大得多（约大 2 个数量级），因此单位体积设备的生产强度也不及流化床。

表 3-16 某铁精矿粒度与比表面积的关系

粒度	$-0.074mm\ 76\%$，$-0.043mm\ 65\%$	$-0.043mm\ 70\%$	$-0.043mm\ 75\%$
比表面积/(cm^2/g)	4540	5420	6830

影响传热系数 h 的因素相当复杂。不少研究工作者正在试验研究，兰茨和马歇尔经过研究提出，一直径为 d_p 的圆球以相对速度 w_0 流过一流体，圆球表面与流体之间的传热系数 h 可由下式表示：

$$Nu_p = \frac{hd_p}{\lambda_g} = 2 + 0.6 Pr^{\frac{1}{3}} Re_p^{\frac{1}{2}} \tag{3-1}$$

式中，Nu_p、Pr、Re_p 分别为气体与颗粒间的努塞尔准数、普朗特准数和颗粒雷诺准数，无量纲。

$$Nu_p = \frac{hd_p}{\lambda_g} \tag{3-2}$$

$$Pr = \frac{C_p \mu_g}{\lambda_g} \tag{3-3}$$

$$Re_p = \frac{d_p w \rho_g}{\mu_g} \tag{3-4}$$

式中 h——颗粒与流体之间的传热系数，$W/(m^2 \cdot K)$；

d_p——颗粒直径，m；

λ_g——气体的热导率，$W/(m^2 \cdot K)$；

w——表观气体流速，m/s；

ρ_g——气体的密度，g/cm^3；

μ_g——气体的黏度，$Pa \cdot s$；

C_p——固体颗粒比热容，J/g。

下面以处理量为 500kg/h 的多级循环流态化磁化焙烧半工业试验系统为例，进行传热计算分析。经过理论计算（表 3-17）可知，在流态化状态下，场内温度和浓度均匀一致，床层和内浸换热表面间的传热系数很高[127]，床层热容量大，热稳定性高，加速了化学反应的进程。

表 3-17　多级循环流态化磁化焙烧系统的气固传热系数

级别	C1	C2	C3	C4	反应炉
混合气体密度/10^3(g/cm³)	0.679	0.587	0.451	0.341	0.316
混合气体黏度/10^6(g·s/m²)	0.237	0.265	0.322	0.391	0.411
气体流速/(m/s)	3.45	3.95	3.97	5.21	7.317
气体的热导率/[W/(m²·K)]	40.11	48.39	65.58	86.97	94.02
固体颗粒比热容/(J/g)			0.879		
颗粒直径/m			$0.0693×10^{-3}$		
气固传热系数/10^{-3}[W/(m²·K)]	1157.682	1396.655	1892.763	2510.100	2713.590

铁矿石在还原气体中的磁化焙烧反应属于典型气固多相反应[132]，反应过程通常由下列 3 个步骤组成：

(1) 还原气体 CO/H_2 和生成物 CO_2/H_2O 在气流与铁矿颗粒表面之间的外扩散传质；

(2) 反应物 CO/H_2 和生成物 CO_2/H_2O 通过固体产物层 Fe_3O_4 的内扩散；

(3) 气体反应物 CO/H_2 和固体反应物 Fe_2O_3 之间的界面化学反应，主要包括 CO/H_2 在 Fe_2O_3 表面上的吸附、吸附的 CO/H_2 与 Fe_2O_3 之间的化学反应、气体生成物 CO_2/H_2O 的脱附、固体产物 Fe_3O_4 的晶核形成和长大等过程。

根据 Hiroshi Itaya 等[90]的研究结果，当铁矿石反应物粒径小于 $200\mu m$ 时，气体反应物在主流气体中的扩散阻力可忽略，反应速度将大大加快，磁化焙烧的转化率和反应时间受未反应核模型控制，反应温度达到所需的反应活化能即能迅速反应，因此流态化磁化还原的时间由堆积态的 60～100min 缩短到几十秒以内。

试验室流态化焙烧实验表明，CO 在物料表面及颗粒内部扩散速率较快，Fe_2O_3 可以被快速还原为 Fe_3O_4，最佳焙烧温度为 (750±20)℃，高于 570℃ 的理论值。这是因为水是高温度可以增大反应的平衡系数，促进了 CO 在赤铁矿表面及内部的反应进程。对半工业试验而言，物料在反应炉内停留的时间更短，热损失较大，因而需要提高温度，供给更多的热量来保证还原反应效率。焙烧温度过高，还原过程中可能发生过还原（镜下可见方铁矿），生成弱磁性的富氏体（Fe_3O_4-FeO 固熔体）和硅酸铁，导致焙烧产品质量不佳；温度过低，还原反应速度慢，影响生产效率。

3.7　褐铁矿动态磁化焙烧-磁选工业实践

福建省大田县的铁矿资源大多为褐铁矿石，在保有的 4000 万吨储量中，褐铁矿石约占铁矿总量的 80%。福建鑫鹭峰实业股份有限公司联合武汉工程大学进行了低品位褐铁矿高效利用技术与装备系统产业化推广，在多级动态磁化焙烧专利技术的基础上，开发出低热值高炉煤气褐铁矿粉矿成套磁化焙烧工艺及设备，实现了焙烧工艺优化、过程控制自动化、气煤混用（以气代煤）及设备大型化，解决了制约多级动态磁化焙烧工艺在工业生产过程中的关键技术问题。基于上述研究工作，在福建鑫鹭峰实业股份有限公司建成了具有世界先进水平的粉状氧化铁矿动态磁化焙烧示范产业化基地与科技开发基地。

2013～2018 年的工业生产结果表明，含铁 25.5%～39.5% 的大田褐铁矿矿石经多级动态磁化焙烧后，磨至 -0.074mm 占 88%～89%，经过弱磁选即可获得铁品位为 59%～62%、回收率为 90.00% 以上的铁精矿，尾矿铁品位仅有 9.38～10.55%，达到了较理想的分选指标。

3.7.1 褐铁矿矿石性质

大田褐铁矿铁含量 39.56%，Fe_2O_3 含量 57.78%，MnO 含量 2.57%，含结晶水（烧失）11.27%，主要的有害元素 S、P 等含量较低，分别为 0.1% 和 0.047%，属较低水平，且在后期选矿过程中可以大部分脱除。此铁矿主要的脉石矿物为 SiO_2、Al_2O_3，含量分别为 16.16% 和 10.01%。其磁性率（FeO/Fe）小，为氧化铁矿石，属弱磁性矿物，同时烧损较大，SiO_2、Al_2O_3 为要分选排除的主要脉石矿物。大田褐铁矿原矿的二元碱度 CaO/SiO_2 为 0.011，四元碱度 $(CaO+MgO)/(SiO_2+Al_2O_3)$ 为 0.01，为典型的酸性氧化矿。其原矿铁物相分析结果见表 3-18。

表 3-18　大田褐铁矿铁物相分析结果

铁物相	碳酸盐中铁	赤褐铁矿中铁	硫化物中铁	硅酸铁中铁	磁性铁	全铁
铁含量/%	0.12	34.92	0.08	0.64	3.80	39.56
铁分布率/%	0.30	88.27	0.20	1.62	9.61	100.00

从表 3-18 中可以看出，原矿中磁铁矿的铁仅仅为 3.8%，碳酸铁、硫化铁和硅酸铁的铁含量都在 1% 之下，氧化铁的铁含量为 34.92%，占总体铁含量的 88.27%，可以考虑用强磁选或者磁化焙烧后弱磁选来进行选别。

原矿样筛析结果见表 3-19。大田褐铁矿粉矿中铁分布不均匀，主要的铁都分布在 -0.025mm 级别，铁分布率达到 58.17%。其中，+0.250mm 级别的产率接近 15%，铁品位 35.01%，而铁分布率 13.08%；粗细分级均会造成大量金属量损失，无筛分预选的可能。

表 3-19　焙烧矿样粒度筛析（水筛）

粒径/mm	产率/%	累积产率/%	TFe/%	铁分布率/%
+0.25	14.69	14.69	35.01	13.08
+0.25～-0.15	7.61	22.30	35.73	6.92
+0.15～-0.106	6.07	28.37	36.89	5.70
+0.106～-0.075	3.75	32.12	38.16	3.64
+0.075～-0.045	7.54	39.66	38.93	7.47
+0.045～-0.025	4.99	44.65	39.54	5.02
-0.025	55.35	100.00	41.32	58.17
合计	100.00	—	39.31[①]	100

① 为综合铁品位。

通过镜下观察，矿石中主要金属矿物为磁铁矿、赤铁矿、褐铁矿，含少量黄铁矿、黄铜矿、孔雀石、磁黄铁矿等。

磁铁矿（Mt）：含量约占 2%，呈半自形或它形粒状零散分布，大多沿八面体裂开纹及裂隙被赤铁矿交代 [图 3-11(a)]，其中可包含少量极细粒黄铁矿，部分磁铁矿被赤铁矿交代完全呈假象结构，粒径多在 0.05～0.4mm 之间。

赤铁矿（He）：含量约占 5%，多呈它形细粒集合体状分布，可见针状、板状晶形，常呈细脉状、网脉状、网格状沿磁铁矿八面体裂开纹及裂隙交代 [图 3-11(b)]，或完全交代磁铁矿呈假象赤铁矿，粒径在 0.005～0.1mm 之间。

褐铁矿（Lm）：含量约占 26%，呈胶状、土状、多孔状分布 [图 3-11(c)]，部分较致密呈胶环状及粒状者可为针铁矿及纤铁矿 [图 3-11(d)]，同为铁的氧化物，集合体粒径在 0.05～0.5mm 之间。

大田褐铁矿褐色粉样，样品中的金属矿物以磁铁矿、赤铁矿、褐铁矿为主，透明矿物主要为石英、长石及碳酸盐矿物等。金属矿物含量约占 35%。

黄铁矿（Py）：偶见，细小的它形粒状 [图 3-11(e)]，多被溶蚀呈不规则状，可被褐铁矿交代，部分呈极细粒状分布在磁铁矿中，粒径在 0.01～0.05mm 之间。

黄铜矿（Cp）：偶见，细小的它形粒状零星分布在脉石矿物裂隙中 [图 3-11(f)]，粒径在 0.005～0.02mm 之间。

孔雀石（Ma）：含量约占 1%，不规则状零散分布在石英及其他脉石矿物裂隙中 [图 3-11(g)]，斜照光下呈翠绿色，粒径在 0.005～0.05mm 之间。

磁黄铁矿（Po）：偶见，它形粒状零星分布 [图 3-11(h)]，乳黄至浅玫瑰色，强非均质性，粒径在 0.01～0.03mm 之间。

3.7.2 多级动态磁化焙烧-磁选工艺过程

生产中主要通过控制磁化焙烧温度、时间、气氛和原料预热时间等因素来避免铁矿石出现"欠还原"或"过还原"现象。大田褐铁矿利用气煤混用多级动态磁化焙烧-磁选工艺（图 3-12），实现了对工艺过程及参数的有效控制。

1）脱水、干燥

粒度 −15mm 的粉状低品位氧化铁矿石在 200～300℃ 状态下翻动脱水、干燥 4～6min。

2）预热、焙烧

均在 CO 还原气氛下进行，CO 体积分数为 0.5%～5%。脱水、干燥后的物料在翻动状态下，在大于脱水干燥温度、小于焙烧温度下预热 10～15min；预热后的物料在翻动状态下，在 500～750℃ 下焙烧 5～10min。

3）降温、淬冷

焙烧后的物料在翻动状态下降温；在反应炉内完成脱水、干燥、预热、焙烧、降温的物料在密封条件下排入水池淬冷。

为了避免已经还原的磁铁矿再氧化及淬冷产生的水蒸气进入炉膛导致物料黏结堵塞，设计使用两级重力翻板阀+改良型溢流逆螺旋输送机水密封终冷，连续运转稳定。

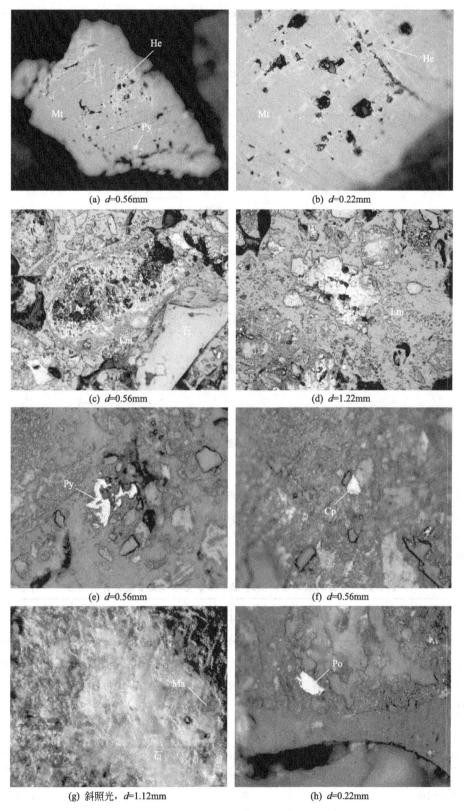

(a) d=0.56mm

(b) d=0.22mm

(c) d=0.56mm

(d) d=1.22mm

(e) d=0.56mm

(f) d=0.56mm

(g) 斜照光，d=1.12mm

(h) d=0.22mm

图 3-11　大田褐铁矿显微结构

（d 为图片的对角线长度，即线段比例尺）

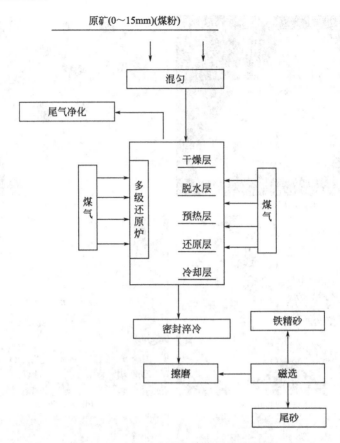

图 3-12 多级动态磁化焙烧系统流程图

4）磨矿、磁选

淬冷后的物料磨矿后再给入弱磁选机（磁场强度为 63.69～159.24kA/m）进行分选。

福建大田褐铁矿磁化焙烧矿经磨矿-磁选得到的铁精矿 TFe 为 60.16％，其化学多元素分析结果见表 3-20。由表 3-20 可以看出，最终铁精矿中有害组分硫、磷、Al_2O_3 的含量都很低，是质量较好的铁精矿。

表 3-20　大田褐铁矿磁化焙烧-磁选精矿化学多元素成分分析结果　　单位：%

成分	TFe	FeO	CaO	SiO$_2$	Al$_2$O$_3$	MgO	Mn	S	P
含量	60.16	18.60	1.27	10.00	2.02	1.52	0.94	0.13	0.12

经过磁化焙烧-磁选得到的人工磁铁精矿，粒度较粗，其 0.074mm 以下的含量仅为 69.24％，可以看出其粒度越细，铁品位也越高，铁元素主要分布在 0.074mm 以下粒级的铁精矿中（表 3-21）。

表 3-21　精矿粒级分布分析结果

粒级/目	产率/%	累计产率/%	铁品位/%	铁分布率/%
+80	4.08	4.08	50.13	3.40
-80～+100	4.73	8.81	52.81	4.15
-100～+150	12.65	21.46	56.02	11.78
-150～+200	9.30	30.76	58.54	9.05

粒级/目	产率/%	累计产率/%	铁品位/%	铁分布率/%
−200～+325	13.41	44.17	59.61	13.29
−325～+500	6.79	50.96	62.56	7.06
−500	49.04	100.00	62.89	51.27
合计	100.00		60.16①	100.00

① 为综合铁品位。

扫描电镜分析如图 3-13 所示，设备型号 JSM-5610LV。主要技术指标如下：高真空模式分辨率，3.0nm；低真空模式分辨率，4.0nm；放大倍数，18～300000 倍；加速电压，0.5～30kV；低真空度，1～270Pa；图像种类，二次电子像、背散射电子像、成分像、拓扑像。从图中可以看出，该铁精矿形状不规则，表面非常粗糙且多缺陷，气孔较多，当中可以看到焙烧未完全的磁铁矿及部分连生体。

图 3-13 褐铁矿磁化焙烧人工磁铁矿扫描电镜

从表 3-22 中可以看出，大田褐铁矿焙烧磁选所得的铁精矿中主要物相为磁铁矿，为 51.11%，属于强磁性矿物，其余碳酸铁的铁、硫化铁的铁、硅酸铁的铁含量都较少，在 1% 之下；氧化铁的铁含量为 6.21%，说明尚有少部分赤铁矿未还原。

表 3-22 焙烧-磁选铁精矿铁物相分析结果

铁相	碳酸盐中铁	赤褐铁矿中铁	硫化物中铁	硅酸铁中铁	磁性铁	全铁
含量/%	0.27	6.21	0.1	0.48	53.11	60.17
分布率/%	0.45	10.32	0.17	0.80	88.26	100.00

由表 3-23 可以看出，经过焙烧磁选所产的尾矿，其主要化学成分 SiO_2 的含量大于 65%，可用作建筑材料、公路用砂、陶瓷、玻璃、微晶玻璃、花岗岩及硅酸盐新材料原料。同时由于其含一定铁分，粒度细，可作为当地搅拌站、水泥厂等的建材加工原料，减少尾矿堆存，还可以提高企业的社会效益和经济效益。

表 3-23 焙烧-磁选尾矿化学多元素成分分析结果 单位：%

成分	TFe	FeO	CaO	SiO_2	Al_2O_3	MgO	Cu	S	P
含量	10.97	4.75	1.36	65.05	3.58	2.45	0.20	0.10	0.13

3.7.3 多级动态磁化焙烧水平衡与热平衡

1）生产线水平衡

按 60 万吨/年焙烧矿量计算：

工作制度：330 天/年；

原矿量：18.94t/(h·台)；

烧失量：10.0%；

水分（干燥后）：7.0%；

烟气损失固体量：1.0%；

焙烧产物量：$Q = 18.94 \times 4 \times (1.0 - 0.10 - 0.07 - 0.01) = 62.123(t/h)$。

（1）冷却用水量 W_1

水的比热容 C_W：$4.2 \times 10^3 J/(kg \cdot ℃)$；

铁矿石的平均比热容 C_r：$879.1 J/(kg \cdot ℃)$；

冷却水温 t_1：20℃；

焙烧矿的温度 t_2：400℃；

冷却产品的温度 t：50℃。

设所需水量为 $W_1 t/h$，根据热平衡计算得

$$Q(t_2 - t)C_r = W_1(t - t_1)C_W$$

$$62.123 \times 10^3 kg/h \times 350℃ \times 879.1 J/(kg \cdot ℃) = W_1 \times 10^3 kg/h \times 30℃ \times 4.2 \times 10^3 J/(kg \cdot ℃)$$

$$W_1 = 151.70 t/h$$

（2）磁选用水量 W_2

磁选浓度 $C_{磁选}$：40%；

冲洗水量 $W_{冲洗}$：15%。

$$W_2 = W_{作业} + W_{冲洗}$$

以 $W = QR = Q\dfrac{1-C}{C}$ 可计算出磁选水量：$W_2 = (1 + 15\%) \times 62.123 \times \left(\dfrac{1 - 0.4}{0.4}\right) = 107.16(t/h)$。

（3）总水量消耗 W

$$W = W_1 + W_2 = 151.70 + 107.16 = 258.86(t/h)$$

即 $258.86 m^3/h$。

单耗：$3.42 m^3/t$（原矿）。

2）生产线热平衡（表 3-24）

表 3-24　褐铁矿磁化焙烧生产装置热平衡表

热收入项				热支出项			
序号	项目	热值/(MJ/t)	比例/%	序号	项目	热值/(MJ/t)	比例/%
1	煤气燃烧热	1071.33	85.35	1	出炉物料带出热	527.46	42.01
2	磁化反应热	108.96	8.68	2	尾气带走热	91.28	7.27
3	原矿显热	65.93	4.72	3	还原剂损失	114.55	9.12

热收入项				热支出项			
序号	项目	热值/（MJ/t）	比例/%	序号	项目	热值/（MJ/t）	比例/%
4	空气显热	15.69	1.25	4	窑壁散热等	251.07	20.00
				5	分解热	271.20	21.60
合计		1255.35	100.00	合计		1255.35	100.00

不算冷却水回热利用，褐铁矿磁化焙烧能耗折合标准煤：42.70kg/t（标准煤）。

3.7.4 节能与环保

充分提高能源利用率是每个工程项目都应积极遵循的准则，提高能源利用率可以有效改善项目建设的经济效益。褐铁矿动态磁化焙烧采取以下几项节能措施：

（1）厂址选择在满足工艺要求的前提下，充分利用当地地形，以缩小车间之间的物料输送距离和车间内部的矿浆输送管道，形成自流条件。

（2）破碎选用洗矿-两段一闭路的工艺流程，在满足产能的前提下，尽量减小原矿的入烧粒度以及使入磨产品更加均匀，符合"多碎少磨"节能理念，可以有效地减少选矿的电力消耗。

（3）焙烧系统采用高效的多级动态磁化焙烧工艺，尽量节约能源。合理选择各段温度制度和风流匹配，确保系统阻力和出系统尾气温度之间达到最佳平衡。炉尾排出的废气可以用来干燥原矿，既减少高温废气排放，又节约能源，方便根据实际的情况进行调节，以达到节约能源的目的。

（4）焙烧炉采用原料逐级预热-逐级反应技术，利用中心轴的冷却风作为动态炉的助燃风，充分利用了能源，并减少了有害气体的排放。煤气发生炉也是近年来兴起的一种人造煤气的设备，燃烬率高。多级焙烧炉设计了炉内冷却（第九、十层）方式，保证余热回收，降低了工艺总能耗。

（5）在设备选用上，均选用国家推荐的节能产品。对大功率的低压用电设备，采用降压启动、过载保护，降低启动电流，减少能耗，保护电动机。

（6）采用合理的线路敷设，减少电阻发热能耗；设备间采用合理的控制联锁，减少设备空载运行时间，降低能耗。电器设备采用高效节能产品。变压器采用 S11 系列，电动机采用 Y 系列，照明灯具采用高效气体放电光源。

（7）焙烧产品淬冷水可以返回选矿重新利用，形成闭路循环，提高水的循环使用率，减少管网泄漏，以降低水耗，节约水利资源。

污染控制方案：

（1）矿石在运输过程中，采用少量喷水法，防止扬尘；矿石在进破碎作业后，也可采用少量喷水法，以减轻破碎作业时产生的粉尘污染。

（2）选厂污水和尾矿一道排入尾矿浓密池，澄清水中仍有少量悬浮物，但无其他污染物。该澄清水可作为循环水返回选厂利用，不外排，因此，不会对环境产生影响。

（3）破碎车间离周围居民较远（＞5km），设备噪声不会产生污染。球磨机安装在封闭的厂房内，离周围民居也较远，同样不会造成噪声污染。

（4）系统中焙烧炉工艺废气和中心轴冷却废气均循环使用，保证余热高效回收，采用旋风除尘-布袋除尘联合工艺，所有废气最后经干燥筒尾部除尘净化后排出，颗粒物含量低于 25mg/m³。

（5）本项目原矿中 S 含量仅 0.15%～0.25%，焙烧后废气采用湿法脱硫，尾气 SO_2 的含量不足 50mg/m³，未超过国家排放标准。

3.7.5 褐铁矿磁化焙烧-磁选效益分析

2013 年 5 月和 7 月，由福建鑫鹭峰实业股份有限公司、武汉工程大学组织对多级动态磁化焙烧-磁选生产系统分别进行了两次 72h 的工业生产流程考察分析，主要技术经济指标如下：

主要技术指标：

① 原矿品位 35%～40%，铁精矿 TFe≥58%，铁回收率达到 90%以上；

② 铁精矿中 S、P、Al_2O_3 和 SiO_2 等杂质的含量符合冶炼要求（S≤0.15%，P≤0.25%）。

主要经济指标：

① 综合成本：60 元/t（原矿）；

② 煤耗：35～43kg（标准煤）/t（原矿）。

其他指标：

① 废渣、废气、废水等各类排放符合国家规定要求；

② 设备作业率达到 95%以上。

福建鑫鹭峰实业股份有限公司自 2012 年 3 月开展褐铁矿多级动态磁化焙烧-磁选新工艺工业实践，开发出了难选低品位褐铁矿利用技术，大量铁品位 40%以下的褐铁矿得到高效利用，烧结生产使用的铁精矿品位由 38.43%提高到 47.50%以上，SiO_2 由 17.40%降低至 11.54%，铁精矿所含的 S、P、Al_2O_3 和 SiO_2 等杂质含量符合冶炼要求（S≤0.15%、P≤0.25%），显著提升了选矿经济效益和高炉冶炼效率。这符合我国钢铁的高炉精料方针，提高入炉品位 2%，降低焦比 4%，提高产量 6%以上，冶炼能耗大幅度降低，节约炼铁成本。高炉焦比下降 18.1%，每年可节约焦炭 3000t，极大地减轻了空气污染程度，为生态环境的改善发挥了积极作用。据统计，此项目每年可直接回收利用原已废弃的低品位褐铁矿 40 万吨，减排选矿尾渣 20 万吨，节约标准煤 3.6 万吨，为社会提供了 1000 多个就业岗位，经济和节能减排效果显著，有显著的经济效益和良好的社会效益。此项创新性成果的转化与推广低成本地解决了传统焙烧和强磁选技术无法处理的难选氧化矿石和硫酸渣、赤泥等含铁二次资源回收难题，该工艺对原料粒度和燃料种类适应性强，且可解决其他工艺焙烧产品非氧化条件下冷却困难、易产生黏结的技术瓶颈问题，达到了国内领先水平，为难选铁矿资源的高效开发利用起到了示范作用，不仅可以促进难选菱铁矿、赤铁矿、褐铁矿的高效利用，还可以变废为宝，使丢弃在尾矿中品位近 30%的过去因技术条件无法利用的难选铁矿资源得到经济合理的回收利用，还可回收冶金、化工行业无法回收利用的黄金冶炼含铁废渣、硫酸渣（红粉）等废弃资源。

3.8 褐铁矿流态化磁化焙烧

湖北黄梅褐铁矿矿石中可供选矿回收的主要组分是赤褐铁矿、菱铁矿，其原矿含铁30.65%。需要选矿排除的脉石组分以 SiO_2 为主，Al_2O_3 含量不高。有害杂质磷的含量很低，对铁精矿质量影响甚微。此外，矿石中硫含量较高，需要选矿排除，但不呈黄铁矿形式存在，主要以重晶石形式存在。矿样呈黄褐色，其中铁主要以褐铁矿形式存在，占全铁的97.52%，硅酸铁占全铁的1.57%，属于难选褐铁矿石。矿石的物质组成：褐铁矿71.2%，石英8.1%，高岭石4.5%，硫主要以重晶石（14.3%）形式存在。

试验装置原理图见图3-6。对于"流态化（闪速）磁化焙烧-磁选"新工艺，在稳定的流场情况下，影响铁化合物磁化转化为磁铁矿的主要工艺参数为CO浓度、温度、固气比。在不同工艺参数下，进行了铁矿石焙烧条件试验，焙烧产品在磁选管中进行选别，磁场强度2000Oe。

在反应炉入口中气体的CO含量为3.5%左右，固气比 $0.5kg/m^3$ 的条件下，对黄梅铁矿进行了半工业闪速磁化焙烧不同温度的试验。温度试验结果表明：反应炉进口的CO含量为3.5%左右，固气比 $0.5kg/m^3$ 左右时，在799～1008℃很宽的温度范围里，黄梅褐铁矿经过闪速磁化焙烧-磁选，都可获得精矿铁品位57%～59%、回收率93%～96%、尾矿含铁只有3%～6%的技术指标，可见黄梅褐铁矿的焙烧效果很好。在799℃时，尾矿含铁也只有6.89%，但和其他温度条件相比，尾矿含铁较高，回收率较低。试验过程表明，焙烧温度控制在950～850℃时，磁化焙烧矿磁选技术指标较好，操作便于调整控制。

控制进闪速反应炉的气体温度在900℃和800℃左右，固气比 $0.5kg/m^3$ 左右，进行了不同CO体积分数的气氛条件试验。结果表明：黄梅铁矿在800℃时，只要CO的含量在2.4%以上，基本就可以保证焙烧矿的质量。总之，黄梅褐铁矿在磁化焙烧时，其气体中的CO浓度保持在2.0%～4.10%都可以得到良好的分选指标。

为了提高装置的产能，根据前期的温度条件试验和气氛条件试验选定试验温度和气氛，控制进闪速反应炉的气体CO浓度在2.6%左右，进闪速反应炉的气体温度在900℃左右，进行了固气比条件试验。结果表明：随着固气比从 $1.01kg/m^3$ 降至 $0.35kg/m^3$，在精矿铁品位基本相当的情况下，尾矿含铁逐渐降低，回收率逐渐增加。但是即使在固气比 $0.83kg/m^3$ 的条件下，尾矿含铁也只有6.32%，回收率也有91.68%。

条件试验结果表明：①在CO含量3.5%左右、反应炉温度799～950℃、固气比0.5～ $0.8kg/m^3$ 的条件下，可以获得铁精矿品位58%～60%、铁回收率91%～95%以上的良好指标。②用该闪速磁化焙烧装置处理黄梅铁矿，最佳的操作参数为：焙烧温度应控制在850℃～950℃，CO的含量为2.5%以上，固气比0.5～ $0.8kg/m^3$。

原矿和焙烧矿中铁的化学物相分析结果见表3-25。黄梅褐铁矿原矿经过闪速磁化焙烧，使得其中97.52%的赤褐铁矿全部转化为了磁性铁矿物，转化率达到100%。其他组分的铁含量甚微，影响很小。可见新研制的闪速磁化焙烧装置对褐铁矿的焙烧效果是很显著的。

表 3-25　铁的化学物相分析结果　　　　单位：%

矿样	铁相	磁性铁	赤褐铁	碳酸铁	硫化铁	硅酸铁	全铁
原矿	含量	0.059	29.89	0.16	0.078	0.48	30.65
	分布率	0.19	97.52	0.52	0.25	1.57	100.00
焙烧矿	含量	31.92		1.12	0.02	0.15	33.21
	分布率	96.12		3.37	0.06	0.45	100.00

考虑到经济性和流程的可操作性，尽量使用简单易操作的流程提高精矿品位，得到较高的铁回收率。因此，确定使用焙烧矿不磨先弱磁选，弱磁粗精矿磨矿再弱磁两次精选流程。该流程结构简单，易操作，细磨矿量少。通过磨矿粒度、弱磁选条件试验，可知磨矿细度对铁精矿的品位影响较大。为进一步考查磨矿细度对选矿工艺流程最终选矿指标的影响，进行了弱磁选-磨矿-弱磁选流程两个不同磨矿细度的对比试验。

焙烧矿不磨弱磁粗选的磁场强度为 2000Oe，弱磁粗精矿磨矿细度为 −0.074mm 93.37%，两次精选的磁场强度分别为 2000Oe 和 1500Oe。试验结果表明，在最终磨矿细度为 −0.074mm 93.37% 时，对焙烧矿采用弱磁选-磨矿-弱磁选两次精选流程，获得的指标为：精矿产率 47.74%、精矿品位 60.67%、回收率 94.49%；在最终磨矿细度为 −0.074mm 98% 时，焙烧矿采用弱磁选-磨矿-弱磁选流程（图 3-14），获得的指标为：精矿产率 47.08%、精矿品位 61.07%、回收率 93.80%。磨矿细度为 −0.074mm 93.37% 时的精矿铁品位比磨矿细度为 −0.074mm 98% 时低 0.4%，回收率高 0.69%。考虑到在较粗的情况下可以节能降耗，选矿指标也比较接近，因此推荐最终磨矿细度为 −0.074mm 93.37%。为考察精矿产品中有害杂质的含量，对最终铁精矿做了化学多元素分析，结果见表 3-26。最终铁精矿中铁品位达 60.75%，有害元素硫、磷、Al_2O_3 的含量很低，是质

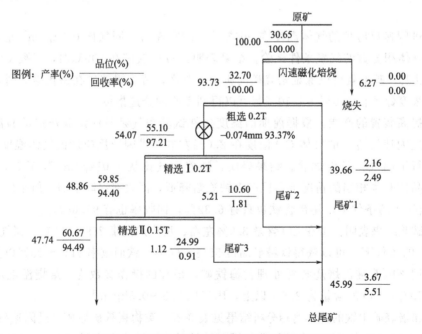

图 3-14　弱磁选-磨矿-弱磁选流程数质量流程图

量较好的铁精矿。SiO_2 的含量为 7.22％，这是因为考虑到磨矿成本，磨矿细度较粗（－0.074mm 93.37％），脉石没有单体解离。如果进一步提高铁品位，降低铁精矿中 SiO_2 的含量，需要更细的磨矿细度。

表 3-26　黄梅铁矿石磁化焙烧-磁选精矿化学多元素成分分析结果　　单位：％

成分	TFe	FeO	Fe_2O_3	SiO_2	Al_2O_3	CaO	MgO	S	P	烧失
含量	60.75	15.38	69.69	7.22	1.03	1.23	0.054	0.28	0.067	

江西铁坑褐铁矿自 1968 年建成了 50 万吨/年的选矿厂后，工艺流程虽经多次改动，但一直处于低技术指标的运行中。目前该选矿厂生产的铁精矿铁品位为 54.5％，铁回收率只有 45％，资源利用率低。这都是因为迄今为止在实际生产中，对于细粒低品位褐铁矿石的选矿没有找到有效的选矿工艺。铁坑褐铁矿（经现场磨矿后，其粒度为－0.074mm 占66％）原矿的多元素分析结果见表 3-27。铁坑铁矿石含铁 36.84％、SiO_2 34.90％，P、S 的含量很低，主要需要排除的脉石为石英。

表 3-27　铁坑褐铁矿多元素成分分析

成分	TFe	FeO	SiO_2	Al_2O_3	CaO	MgO	P	S
含量/％	36.84	0.21	34.90	2.09	0.76	0.75	0.05	0.082

采用新研究成功的流态化（闪速）磁化焙烧新工艺及新装备对该矿样进行了闪速磁化焙烧试验，首先用实验室小型流态化磁化焙烧反应器试验，查明铁坑铁矿石磁化相变反应性能特别好，焙烧时间只要 10s 就可使褐铁矿（$Fe_2O_3 \cdot nH_2O$）经过相变转化为磁铁矿（Fe_3O_4），转化率达到 95％以上；然后在半工业闪速磁化焙烧炉中进行不同工艺参数的条件试验及连续给矿 40min、给矿量 330kg 的半工业探索试验。对其给矿 10min（A-1）、20min（A-2）、30min（A-3）后的焙烧产品取样进行了弱磁选试验，磨矿粒度－0.074mm 占88％，试验结果见表 3-28。经过磁化焙烧，褐铁矿脱除结晶水后，原矿含铁由 36％提高到 39％，焙烧矿经过弱磁粗选一次选别可得到含铁 59％以上的粗选铁精矿，铁的回收率90％以上，尾矿中含铁可以降到 6.21％～8.85％。如果将该粗选铁精矿再经一次精选，则可将铁精矿的品位提高到 61％以上，回收率达到 80％。精选铁精矿（A-1）多元素分析结果见表 3-29。

表 3-28　铁坑褐铁矿流态化磁化焙烧-磁选试验结果

样品	产品	产率/％	TFe/％	回收率/％
A-1	精选精矿	53.07	61.67	83.09
	精选中矿	8.88	48.39	10.91
	粗选精矿	61.95	59.77	94.00
	粗选尾矿	38.05	6.21	6.00
	合计	100.00	39.39	100.00
A-2	精选精矿	57.49	60.75	88.09
	精选中矿	3.49	45.59	4.01
	粗选精矿	60.98	59.88	92.10
	粗选尾矿	39.01	8.03	7.90
	合计	100.00	39.65	100.00

续表

样品	产品	产率/%	TFe/%	回收率/%
A-3	精选精矿	48.77	60.47	75.49
	精选中矿	11.32	53.38	15.46
	粗选精矿	60.09	59.13	80.96
	粗选尾矿	39.92	8.85	9.04
	合计	100.00	39.06	100.00

表 3-29　样品多元素成分分析结果　　　　单位：%

样品	TFe	FeO	SiO_2	Al_2O_3	CaO	MgO	P	S
连续试验精矿	61.67	24.59	10.24	2.13	0.76	1.09	0.027	0.36

由精矿多元素分析可知，铁精矿中 FeO 的含量达到了 24.59%，还原度（FeO/TFe）为 39.87%，磁化率达到了 90% 以上。铁精矿中 SiO_2 尚有 10.24%，说明如果将该铁精矿经过细磨深选脱除 SiO_2 至 5% 以下，则铁精矿的品位有可能提高到 65% 以上。

黄梅褐铁矿和铁坑褐铁矿的品位均在 30%～35% 左右，通过稀相气固流态化磁化焙烧得到的焙烧矿，弱磁选选矿比仅为 1.9～2.1，可选性好，采用简单的选矿流程，就可得到较好的选矿指标。该工艺具有较宽温度、气氛、固气比的操作范围，操作简便，系统运行稳定、处理能力大。试验表明闪速磁化焙烧-磁选工艺具有运行稳定、单位体积产能高、装置简单、能耗低等优点，是处理褐铁矿、菱铁矿的一种高效选矿工艺。

4
人工磁铁矿造球

目前，大多数科研工作者都在研究人工磁铁矿生产工艺与装备，对人工磁铁矿球团的研究很少。郭珊杉、沈慧庭等的研究表明，人工磁铁矿与天然磁铁矿存在明显的磁性差异，与天然磁铁矿相比，人工磁铁矿较难被磁化，磁性较小，很容易达到磁饱和状态；人工磁铁矿剩磁和矫顽力现象明显，容易出现磁团聚；人工磁铁矿难以再用多次磁选精选的方法提高铁品位。人工磁铁矿与天然磁铁矿的表面性质不同，人工磁铁矿晶体颗粒较小，疏松多孔，比表面积大，吸附能力较强。人工磁铁矿对脂肪酸类捕收剂选择性吸附的研究表明，脂肪酸类捕收剂对人工磁铁矿吸附选择性较小，对天然磁铁矿较大，故用脂肪酸类捕收剂反浮选人工磁铁矿对精矿品位提高有限。人工磁铁矿晶体结构中具有一定的浸染、夹杂和充填现象，常夹杂 Fe_2O_3、FeO 和 Fe 等，晶体结构不完整。人工磁铁矿具有不完整的晶格结构，它的氧化反应活性比天然磁铁矿强得多，很容易就会被氧化。人工磁铁矿在 400℃氧化时所能达到的氧化度与天然磁铁矿在 1000℃氧化时相当[133-136]。

人工磁铁矿已经过细磨-磁选处理，粒度细、比表面积大，须造块后方可冶炼。从生产工艺上看，细粒精矿烧结料层透气性差，因此相对于烧结造块，球团生产工艺更适合处理较细的精粉，特别适合经过选矿工艺得来的精矿细粉，粒度越细，成球率越高，球团强度也越高[134]。此外，球团矿强度高，可以大幅度提高高炉入炉品位，粒度均匀、冶金性能良好、冶炼消耗低、铁水质量好，且便于运输，有助于节能减排和提高钢铁工业的竞争力，这些都是进入 21 世纪后球团生产得到全面发展与推广的主要原因[135]。

球团矿作为高炉炼铁的主要原料，对环境保护具有三个方面的积极作用：

（1）球团矿生产比烧结矿节约能耗，工序能耗仅为烧结矿的 50%，而且带式焙烧机球团的能耗低于 50%，节能减排效果明显。

（2）球团矿用于高炉炼铁，品位高、渣铁比低、燃料比低，有利于高炉的节能减排。相比烧结矿炉料，使用球团矿时，吨铁燃料消耗可减少数十千克，大幅降低企业生产成本和环保压力。

（3）球团矿生产过程排放的单位体积烟气中二氧化硫、氮氧化物和二噁英的排放量分别为烧结的 60%～80%、5%～7%、30%，有害物排放均远远低于烧结，其烟气的净化要比烧结烟气的净化简单得多。球团矿烟气的净化主要是脱硫，而烧结烟气的净化除了脱硫外，还有难以脱除的氮氧化物（NO_x）和二噁英，这需要大量的投入。

4.1 人工磁铁矿理化性能

某褐铁矿经磁化焙烧-弱磁选工艺（图4-1）制备了人工磁铁矿。如表4-1所示，矿石品位46.58%，铁的赋存状态较为简单，以高价氧化铁（Fe^{3+}）的形式分布在赤（褐）铁矿中的铁分布率占95%以上，磁性物中铁分布率不足1%，矿石磁性率（FeO/Fe）仅0.86%，为氧化铁矿石，属弱磁性矿物，SiO_2、Al_2O_3为其主要脉石矿物。要实现提铁降杂的目标，单一的磁选方法难以满足要求。采用磁选焙烧-磁选-再磨-脱磁-磁选得到的人工磁铁矿，矿石磁性率（FeO/Fe）为33.16%，焙烧矿中铁矿物主要是磁铁矿；脉石矿物以硅、铝为主。磁化焙烧-磁选铁精矿的铁品位62%左右（表4-2）。

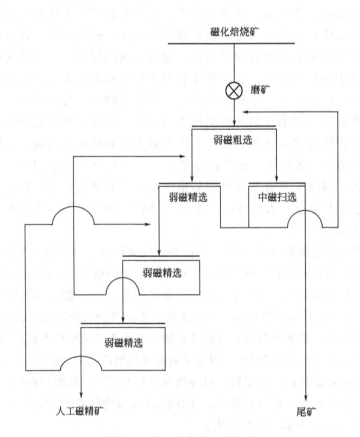

图4-1 人工磁铁矿生产流程

表4-1 褐铁矿多元素成分分析结果　　　　　　　单位：%

褐铁矿	TFe	FeO	S	P	Al_2O_3	SiO_2	CaO	MgO	MnO
成分	46.58	3.43	0.22	0.31	8.02	17.16	0.28	0.52	3.32

表 4-2 磁铁精矿多元素成分分析结果 单位：%

铁精矿	TFe	FeO	S	P	Al$_2$O$_3$	SiO$_2$	CaO	MgO	Mn
天然磁铁矿	64.34	26.46	0.30	0.0042	1.37	3.69	1.85	1.93	0
人工磁铁矿	62.13	20.60	0.13	0.12	2.42	8.04	1.27	1.52	0.94

1）物理性能

天然磁铁矿（弱磁选精矿，TFe 66.34%）来自程潮铁矿，有害元素 S、P 等含量较少。人工磁铁矿脉石矿物 SiO$_2$ 含量较高。磁铁精矿粒度分布较宽，粒径较细，因此采用调和平均值计算矿粒的平均粒径进行表征。两种磁铁矿的平均粒径基本相同，均为 0.026mm。人工磁铁矿的粗粒级和细粒级比例大，粒级分布更有利于成球。天然磁铁矿的密度较人工磁铁矿大，细粒级含量更多，比表面积为 1115.9cm^2/g，属于易于造球的精矿粉。人工磁铁矿的密度较小，但是由于在结晶过程中的物理化学变化，造成表面粗糙，内部孔隙较大，因此其比表面积达到 2720.4cm^2/g。天然磁铁矿的成球性指数为 0.41，为中等成球性造球原料；人工磁铁矿的成球性指数为 1.16，属于优等成球性造球原料（表 4-3）。

表 4-3 磁铁精矿的物理性质及成球性

铁精矿	比表面积/(cm^2/g)	密度/(g/cm^3)	最大毛细水/%	最大分子水/%	成球指数 K
天然磁铁矿	1115.9	4.824	15.31	4.48	0.41
人工磁铁矿	2720.4	4.360	26.84	14.44	1.16

如图 4-2、图 4-3 所示相较于天然磁铁矿，人工磁铁矿的表面孔隙较多，晶体发育不

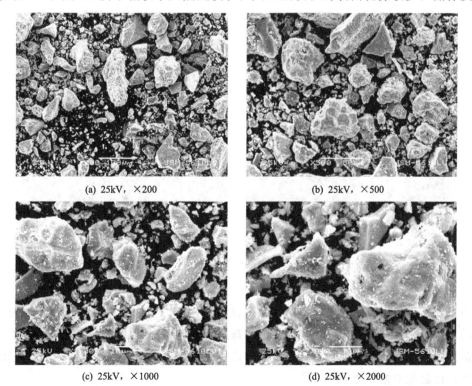

(a) 25kV，×200 　　　　　　　　　(b) 25kV，×500

(c) 25kV，×1000 　　　　　　　　　(d) 25kV，×2000

图 4-2 天然磁铁矿颗粒表面形态

完整，表面较为粗糙，比表面积较大[136]，在造球时有利于成球。但是由于人工磁铁矿的内部孔隙较多，导致其最大毛细水较大，造球水分较高，生球爆裂温度降低。

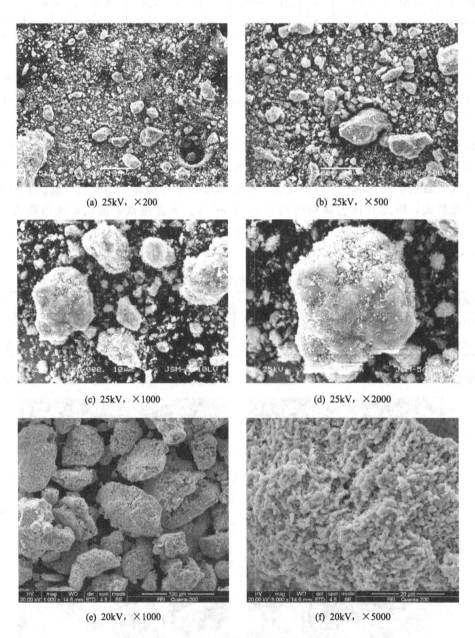

(a) 25kV，×200 (b) 25kV，×500

(c) 25kV，×1000 (d) 25kV，×2000

(e) 20kV，×1000 (f) 20kV，×5000

图 4-3 人工磁铁矿颗粒表面形态

2）磁性

由于人工磁铁矿与天然磁铁矿结构致密程度不一样，导致其密度有所差异（表 4-4）。两者的比磁化率随外界磁场变化规律相似，都是随磁场强度增加比磁化率迅速增加。同一粒度范围内，在相同磁场条件下天然磁铁矿的比磁化率要高于人工磁铁矿，随着磁场的不断增加，比磁化率差异会缩小[137]。

表 4-4 不同粒级磁铁矿真密度

试样	矿物	粒级/μm	全铁含量/%	密度/(t/m³)
a	人工磁铁矿	−45~+22	58.23	4.35
b	人工磁铁矿	−22	58.04	4.35
c	天然磁铁矿	−45~+30.8	62.23	4.56
d	天然磁铁矿	−30.8	62.54	4.56

如图 4-4、图 4-5 所示，随着造球铁精矿粒度减小，两种矿物的比磁化率均减小。这是因为随着粒度的减小，每一个矿粒中包含的磁畴数减少，磁化时磁畴壁的移动相对减少，磁畴转动逐渐起主导作用；而磁畴转动所需的能量比磁畴壁移动要大得多。

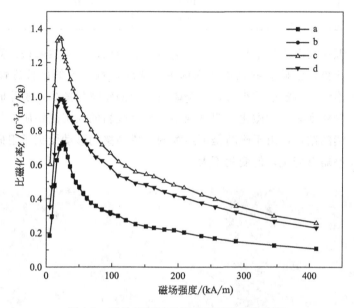

图 4-4 磁铁矿不同磁场强度下的比磁化率

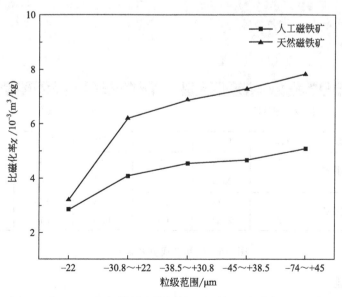

图 4-5 不同粒级磁铁矿的比磁化率

解释：矿石粒度较粗时，人工磁铁矿的比磁化率比天然磁铁矿小很多，而随着颗粒粒度减小，比磁化率的差异会缩小。

人工磁铁矿矫顽力大[138]（表 4-5）。由于磁团聚等原因，人工磁铁矿精矿颗粒中 Si、Al 杂质的含量明显高于天然磁铁矿，这是导致人工磁铁矿的比磁化强度和比磁化率比天然磁铁矿低的原因之一。

表 4-5　天然磁铁矿与磁化焙烧磁铁矿的磁性

矿石名称	比磁化强度 $/10^{-4}(t/g)$	矫顽力 H_c $/(kA/m)$	比磁化系数 χ_{max} $/(cm^3/g)$	达到 X_{max} 的 $H_c/(kA/m)$
磁化焙烧磁铁矿	19	22.28	0.049	51.72
东鞍山磁铁矿	14.5	10.92	0.071	23.87
齐大山磁铁矿	22	12.90	0.088	23.87

人工磁铁矿颗粒表面凹凸不平，且部分呈多孔状结构，而天然磁铁矿则主要呈致密状结构（图 4-6）。天然磁铁矿矿物颗粒在磁场中磁化时，粒度大的矿粒磁性以磁畴壁移动为主，磁畴较为连续；当粒度减小时，每个矿粒包含的磁畴数减少，磁化时磁畴壁移动相对减少，因此随着粒度减小比磁化率明显减小。粒度较粗的人工磁铁矿由于内部有较多细孔，是一种不连续的结构；由于磁畴是不连续的，磁畴壁的移动受到了阻碍，因此，粒度减小时其比磁化率略有变化，但变化不大。

(a) 人工磁铁矿

(b) 天然磁铁矿

样品	微区	O/%	Si/%	Al/%	Ca/%	Fe/%
人工磁铁矿	1	19.36	3.55	2.56	1.41	73.12
	2	26.22	1.56	1.23	3.43	67.56
天然磁铁矿	1	17.68	2.56	0.72	0.48	78.56
	2	21.26	1.95	0.76	1.12	74.91

图 4-6　磁铁矿成分及颗粒形貌

3）吸附性能

研究表明，油酸钠在石英和磁铁矿表面的吸附量有较大差异，最高可相差 38.25%，上述结果说明脂肪酸类捕收剂可以在天然磁铁矿表面选择性吸附[139,140]。但是，经过焙烧的人工磁铁矿，其表面油酸钠吸附量与石英矿物差别不大，仅相差1%左右。

研究表明，天然磁铁矿采用不同药剂通过反浮选均能取得较好的分选效果，而磁化焙烧-磁选所得的人工磁铁精矿在相同条件下却达不到同样的浮选效果（表4-6），这是因为药剂选择性吸附影响人工磁铁精矿的反浮选降杂效果[141]。

表 4-6 油酸钠在磁铁矿表面的吸附率

矿石种类	平均吸附率/%		精矿和尾矿平均吸附率差/%
	有用矿物	脉石矿物	
磁化焙烧-磁选铁精矿（褐铁矿）	63.13	76.69	21.43
磁化焙烧-磁选铁精矿（鲕状赤铁矿）	79.78	80.83	1.32
磁化焙烧-磁选铁精矿（赤铁矿）	86.87	86.96	1.04
天然磁铁矿	67.84	93.79	38.25
人工磁铁矿纯矿物（TFe 72%）	67.04	98.32	46.66

人工磁铁矿和天然磁铁矿在表面性质方面具有较大的差别，褐铁矿原矿中硅以碎屑石英和硅质泥岩形式存在，焙烧矿矿物中物相发生了变化，部分硅质泥岩和部分石英被铁矿包裹，分布较原矿分散，即磁化焙烧形成的磁铁矿有一定的包裹、充填和浸染现象，具有不完整的晶体结构。由于磁化焙烧为从固体颗粒表面开始的气固两相反应，焙烧矿中存在着不同还原程度的颗粒，导致矿石内部组织结构的不均匀程度增加。

如图4-7所示，经过磁选后矿物峰明显比磁选之前减少，说明矿物中杂质减少；脉石矿物石英峰有所减弱，但仍有较多的石英杂峰，说明人工磁铁矿还存在较多的石英。原矿的有用矿物主要以 Fe_2O_3 形式存在，脉石矿物主要是石英；焙烧后矿物组成发生了变化，铁矿物的赋存由 Fe_2O_3 转变成 Fe_3O_4 为主，磁化焙烧产物中出现铁橄榄石和硅酸铁，并掺杂 Fe_2O_3、FeO、Fe，矿物不均匀性增强。磁选精矿中的铁橄榄石和硅酸铁明显比焙烧矿减少，磁选分离效果明显。

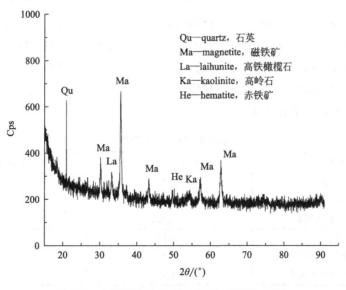

图 4-7 人工磁铁矿 X 射线衍射（XRD）图谱

4）表面润湿性

接触角和润湿热是常用的矿物表面润湿性的表征指标。由表 4-7 可以看出，采用同种润湿液时，人工磁铁精矿与脉石矿物的相对接触角仅相差 10°左右，而天然磁铁精矿和脉石矿物的相对接触角相差在 20°以上，最大相差 31.45°。当以浮选捕收剂为润湿液时能扩大天然磁铁矿反浮选精矿和尾矿的相对接触角差异，但人工磁铁矿浮选精矿和尾矿的相对接触角差异变化不大。

表 4-7　铁矿磁化焙烧的相对接触角变化

矿种	矿样名称	相对接触角 θ/(°)			精矿、尾矿的相对接触角最大差/(°)
		蒸馏水	脂肪酸类捕收剂	胺类捕收剂	
褐铁矿	原矿	28.49	41.54	44.60	12.91
	焙烧矿	25.81	35.97	35.17	
	焙烧磁选精矿	24.41	41.46	31.15	
	磁选精矿反浮选精矿	0	0	0	
	磁选精矿反浮选尾矿	14.71	13.78	12.91	
鲕状赤铁矿	原矿	38.83	47.78	46.92	10.11
	焙烧矿	45.49	50.80	45.41	
	焙烧磁选精矿	39.19	48.09	45.97	
	磁选精矿反浮选精矿	25.44	25.58	36.39	
	磁选矿反浮选尾矿	32.78	35.65	35.97	
赤铁矿	原矿	36.67	28.72	35.71	12.98
	焙烧矿	30.91	34.41	36.97	
	焙烧磁选精矿	35.11	33.07	40.89	
	磁选精矿反浮选精矿	20.77	27.00	33.69	
	磁选精矿反浮选尾矿	31.90	39.98	41.84	
天然磁铁矿	铁矿反浮选精矿	25.71	33.69	28.48	31.45
	铁矿反浮选尾矿	49.08	57.11	59.93	
	磁铁矿	43.86	47.78	46.84	

以水为润湿液，人工磁铁矿反浮选精矿的润湿热（-0.205J/g）与人工磁铁矿反浮选尾矿的润湿热（-0.193J/g）相对比值为 1.06，差异很小；天然磁铁矿反浮选精矿的润湿热（-0.166J/g）与天然磁铁矿反浮选尾矿的润湿热（-0.094J/g）相对比值为 1.77，相差 77%，进一步说明二者的表面润湿性差异大（表 4-8）。因此，人工磁铁矿和天然磁铁矿在浮选性能方面具有较大差别。

表 4-8　铁矿的润湿热

样品名称	润湿热/(J/g)	精矿润湿热/尾矿润湿热/%
天然磁铁矿	-0.092	176.59
天然磁铁矿反浮选精矿	-0.166	
天然磁铁矿反浮选尾矿	-0.094	
焙烧磁选精矿	-0.548	106.21
焙烧磁选精矿反浮选精矿	-0.205	
焙烧磁选精矿反浮选尾矿	-0.193	

焙烧矿与原矿相比，有些焙烧矿的相对接触角比焙烧原矿的相对接触角小，而有些焙烧矿（如鲕状赤铁矿）的相对接触角比焙烧原矿的相对接触角大，总的来说，以上几种焙烧矿和原矿二者的相对接触角存在差异，说明通过焙烧，矿物的表面润湿性能改变了。

磁化焙烧-磁选铁精矿以及天然磁铁矿主要成分均为磁铁矿，但是对于同种润湿液，表4-8中的几种磁铁矿相对接触角各不相同，说明它们的表面润湿性能不同。

浮选是通过矿物表面的可浮性差异来进行选别的，有用矿物和脉石矿物的可浮性（亲水性）差异越大浮选效果越好。以蒸馏水为润湿液时，反浮选精矿和反浮选尾矿的相对接触角差异较小，说明二者的表面润湿性差异较小，在水溶液中不可能使二者分离。若通过浮选工艺对二者进行选别，需要添加药剂扩大二者之间的表面润湿性差异，才能达到分选效果。

当以捕收剂为润湿液时，磁化焙烧-磁选铁精矿反浮选精矿的相对接触角与反浮选尾矿的相对接触角差异有增大也有减小，说明捕收剂对不同矿物的作用有所差异，有些矿物适合用脂肪酸类捕收剂，有些适合用胺类捕收剂。但是对于磁化焙烧-磁选-反浮选精矿和尾矿来说，捕收剂对其表面的润湿性改变不大，两者相对接触角仅差10°左右，即通过添加捕收剂并没有显著扩大有用矿物和脉石矿物的表面润湿性，这与矿物反浮选试验分选效果不明显的结果相吻合（表4-9）。

表4-9　人工磁铁矿与天然磁铁矿反浮选降杂产物的多元素成分分析　　单位：%

矿种	成分	TFe	FeO	SiO$_2$	Al$_2$O$_3$	CaO	MgO	S	P
褐铁矿磁化焙烧	原矿	46.58	0.40	14.12	4.52	3.54	0.226	0.031	1.536
	磁选精矿	60.56	36.90	8.04	4.38	0.063	0.143	0.026	0.746
	反浮选精矿	62.51	—	7.15	3.55	2.72	1.34	0.030	0.41
鲕状赤铁矿磁化焙烧	原矿	43.76	2.32	19.47	6.93	3.82	0.79	0.031	0.84
	焙烧矿	43.80	23.73	21.61	7.53	4.36	1.36	0.030	0.84
	磁选精矿	55.51	27.14	11.42	6.66	3.31	1.02	0.026	0.80
	反浮选精矿	59.87	—	7.15	5.25	3.01	0.96	0.021	0.28
天然磁铁矿	原矿	51.76	20.09	15.33	6.15	2.94	0.88	0.20	0.062
	阴离子反浮选精矿	62.05	23.94	6.05	3.55	2.72	1.34	0.030	0.025
	阳离子反浮选精矿	62.30	23.85	7.61	3.25	2.94	0.53	0.013	0.075

当以捕收剂为润湿液时，无论是脂肪酸类捕收剂还是胺类捕收剂，天然磁铁矿反浮选精矿的相对接触角与天然磁铁矿反浮选尾矿的相对接触角差异均增大，说明所选用的天然磁铁矿对捕收剂有很好的适应性；同时相对接触角差异在20°以上，最大相差31.45°，即在捕收剂作用下天然磁铁矿有用矿物和脉石矿物的表面润湿性差异扩大，有利于分选，这与矿物反浮选效果好是一致的。

5）表面电性

天然磁铁矿的电动电位（Zeta电位）绝对值大于人工磁铁矿，天然磁铁矿表面的电负性强于人工磁铁矿表面的电负性（表4-10），说明天然磁铁矿颗粒间的静电排斥比人工磁铁矿颗粒间的静电排斥强。另外，磁铁矿的Zeta电位在湿磨后有不同的变化，天然磁铁矿的电负性在湿磨后减弱，而人工磁铁矿的电负性增强。天然磁铁矿的Zeta电位高，静电排斥力大，比人工磁铁矿更难成球。

表 4-10　人工磁铁矿与天然磁铁矿的表面电性差异

样品	天然磁铁矿	人工磁铁矿	天然磁铁矿（湿磨）	人工磁铁矿（湿磨）
Zeta 电位/mV	−15.57	−7.91	−14.4	−10.57

6）氧化特性

天然磁铁矿在空气气氛中，从 303K 加热到 1723K，升温速率为 10.0K/min 时，其 TG、DTG、DSC 曲线见图 4-8。

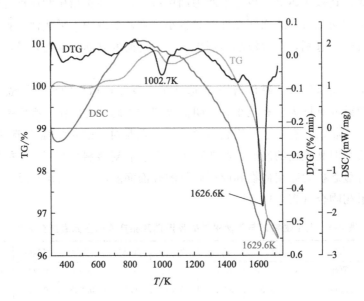

图 4-8　天然磁铁矿差热分析图

TG—质量与温度或时间的关系曲线；DTG—质量的变化率与温度或时间的曲线；
DSC—热量与温度或时间的关系曲线

天然磁铁矿样品在 600～1530K 呈现明显的放热增重现象，说明磁铁矿氧化反应主要发生在该温度段。在 1298K 的时候，增重达到最大，为 0.85%，而后，增重速率减慢，说明氧化反应完成；直到 1480K，TG 曲线发生明显的失重现象，到 1626.6K 时，失重速率达到最大，DSC 曲线在 1629.6K 时出现明显的吸热峰，说明此时氧化产生的赤铁矿发生了分解反应，释放出氧，又生成了磁铁矿。

人工磁铁矿在空气气氛中焙烧，从 303K 加热到 1723K，升温速率为 10.0K/min 时，其 TG、DTG、DSC 曲线见图 4-9。由图 4-9 可见，在 473K 以内，人工磁铁矿主要吸热、失重，在 384.5K 时失重达到最大，此阶段主要是物理变化水分的蒸发，这是因为人工磁铁矿粒度细、比表面积大、亲水性强、易潮解；在 473～573K 时，反应表现为吸热，但还在失重，说明这个温度段水分的蒸发与磁铁矿的氧化反应同时进行；在 573～973K 时，反应为吸热、增重，到 753K 时，增重达到最大，0.26%，此阶段主要发生磁铁矿的氧化反应；在 973～1573K 时，主要为放热，磁铁矿陆续被氧化，但样品在失重，说明这个阶段氧化反应和分解反应同时进行，分解反应对质量的影响较大；在 1628.6K、1713.4K 时，出现明显的吸热峰，此时，赤铁矿发生吸热分解反应生成磁铁矿，与 DTG 曲线一致。

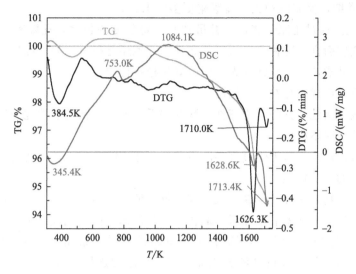

图 4-9　人工磁铁矿差热分析图

由以上分析可知,人工磁铁矿在 473K 时开始氧化,在 1473K 时结束。由热重分析 TG 曲线可见,氧化过程还伴随着碳酸盐、硫化物的分解反应。在 923K 以下,氧化反应对 TG 的贡献占主要优势,在 923K 以上,分解反应对 TG 的贡献占主要优势,故用热重法定量分析该磁铁矿的氧化反应有一定偏差。人工磁铁矿开始发生氧化的温度低于天然磁铁矿开始发生氧化的温度,分别为 473K、600K,说明人工磁铁矿比天然磁铁矿容易氧化。人工磁铁矿经过了高温焙烧,晶体结构不完整,理化性质活性较大,且比表面积较大,这些均导致了其易被氧化的特性。由铁精矿加工而成的氧化铁矿球团具有一定的粒度(8~16mm)和强度,孔隙率比矿粉要小,故球团氧化要比铁精矿困难。因此,研究人工磁铁矿和天然磁铁矿球团的氧化动力学可以分别从 473K 和 600K 以上开始。

人工磁铁矿和天然磁铁矿在可浮性上具有较大差别,使用阴离子反浮选药剂制度时,制度复杂,工艺操作困难,技术指标差。但由于人工磁铁矿含泥少,可通过阳离子反浮选进一步提高铁品位(陕西大西沟、酒钢)。作为造球用原料,人工磁铁矿和天然磁铁矿在原料特性、成球规律、生球质量、球团氧化和焙烧特性等方面可能存在差异,对人工磁铁矿特别是细粒级人工磁铁精矿制备氧化球团矿的理论和工艺进行深入研究是十分必要的,是对铁矿氧化球团基础理论进行的必要补充和发展,可为改善人工磁铁精矿球团制备及其产品性能提供重要理论支撑,对推动球团技术及炼铁技术进步具有重要的作用。

4.2　影响人工磁铁精矿成球的因素

如前所述,氧化铁矿(赤铁矿、褐铁矿、菱铁矿)磁化焙烧-磁选产生的人工磁铁矿与天然磁铁矿相比,在密度、磁性、表面性质、晶体结构和化学反应活性等理化性质上有很大差别,其表面粗糙度大、比表面积大、亲水性强。天然磁铁矿的 Zeta 电位绝对值大于人工磁铁矿,电负性较大。此外,人工磁铁矿还具有如下特点:

① 粒度非常细，比表面积大，能吸附更多的水分。

② 孔隙发达。通过还原焙烧，晶粒虽然有一定程度的长大，孔隙率比硫酸渣小，但相对于天然磁铁矿而言，这种磁选所得的磁铁矿孔隙还是很发达的，能吸收更多的水。因此人工磁铁精矿易成球，生球强度大，但生球热稳定性差。

粉状人工磁铁矿成球存在以下问题：

（1）颗粒表面活性与其静态成球性指数的关系、人工磁铁精矿性能与造球工艺参数对生球性能影响的规律不明确。

（2）人工磁铁精矿生球干燥过程各阶段特征规律不明确，无法保持人工磁铁矿球团在预热氧化过程中的热稳定性。

（3）人工磁铁精矿内部晶格缺陷大，在较低温度下容易氧化，在球团焙烧过程中易产生双层结构，导致成品球团矿强度低。氧化动力学规律及固结机理、干燥预热期间的氧化与球团焙烧固结间的耦合区间不明确；缺乏球团矿优质固结相（Fe_3O_4 氧化及再结晶、铁酸钙）的形成与生长长大机制和劣质黏结相（如渣键连接、玻璃质）的形成与控制机制，保证球团矿充分氧化和高强度固结、改善人工磁铁精矿球团矿机械强度和冶金性能的理论依据。

因此，需进一步揭示人工磁铁精矿的成球规律，明确人工磁铁精矿球团干燥、氧化和固结的热力学条件，优化人工磁铁矿生球干燥脱水作用机制，建立人工磁铁矿氧化动力学模型，在与天然磁铁矿成球基础理论进行比较的基础上，构建人工磁铁精矿氧化球团制备的基础理论体系，研究改善人工磁铁矿表面活性和成球性能的原料预处理策略。同时，还需阐明温度、气氛等热工参数[142]对人工磁铁矿球团干燥、氧化固结和冷却的影响规律，为从人工磁铁精矿制备高品位、高强度和优良冶金性能的氧化球团矿提供理论指导和技术支撑。

4.2.1 黏结剂的影响

为提高生球强度，满足球团生产要求，在造球原料中需加入一定量的黏结剂[143]。目前，球团黏结剂主要分为无机类、有机类和复合类三种。无机类黏结剂主要为黏土类矿物、消石灰等，其中膨润土是国内外应用最为广泛的黏结剂[144,145]。其具有持水性好、廉价易得等优点，但如果膨润土添加量过高，则会引入硅、铝等杂质，降低成品球的铁品位。有机类黏结剂主要包括纤维素类物质及一些有机聚合物，其中以羧甲基纤维素（CMC）和佩利多最为常见。有机类黏结剂可以在球团生产的高温环境中挥发，因而对成品球的铁品位影响较小，但是其成本高且热稳定性差，会降低预热球和成品球的强度，产生大量碎球和粉末，恶化窑内环境。近年来，科研工作者综合上述两种黏结剂的优缺点，将膨润土和有机物通过一定方式复配，开发出了新型的复合黏结剂。复合黏结剂中的有机组分可以提高黏结剂的黏结能力，大幅度降低造球过程中的黏结剂用量。同时，复合黏结剂内的膨润土组分具有良好的持水性和热稳定性，可以保证生球在干燥、预热过程中不易破裂[146]。为了探究黏结剂的种类和用量对人工磁铁精矿成球性能的影响，选取膨润土和复合黏结剂作为造球黏结剂，对人工磁铁精矿的成球性能做了系统研究。

4.2.1.1 膨润土

膨润土是一种黏土矿物，主要由蒙脱石构成。它特有的层状结构具有很强的吸水性，可以增加铁精矿的成球性，提高混合料的亲水性，也可以通过提高物料颗粒间的黏结力来增加混合颗粒间的内摩擦力，从而提高生球强度。通常根据被吸附的钠（Na^+）和钙（Ca^{2+}）离子数量来进行分类：

$\sum Na^+ / \sum Ca^{2+} > 1.2$ 称为钠质膨润土；

$\sum Na^+ / \sum Ca^{2+} < 1$ 称为钙质膨润土；

介于它们之间的称为 Na-Ca 质或 Ca-Na 质膨润土。

表 4-11 和表 4-12 为武钢程潮铁矿球团用膨润土的化学组成及理化性能。

表 4-11　武钢程潮铁矿球团用膨润土的化学组成（质量分数）　　　单位：%

成分	SiO_2	Al_2O_3	Fe_2O_3	CaO	MgO	K_2O	Na_2O	TiO_2	SO_3	P_2O_5
宏华	57.32	15.10	7.29	3.41	2.72	1.23	1.21	1.39	0.020	0.38
富湖	64.15	15.46	3.57	1.94	2.91	1.24	2.10	0.88	0.027	0.16

成分	MnO	ZnO	SrO	ZrO_2	BaO	Cl	烧失			
宏华	0.10	0.011	0.033	0.027	0.053	0.022	9.51			
富湖	0.11	0.010	0.026	0.030	0.043	0.12	7.02			

表 4-12　武钢程潮铁矿球团用膨润土的理化性能

原样名称	吸蓝量 /(g/100g)	吸水率 /%	胶质价 /(mL/15g)	膨胀容 /(mL/g)	75μm 通过率 /%	水分 /%
宏华	27.59	145	99.8	8.5	96.4	11.20
富湖	27.19	135	100.0	12.5	98.6	10.85

原样名称	膨润值 /(mL/3g)	膨胀指数 /(mL/2g)	湿压强度 /kPa	CEC /(mmol/100g)
宏华	19.1	5.5	25.6	46.46
富湖	29.2	8.0	27.9	45.45

富湖膨润土的 SiO_2 含量高于宏华膨润土的 SiO_2 含量，宏华膨润土较富湖膨润土烧失量更大，具有更好的层状结构，且宏华膨润土的 Fe_2O_3 含量高于富湖膨润土的 Fe_2O_3 含量，有利于保证最终成品球团的品位。

根据膨润土分类标准，程潮球团用宏华膨润土和富湖膨润土均属于 Na-Ca 质膨润土。

从表 4-12 中可以看出富湖膨润土和宏华膨润土的吸蓝量与胶质价相近，说明两者的蒙脱石含量相近；从膨胀性能来看，富湖膨润土的膨胀容要高于宏华膨润土，表明其吸水性、吸附性好。

其他国家一般利用其他的检测指标（膨润值、阳离子交换容量）来表征膨润土质量与生球质量的关系。一般来说，生产中倾向于使用膨润值较高的膨润土作为黏结剂，有助于提高生球的塑性强度、落下强度。从检测结果上看，富湖膨润土的膨润值高于宏华膨润土，具有一定的优势。

富湖膨润土和宏华膨润土的阳离子交换容量检测指标相差不大。阳离子交换容量（CEC）是综合评价膨润土的重要技术指标之一，一般用来标定膨润土品位（蒙脱石相对含量）和划分膨润土类型。交换容量越高，表示膨润土中蒙脱石含量越多。阳离子交换容量与膨润土的比表面积具有很高的对应关系，是衡量膨润土吸附能力的重要指标，与膨润土吸附作用的能力密切相关。

富湖膨润土和宏华膨润土的差示扫描量热法（differential scanning calorimetry，DSC）分析见图 4-10、图 4-11。

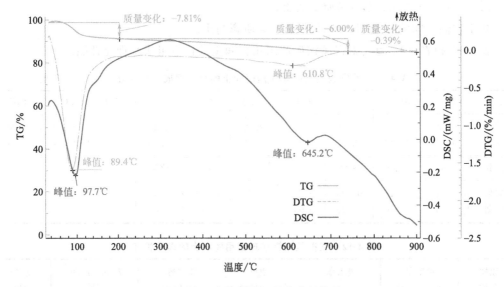

图 4-10　富湖膨润土差热分析结果

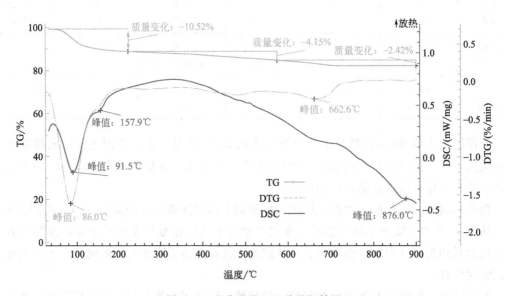

图 4-11　宏华膨润土差热分析结果

TG（热重分析）曲线表示样品质量随温度变化而变化的情况，其横轴为温度，纵轴为质量变化百分比。由 TG 曲线可以看出，样品失重分为两阶：一阶在 90℃ 开始失重，150℃ 时失重结束，失重 7%～10%，失重速率较快；二阶失重是从 150℃ 到 650℃，失重 6%～10%，失重速率较慢。TG 曲线可以显示出样品在失重过程中的相对温度范围，对 TG 曲线进行微分可得到 DTG 曲线，能表示出样品的失重速率。由样品 DTG 曲线可以看出从 60℃开始，随着温度升高，样品失重速率越来越大，在 90℃时样品失重速率最大，随后失重速率逐渐减小，700℃时失重速率为零，即失重结束。在 700℃之后失重速率基本为零，即 700℃以后矿样在温度升高的过程中有微量失重。

DSC 曲线表示的是输入到试样和参比样品的热流量差或者功率差与温度或者时间的关系，可以提供物理、化学变化过程中有关的吸热、放热、热容变化等定量或定性的信息。图 4-10、图 4-11 中凸起的峰为放热反应，反方向的峰为吸热反应；富湖膨润土在 97.7℃时出现谷值，宏华膨润土在 91.5℃时出现谷值，表现为吸热反应，结合 TG 曲线可知在一阶失重时完成脱水过程，脱水过程中失重分别为 7.81%、10.52%，整个相变过程（0～900℃）的失重率分别为 14.20%、18.69%。

粉料造球时如果膨润土用量过低、混合料吸水能力差、颗粒之间没有足够的黏结力，将导致生球强度差、粉末多，会恶化球团焙烧条件；如果膨润土用量过大，会使混合料黏结在一起，导致生球粒级过宽，且合格生球不易排出，降低最终成品球团的铁品位，故膨润土应有合适的配比。在特定条件下，选取不同的膨润土含量，分别对铁精矿进行了造球试验，考察添加膨润土含量对生球物理特性的影响。

1）膨润土用量对生球抗压强度的影响

由表 4-13、表 4-14、图 4-12 可以看出，当膨润土用量为 1.5% 时，人工磁铁矿生球的抗压强度就已经达到工业要求（生球的抗压强度标准为 8～10N/个）。但是随着膨润土用量的增加，生球抗压强度的变化不大。从表 4-14 中可以看出，随着膨润土用量的增加，生球的抗压和落下强度都呈上升的趋势，在添加 1.5% 膨润土的条件下，生球的抗压强度就能达到 16.3N/个，符合工业生产要求。相比天然磁铁矿，人工磁铁矿的比表面积更大，成球性指数更高，只需较少的黏结剂，生球就能达到较高的机械强度。

表 4-13 膨润土用量对天然磁铁矿生球质量的影响

膨润土用量/%	生球抗压强度/(N/个)	生球落下强度/(次/0.5m)	生球水分/%	爆裂温度/℃
1.5	13.31	2.0	7.69	474
2.0	13.32	2.4	7.27	498
2.5	14.32	3.3	7.14	525
3.0	14.78	3.9	7.37	541
3.5	15.49	4.6	7.46	552

表 4-14 膨润土用量对人工磁铁矿生球质量的影响

膨润土用量/%	生球抗压强度/(N/个)	生球落下强度/(次/0.5m)	生球水分/%	爆裂温度/℃
1.5	16.30	8.4	15.25	225
2.0	17.20	10.0	15.73	230
2.5	19.13	14.1	16.10	255
3.0	19.45	15.5	15.63	270
3.5	21.52	26.1	16.35	290

上述结果表明，生球内部的颗粒是靠毛细力、吸附力等物理力黏结在一起的。膨润土在造球混合料中的作用是增加混合料的亲水性和比表面积，增加膨润土用量，可以使混合料颗粒间的毛细压力增大，有利于提高生球强度。同时膨润土用量增加，也可使颗粒间的连接更加牢固，加快了颗粒间分子的传递作用，使黏结能力增大。

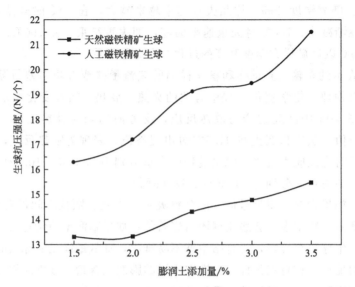

图 4-12　膨润土用量对生球抗压强度的影响

2）膨润土用量对生球落下强度的影响

由表 4-13、表 4-14、图 4-13 可以看出，在其他条件不变，随着膨润土用量的增加，生球的落下强度逐渐提高。当膨润土用量为 3％时，天然磁铁矿生球的落下强度为 3.9 次/0.5m，但是实验室要求的生球落下强度一般在 4 次/0.5m 以上，所以应对造球水分和造球时间、造球机转速等条件进行优化，以提高生球落下强度。从表 4-14 中可以看出，相比天然磁铁矿生球，人工磁铁矿生球的落下强度大幅提高，在添加 1.5％膨润土的条件下，落下强度就已达到 8.4 次/0.5m。这是因为人工磁铁矿在比表面积等原料特性上优于天然磁铁矿，更适于造球。

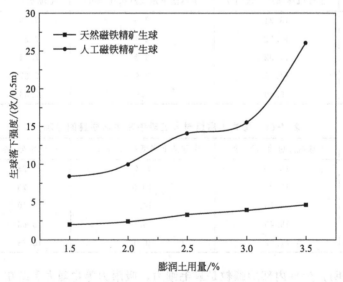

图 4-13　膨润土用量对生球落下强度的影响

3）膨润土用量对爆裂温度的影响

大量研究结果表明，增加膨润土用量会提高生球爆裂温度。其原因有以下几个方面：

第一，膨润土特有的层状结构使之具有很强的吸水性，能够保持住生球内部的水分，减慢水分迁移到生球表面的时间，并减慢生球内部水分蒸发的速度，从而降低生球内的蒸汽压。

第二，由于膨润土具有很强的黏结力，因此加入膨润土后，生球内部颗粒之间的黏结力增强，有利于干球强度的提高。这是添加膨润土能提高生球爆裂温度的主要原因。

第三，加入膨润土可以增加生球孔隙率，水分通过这些孔道更易排出。

从表 4-13、表 4-14、图 4-14、图 4-15 中可以看出，两种磁铁矿的生球爆裂温度规律相似，都是随着膨润土用量的增加而增高。其中天然磁铁矿生球的爆裂温度可以达到 450℃ 以上，满足工业生产要求；而人工磁铁矿球团的机械强度较天然磁铁矿球团更高，但是由于人工磁铁矿的最大毛细水更高，造球时需要添加更多的水，导致生球水分较多，其生球爆裂温度远低于天然磁铁矿球团。在 3.5% 膨润土高用量的条件下，人工磁铁矿生球的爆裂温度仅有 290℃，需要优化其他造球参数，以提高生球爆裂温度。

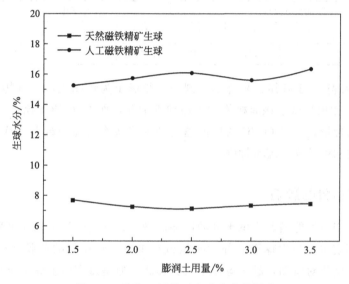

图 4-14　膨润土用量对生球水分的影响

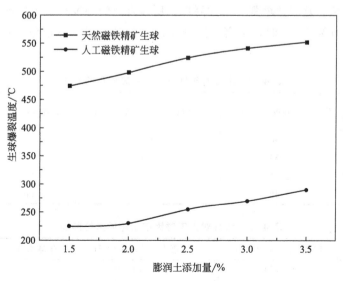

图 4-15　膨润土用量对生球爆裂温度的影响

4.2.1.2 复合黏结剂

复合黏结剂是膨润土和有机物通过一定方式耦合制备而成的。现阶段，科研工作者普遍认为复合黏结剂与铁精矿表面的作用机理为阳离子键桥、范德瓦尔斯力、静电吸附、氢键以及配位交换[147,148]。同时，复合黏结剂中的膨润土成分依然可以提供一定的持水性，使得生球具有良好的热稳定性，在干燥预热过程中不易破裂。表 4-15 和表 4-16 分别为复合黏结剂中膨润土和有机物的化学组成。

表 4-15　膨润土的化学成分　　　　　　　　　　　　　单位：%

成分	Al_2O_3	SiO_2	Fe_2O_3	TiO_2	CaO	MgO	Na_2O	K_2O	P_2O_5	烧失
含量	15.96	58.48	6.31	0.96	4.19	2.98	0.87	0.98	0	9.27

表 4-16　有机物的元素组成、原子比及灰分含量

元素组成（质量分数）/%					原子比			灰分 /%
C	H	O	N	S	H/C	O/C	(N+O)/C	
52.80	3.24	41.70	1.13	1.13	0.736	0.592	0.611	4.23

由表 4-15 和表 4-16 可知，复合黏结剂中的膨润土为钙基土，有机物组成主要为碳、氢、氧，H/C 的比值反映了该有机物的不饱和度情况，而 O/C 原子比在一定程度上说明了含氧官能团的含量，(N+O)/C 的比值越高则说明亲水官能团越多。从表中可以看出，该有机物的不饱和度较高、疏水性强。

4.2.2　造球水分的影响

生球的塑性变形性能随着生球水分的增加而增强，这是因为生球含水量大时，内部颗粒间附有大量薄膜水，当生球受到外力挤压或冲击时，颗粒间的薄膜水可以起到润滑作用，使颗粒间产生相对滑动，故生球落下次数提高。但是过多的生球水分会降低生球的抗压强度，这是因为过高的生球水分会导致物料颗粒间的薄膜水过多，使得物料颗粒不紧密，造成生球塑性、延展性增强，刚性降低。所以合适的湿度是决定生球质量的关键性因素。在膨润土用量为 2.5% 时，考察了造球添加水分含量对生球质量的影响，如表 4-17、表 4-18 所示。

表 4-17　水分对天然磁铁矿生球质量的影响

铁精矿中添加水分含量/%	生球抗压强度/(N/个)	生球落下强度/(次/0.5m)	生球水分/%	爆裂温度/℃
6	13.68	3.1	5.66	601
7	13.59	3.1	6.48	579
8	12.51	3.7	7.00	546
9	12.42	3.5	8.00	532

表 4-18　水分对人工磁铁矿生球质量的影响

水分添加量/%	生球抗压强度/(N/个)	生球落下强度/(次/0.5m)	生球水分/%	爆裂温度/℃
9	18.14	11.1	14.41	275
10	18.13	11.9	14.82	260

水分添加量/%	生球抗压强度/(N/个)	生球落下强度/(次/0.5m)	生球水分/%	爆裂温度/℃
11	18.05	13.7	15.09	240
13	16.09	15.1	15.39	230
15	14.70	17.6	15.83	220

1）水分添加量对生球抗压强度的影响

由表4-17、表4-18和图4-16可以看出，随着水分含量的增加，两种磁铁精矿生球的抗压强度都呈下降的趋势。生球内部颗粒间的薄膜水会随着生球水分的增加而增加，较薄的薄膜水可以使颗粒间的距离变小，颗粒间薄膜水的厚度越小，薄膜水产生的吸附力越大，矿粒就越不易发生相对移动。但如果薄膜水的厚度过大，生球的塑性就会变强，而刚性变弱。因此，生球的抗压强度取决于生球内部薄膜水层的厚度[149]。

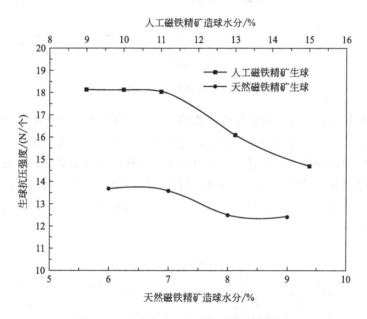

图4-16 造球水分对生球抗压强度的影响

2）水分添加量对生球落下强度的影响

由表4-15、表4-16、图4-17可以看出，随着水分的增加，两种磁铁矿的生球落下强度都增大。这是因为造球过程中，水分会在造球原料颗粒周围吸附，形成吸附水，继续添加水分，继而形成薄膜水。薄膜水可以增加颗粒间的黏结力，从而提高生球强度。再继续添加水分，物料颗粒间就会形成毛细水，对颗粒的成核起主导作用。水分含量越高，物料的塑性就越大，颗粒之间的毛细力随之增大，生球的机械强度升高。但是如果颗粒间毛细水过多，会增加颗粒间的润滑性，导致颗粒间内摩擦力减小，颗粒变得易于滑动，降低生球强度。

3）造球水分对生球爆裂温度的影响

从表4-17、表4-18、图4-18、图4-19中可以看出，随着水分添加量的增加，两种生球的爆裂温度都呈下降的趋势。这是因为生球内部的水分增加后，干燥时，在高温状态下，生球内部产生的水蒸气过多，难以及时排除，在生球内部产生过高的蒸汽压，当蒸汽

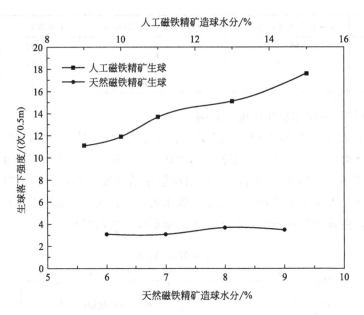

图 4-17 造球水分对生球落下强度的影响

压超过生球的抗拉伸强度后，便会导致生球破裂[150]。但是人工磁铁矿生球的爆裂温度较天然磁铁矿生球更低，这是因为人工磁铁矿的比表面积和亲水性都比天然磁铁矿要高。比表面积大导致生球内颗粒之间很紧密，孔隙变小，干球的孔隙率降低。这样在干燥时，水蒸气排出的通道较少，导致生球内部蒸汽压增高，生球更易破裂。而亲水性的增加，会导致在造球时，需要添加更多的水分，这样生球内部的水分增多，干燥时内部的蒸汽压也会增大，撑破生球。

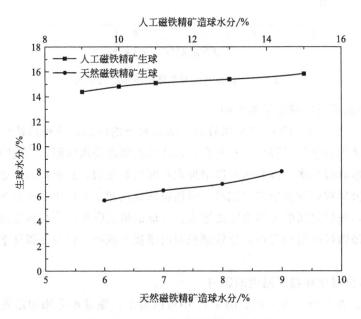

图 4-18 造球水分对生球水分的影响

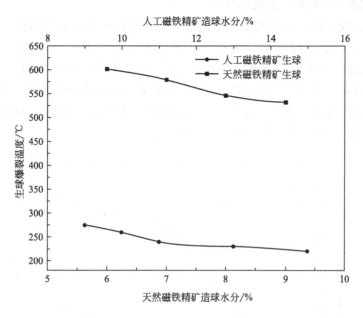

图 4-19　造球水分对生球爆裂温度的影响

4.2.3　造球时间的影响

造球时间会影响生球的质量和球团产量，一般视原料特性而定，包括原料的成球性及粒度和粒级分布。造球时间适当延长，可以使生球内部颗粒间隙缩小，降低生球内部孔隙率，使生球变得更加紧密，增加颗粒的接触面积，在后续的焙烧环节中有利于固相的扩散和再结晶反应进行。但是如果持续延长造球时间，不仅会降低产量，还会使得生球内部孔隙率更小，在高温干燥时，内部的水蒸气难以排除，降低生球爆裂温度。在特定条件下，考察了造球时间对生球质量的影响，如表 4-19、表 4-20 所示。

表 4-19　造球时间对天然磁铁矿生球质量的影响

造球时间/min	生球抗压强度/(N/个)	生球落下强度/(N/0.5m)	生球水分/%	爆裂温度/℃
12	11.85	2.8	7.00	572
15	12.42	3.2	7.36	553
18	12.80	3.9	7.37	541
21	13.35	4.1	6.93	531
24	14.64	4.8	6.83	513

表 4-20　造球时间对人工磁铁矿生球质量的影响

造球时间/min	生球抗压强度/(N/个)	生球落下强度/(次/0.5m)	生球水分/%	爆裂温度/℃
12	13.60	11.1	15.09	275
15	14.31	13.3	15.30	255
18	18.69	14.0	15.33	245
21	19.41	14.2	15.49	240
24	20.75	21.2	14.78	225

1）造球时间对生球抗压强度的影响

从表 4-19、表 4-20、图 4-20 中可以看出，两种磁铁矿生球的抗压强度都随着造球时间延长而增大，在造球时间为 12min 时，生球的抗压强度分别达到了 11.85N/个和 13.60N/个，达到了工业生产的要求。造球的过程是颗粒不断紧密的过程，随着造球时间的延长，使得颗粒之间的连接越发紧密，铁精矿颗粒之间的孔隙度降低，颗粒之间的距离减小，颗粒之间的摩擦力增大。同时，随着颗粒之间紧密的时间延长，颗粒间的毛细力也增大，因此随着造球时间的延长，生球的抗压强度增大。

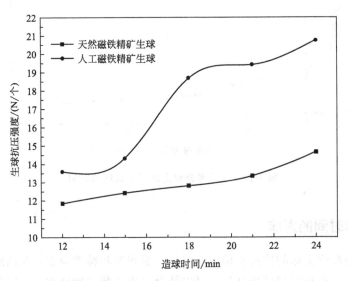

图 4-20　造球时间对生球抗压强度的影响

2）造球时间对生球落下强度的影响

从表 4-19、表 4-20、图 4-21 中可以看出，随着造球时间的延长，两种磁铁矿生球的落下强度也随之增大。与之前的规律类似，在相同的造球时间下，人工磁铁矿生球的落下强度要远超天然磁铁矿。这是因为人工磁铁矿在比表面积等原料特性方面要优于天然磁铁

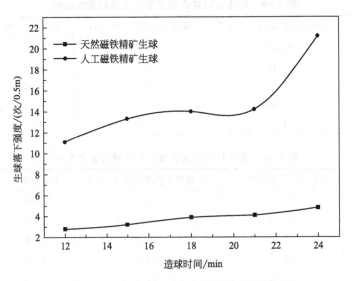

图 4-21　造球时间对生球落下强度的影响

矿，随着造球时间的延长，生球孔隙率降低，颗粒间毛细力会更加明显，导致人工磁铁精矿生球的机械强度更优。同时注意到，造球时间对于两种生球水分的影响不大（图 4-22），在相同的造球时间下，人工磁铁精矿生球水分要远高于天然磁铁矿生球，这也使得生球颗粒间的毛细作用力更强，提高了人工磁铁精矿生球的机械强度。

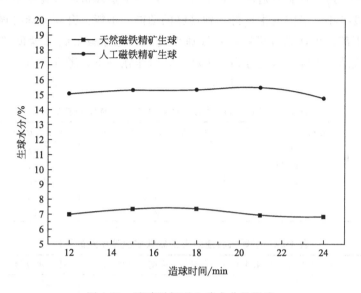

图 4-22　造球时间对生球水分的影响

3）造球时间对生球爆裂温度的影响

从表 4-19、表 4-20、图 4-23 中可以看出，当造球时间从 12min 延长到 24min 时，两种磁铁矿生球的爆裂温度都下降了 50℃ 左右。这是因为随着造球时间的延长，生球孔隙率降低，生球变得更加紧密，所以生球在高温下干燥时，内部的水分蒸发产生的水蒸气没有足够的孔道扩散出来，增大球团内部的蒸汽压，当内部蒸汽压超过干球的抗张强度时，便会撑破生球，生球爆裂温度降低。

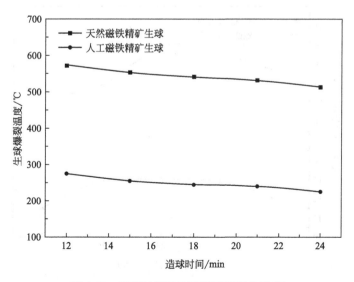

图 4-23　造球时间对生球爆裂温度的影响

4.2.4 造球机转速的影响

工业生产中造球机的主要可调参数是倾角和转速。一般造球机的倾角很少改变，主要靠调节造球机的转速来控制其造球工艺条件。一般要求造球机的线速度要在 2.0～2.5m/s 之间。若线速度过小，盘内的生球得不到足够的动能，不能上升到造球机顶部，造成原料集中在造球机下部，生球难以紧密；若线速度过大，生球被带到球盘顶部，落下时会粉化，造成生球成球率下降，且生球强度下降。在特定条件下，考察了造球机转速对生球物理特性的影响，如表 4-21、表 4-22 所示。

表 4-21　造球机转速对天然磁铁矿生球质量的影响

造球机转速/(r/min)	生球抗压强度/(N/个)	生球落下强度/(次/0.5m)	生球水分/%	爆裂温度/℃
20	11.89	2.8	7.13	534
22	12.88	3.0	7.12	523
24	12.98	3.7	7.13	514
26	12.89	3.3	7.23	504
28	11.51	3.1	7.26	487

表 4-22　造球机转速对人工磁铁矿生球质量的影响

造球机转速/(r/min)	生球抗压强度/(N/个)	生球落下强度/(次/0.5m)	生球水分/%	爆裂温度/℃
20	18.56	9.3	14.95	273
22	19.58	10.8	15.83	254
24	19.91	13.67	15.17	241
26	17.92	9.9	13.35	235
28	17.41	9.4	14.02	229

1）造球转速对生球抗压强度的影响

从表 4-21、表 4-22、图 4-24 中可以看出，随着造球机转速的增加，生球的抗压强度先增大，转速为 24r/min 时达到峰值后又减小。在造球转速为 24r/min 时，天然磁铁矿和人工磁铁矿生球的抗压强度分别达到了 12.98N/个和 19.91N/个。在造球过程中，为了制

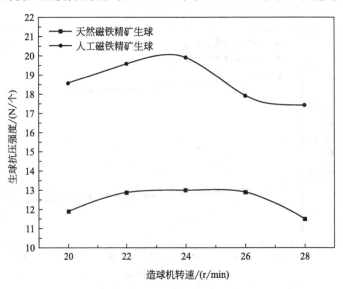

图 4-24　造球机转速对生球抗压强度的影响

取合格的生球，必须使细粒物料处于滚动状态，为此，圆盘造球机需要有一个合适的工作转速。转速过低，物料难以被带到造球机上部，不能产生相对滚动，成球困难；转速过高，则物料被带动向上，而且由于离心力的作用，生球在达到顶部时，自由落下，与造球机边缘发生碰撞，部分质量较差的生球会破碎，增加了生球粉化率。为了保证生球的质量，合适的工作转速应为临界转速的55%～60%。

2）造球机转速对生球落下强度的影响

从表4-21、表4-22、图4-25中可以看出，两种磁铁矿生球的落下强度规律与抗压强度相似，先增大后减小，在24r/min时达到峰值。这也是因为在一个合适的转速时，生球在圆盘造球机上上升到合适的高度，沿造球机边缘滚动，使得生球内部颗粒逐渐紧密起来。造球机的转速过快或者过慢都会影响生球质量。

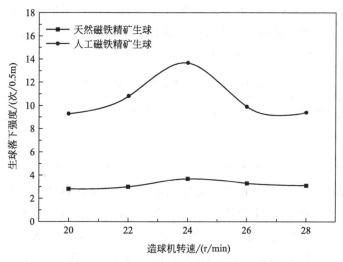

图4-25 造球机转速对生球落下强度的影响

3）造球机转速对生球爆裂温度的影响

从表4-21、表4-22、图4-26中可以看出，随着造球机转速的增加，两种磁铁矿生球

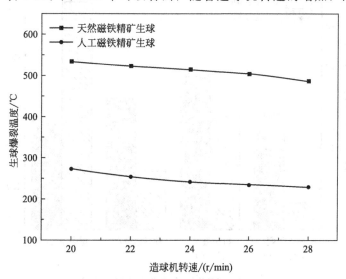

图4-26 造球机转速对生球爆裂温度的影响

的爆裂温度都呈下降的趋势。这是因为造球机的转速越快，生球被带离的高度就越高，下落时的速度也就越快，生球在下落时与造球机边缘产生碰撞，使生球的结构趋于松散，干燥时，在较低温度下即发生破裂。

4.3 不同磁铁精矿的成球性差异

为了探究两种磁铁精矿的成球性差异，在膨润土添加量 2.5%、天然磁铁精矿造球水分 9%、人工磁铁精矿造球水分 11%、造球时间 18min（母球生成时间为 2min，母球长大时间为 12min，生球紧密时间为 4min）的适宜条件下进行了造球试验。经筛分后，取 10 个合格粒径的生球测其抗压与落下强度；取合格生球 50 个，爆裂温度为爆裂率 4% 条件下的最高温度。这些球团矿指标见表 4-23。

表 4-23 两种铁精矿成球性能的比较

铁精矿	落下强度/(次/0.5m)	抗压强度/(N/个)	生球水分/%	爆裂温度/℃
天然磁铁精矿	3.3	14.3	7.14	525
人工磁铁精矿	14.1	19.1	16.10	255

从表 4-23 和图 4-27 中可以看出，这两种磁铁精矿的成球性能差异明显。在同样的成球条件下，人工磁铁精矿生球的落下强度和抗压强度分别可以达到 14.1 次/0.5m 和 19.1N/个，高于天然磁铁精矿生球的 3.3 次/0.5m 和 14.3N/个，人工磁铁精矿生球的机械强度较高。在生球水分方面，人工磁铁精矿的生球水分达到了 16.10%，天然磁铁精矿的生球水分只有 7.14%，这样导致了人工磁铁精矿生球的爆裂温度只有 255℃，远低于天

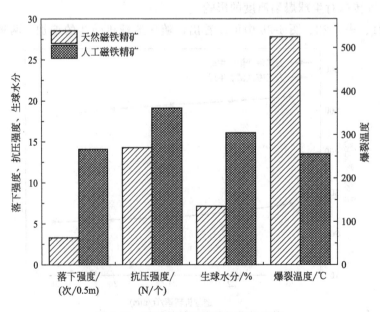

图 4-27 两种铁精矿成球性能的比较

然磁铁精矿生球的 525℃，达不到工业生产的要求。

人工磁铁矿表面润湿性分析如下：人工磁铁矿反浮选得到的精矿与尾矿之间的接触角相差 10°，而天然磁铁矿反浮选得到的精矿与尾矿的接触角相差 20°，相差近 10°；并且，润湿热也相差较大，在 70% 以上。T. H. Etsell 等以加拿大阿尔伯塔北部油砂为研究对象，对焙烧后的钛铁矿、赤铁矿和油砂进行了磁性研究，发现在 500~1000℃ 范围内，随着氧化焙烧温度的升高，钛铁矿的磁化系数增大，钛铁矿氧化焙烧过程中有赤铁矿新相生成，在 800℃ 还原焙烧钛铁矿时，其磁化系数也增大；氧化焙烧不能改变赤铁矿的磁化系数，还原焙烧能提高赤铁矿的磁化系数。E. Potapova 等对天然磁铁矿颗粒和人工磁铁矿颗粒的表面性质进行了研究，发现尽管天然磁铁矿颗粒与人工磁铁矿颗粒的表面性质和表面形态不同，但它们对钙离子、可溶性硅酸盐、阴离子羧酸盐表面活性剂、聚丙烯酸酯聚合物的吸附趋势是相同的，接触角也说明了同样的问题；与天然磁铁矿相比，人工磁铁矿的润湿性更好。因此，含水的人工磁铁矿更易成团，这可能会有利于球团强度的增强。

从成球性能来说，人工磁铁精矿在比表面积、表面形态、润湿性和成球指数等方面较天然磁铁精矿具有优势，带来了更高的生球机械强度。由于人工磁铁精矿是经过高温焙烧而来的，其表面较天然磁铁精矿更为粗糙，比表面积更大，在成球过程中，添加的水分吸附在造球原料周围，形成吸附水，继续添加水分，继而形成薄膜水。薄膜水可以增加颗粒间的黏结力，从而提高生球强度。水分继续增多，物料颗粒间就会形成毛细水，对颗粒的成核起主导作用。水分含量增高，物料的塑性就增大，颗粒之间的毛细力也就增大，生球的机械强度也就升高。但是由于人工磁铁精矿的亲水性更好，导致其生球水分远大于天然磁铁精矿。这样在干燥时，在高温状态下，生球内部产生的水蒸气较多，难以及时排除，在生球内部产生较高的蒸汽压，当蒸汽压超过生球的抗拉伸强度后，便会导致生球破裂。同时，人工磁铁精矿的比表面积和亲水性都比天然磁铁精矿要高，比表面积大导致生球内颗粒之间很紧密，孔隙变小，干球的孔隙率降低。这样在干燥时，水蒸气排出的通道较少，导致生球内部蒸汽压增高，生球更加易破。

4.4　混合磁铁精矿成球

天然磁铁精矿的比表面积较小、成球性能较差，人工磁铁精矿的生球水分较高、生球爆裂温度较低。为了改善铁精矿的成球性能，提高生球指标，考虑将两种铁精矿按比例进行混合，以弥补上述缺点。

在膨润土添加量 2.5%、造球水分 10%、造球时间 18min（母球生成时间为 2min，母球长大时间为 12min，生球紧密时间为 4min）的适宜条件下，选取不同的人工磁铁精矿添加量（20%、40%、60%、80%）进行试验，考察了添加人工磁铁精矿的比例对成球性能的影响，如表 4-24 所示。

表 4-24 不同人工磁铁精矿比例下的生球质量

人工矿添加量/%	生球落下强度/(次/0.5m)	生球抗压强度/(N/个)	生球水分/%	爆裂温度/℃
20	5.0	13.2	8.92	530
40	7.8	15.3	10.69	440
60	11.0	15.7	12.08	360
80	13.2	16.3	14.13	325

从表 4-24、图 4-28、图 4-29 中可以看出，随着人工磁铁精矿比例的上升，生球机械强度逐渐提高，生球水分也逐渐提高，爆裂温度随之降低。当人工磁铁精矿的比例超过 40%，生球爆裂温度已经下降到 440℃以下，达不到竖炉生产 500℃的爆裂温度要求，仅可以满足链箅机-回转窑和带式焙烧机球团生产要求。在 20%的人工磁铁精矿比例下，生球落下强度为 5.0 次/0.5m，达到了工业生产 4.0 次/0.5m 的一般要求；生球抗压强度为 13.2N/个，也超过了工业生产 10.0N/个的基本要求。综合生球各项指标，推荐 20%的人工磁铁精矿比例。混合精矿的生球各项指标基本处于两种单一磁铁精矿生球的指标中间，说明在混合后，两种磁铁精矿生球的成球性能得到了互补，添加的一部分人工磁铁精矿能很好地填补天然磁铁精矿比表面积较小的不足，增加造球原料的表面活性和亲水性，使得成球过程中造球原料可以附着更多的薄膜水；薄膜水可以增加颗粒间的黏结力，从而提高生球强度。但是混合精矿由于大部分都是天然磁铁精矿，其亲水性又没有单一的人工磁铁精矿那么大，因此生球水分相比于人工磁铁精矿较低，在干燥过程中生球内部蒸汽压较小，生球不易破裂。

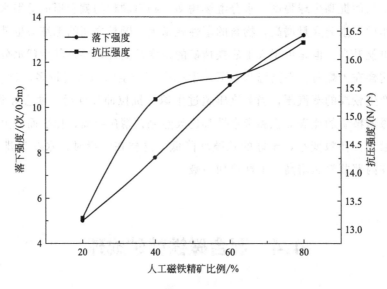

图 4-28 人工磁铁精矿配比对生球质量的影响

人工磁铁精矿的比表面积、成球指数等指标优于天然磁铁精矿。人工磁铁精矿的生球落下及抗压强度为 14.1 次/0.5m 和 19.1N/个，而天然磁铁精矿的生球最高仅为 3.3 次/0.5m 和 14.3N/个。人工磁铁精矿的生球水分（17%）高于天然磁铁精矿（9%），爆裂温度只有 255℃，天然磁铁精矿的生球爆裂温度可达 525℃。用 80%天然磁铁矿加 20%人工磁铁精矿造球，生球的落下及抗压强度可以达到 5.0 次/0.5m 和 13.2N/个，爆裂温度达到 530℃以上，满足工业生产要求。

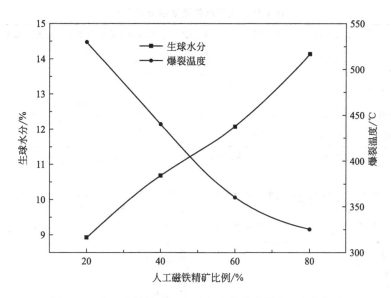

图 4-29　人工磁铁精矿配比对生球水分及爆裂温度的影响

可以看出，人工磁铁精矿配加天然磁铁精矿的混合精矿造球，生球落下强度、抗压强度和热稳定性等成球性能得到了有效改善，可以作为一种造球原料应用于铁矿造块。

4.5　润磨对人工磁铁精矿成球性能的影响

国内球团厂为提高铁精矿的细度和比表面积、降低膨润土用量、提高生球质量、改善铁精矿的成球性和球团预热焙烧性能，一般在造球之前增设润磨或辊磨预处理活化工艺[151~153]。中南大学的朱德庆[154]、黄柱成[155]等就润磨预处理对天然磁铁矿生球质量的影响和作用机理做了相关研究，认为润磨处理作为一种机械活化作用能够将一部分机械能转化为自由能，通过破坏晶体结构，使物料非晶化，改变物料比表面积晶粒大小等参数，同时使物料内部破裂形成大量的晶格缺陷，增强物料的表面活性，从而降低反应所需的活化能，促进焙烧过程中的质点迁移和连接颈的形成，降低球团生产能耗。由于人工磁铁矿与天然磁铁矿在晶体结构方面差异较大，表面活性、比表面积、颗粒形貌和粒度等性能不同，而这些因素对磁铁精矿球团的成球性具有决定性影响。因此，有必要对润磨预处理对人工磁铁矿球团的影响进行探索，为优化人工磁铁矿球团生产工艺参数提供依据。

4.5.1　润磨对磁铁精矿表面性质的影响

成球性是造球物料的一个综合指标，它受造球物料的矿物成分、表面特性、黏结力及内摩擦力等因素的综合影响。其判断的主要指标是物料成球后的机械强度以及在规定造球时间内的球团直径和水分[154]。福建人工磁铁精矿和酒钢人工磁铁精矿润磨预处理前后的性质变化见表 4-25[155]，预处理前后的粒度分析如图 4-30 所示。

表 4-25　人工磁铁精矿的物理性质

精矿种类		比表面积 /(cm²/g)	真密度 /(g/cm³)	堆密度 /(g/cm³)	孔隙率 /%	最大分子水 /%	最大毛细水 /%	成球性指数 K
酒钢	预处理前	2349.3	4.11	1.38	66.42	8.47	20.93	0.68
	预处理后	2914.8	4.11	1.53	62.77	8.58	20.75	0.71
福建	预处理前	2572.3	4.12	1.35	67.23	20.02	38.80	1.07
	预处理后	3251.4	4.12	1.50	63.59	20.20	34.75	1.39

注：孔隙率 $\varepsilon = (1 - 堆密度/真密度) \times 100$；成球指数 $K =$ 最大分子水/(最大毛细水 - 最大分子水)。

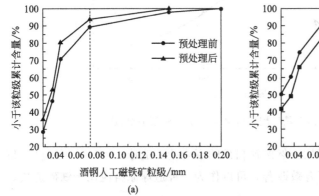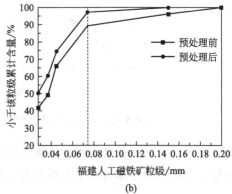

图 4-30　人工磁铁精矿预处理前后的粒度分析

　　结合表 4-25 和图 4-30 分析，酒钢人工磁铁矿小于 0.074mm 粒级的质量分数为 89.4%，福建人工磁铁矿小于 0.074mm 粒级的质量分数为 89.24%，均大于 85%，属于优质球团铁精矿原料；磁铁精矿微细粒的质量分数增加，生球中颗粒堆积得更加紧密，减少了球团内部孔隙度，增大了接触面积，同时表面不规则程度增加，固相扩散反应更易进行。润磨预处理后两种人工磁铁精矿的比表面积显著增加，酒钢人工磁铁精矿的比表面积较润磨预处理前升高了 565.5cm²/g，福建人工磁铁精矿的比表面积较润磨预处理前升高了 679.1cm²/g。一方面是因为经润磨预处理后物料粒度变细；另一方面是因为物料经润磨预处理后颗粒形貌发生了变化，表面裂纹增多[156]。比表面积是衡量铁精矿物料粒度粗细的另一重要指标，且能反映颗粒表面形状特征，比表面积越大，成球性能越好，通过润磨工艺对人工磁铁精矿预处理有利于提升其成球性能。此外，润磨之后物料表面形态的不规则程度增大，更有利于成球[157]。

　　润磨预处理后的两种磁铁精矿真密度均无变化，但是其堆密度较润磨前增大，因此磁铁精矿的孔隙率降低，进而可以提高生球质量[158]。酒钢人工磁铁精矿润磨后的最大分子水较润磨前提高了 0.11%，最大毛细水较润磨前降低了 0.18%，成球性指数 K 为 0.71（较润磨前提高 0.03%），属于优等成球性原料；福建人工磁铁精矿润磨预处理后的最大分子水较润磨前提高了 0.18%，最大毛细水较润磨前降低了 4.05%，成球性指数 K 为 1.39（较润磨前提高 0.32），也属于优等成球性原料。

4.5.2　润磨对磁铁精矿生球性能的影响

　　以酒钢人工磁铁精矿和福建人工磁铁精矿为试验原料，造球前分别对其进行润磨预处理，探索了润磨预处理对人工磁铁矿的表面性质、成球性能和焙烧球性能的影响，试验结果见表4-26。

表4-26　人工磁铁精矿的生球性能

精矿种类		膨润土用量 /%	落下强度 /(次/0.5m)	抗压强度 /(N/个)	生球水分 /%	爆裂温度 /℃
酒钢	预处理前	2.0	8.0	17.94	15.95	395
	预处理后	2.0	12.7	21.50	17.92	375
		1.5	11.5	19.57	18.12	320
福建	预处理前	2.0	9.5	19.72	19.72	457
	预处理后	2.0	13.2	22.27	18.95	435
		1.5	12.8	21.90	19.90	365

由表4-26可知，尽管在润磨预处理前，这两种人工磁铁精矿的生球性能指标均能达到工业生产要求，但是经润磨预处理后，除爆裂温度较低外，造球条件和生球性能均得到了很大改善。特别是在不影响生球性能的情况下，两种磁铁精矿造球所需的膨润土用量比未经处理的物料有所降低（均降低了0.5%），且生球粒度均匀，碎球少[159]。在膨润土用量相同的条件下，预处理后的酒钢磁铁精矿球团落下强度达到12.7次/0.5m（较处理前提高了4.7次/0.5m），抗压强度达到21.50N/个（较处理前提高了3.56N/个）；预处理后的福建磁铁精矿球团落下强度达到13.2次/0.5m（较处理前提高了3.7次/0.5m），抗压强度达到22.27N/个（较处理前提高了2.55N/个）。

影响生球强度的因素主要有铁精矿的粒度组成、颗粒形状和表面性质。一方面是因为润磨后精矿粉中细颗粒增多，毛细管直径变小，毛细力增加，从而增加了磁铁精矿颗粒之间的接触面积[160-162]；另一方面是因为润磨预处理增加了矿物的晶格缺陷，比表面积也显著增大，黏滞毛细引力增强，颗粒表面出现大量裂纹、凹面和棱角。其次条状、片状和柱状的成球性高于立体状和球状，造球时颗粒结合得更为紧密，导致生球落下强度和抗压强度均较高，而膨润土用量较低。但是这一变化使得生球水分升高，球团过于紧密不利于生球干燥过程中水分向球外的迁移，会使生球在干燥过程中内部蒸汽压增大，从而降低生球的爆裂温度。

5

人工磁铁矿球团
干燥预热

    人工磁铁矿的成球性、生球强度均优于天然磁铁矿，但由于其表面活性强、亲水性好且表面多孔，比表面积较大，表面不饱和键较多，表面润湿性大，导致人工磁铁矿易吸水，生球水分含量高，难以脱除，这也使得人工磁铁矿的生球爆裂温度远低于天然磁铁矿。人工磁铁矿的最大分子水和最大毛细水分别达 18.24%、35.71%，而天然磁铁矿的最大分子水和最大毛细水只有 4.48%、15.31%，因此人工磁铁矿的生球水分高，尤其是分子水，较难脱除，在相同条件下，其干燥时间远长于天然磁铁矿。同时，由于生球水分过高，在干燥过程中，球团内饱和蒸汽压过大，易引起球团爆裂。人工磁铁矿生球的爆裂温度在 280～400℃ 范围内，而天然磁铁矿生球的爆裂温度一般高于600℃。较低的爆裂温度限制了人工磁铁矿生球的干燥速度，使得生球干燥过程缓慢，影响生产效率。

    在磁铁矿球团的干燥动力学方面，肖兴国[165]等的研究表明，磁铁矿球团的干燥过程可分为加速阶段、恒速阶段、第一减速阶段和第二减速阶段四个阶段，球团中绝大部分水分是在前 3 个阶段中脱除的。人工磁铁矿吸水率高，因此其生球水分也高于天然磁铁矿，所以人工磁铁矿球团的干燥过程和热工参数与天然磁铁矿存在差异。

    按通常使用干燥度的定义，球团的干燥度为球团已失水分与球团所含水分的百分比。由实验测得球团的失重数据可计算出球团的干燥度随时间的变化[165]：

$$H(t) = \frac{W_0 - W(t)}{W_0 - W_\infty} \times 100\% \tag{5-1}$$

式中 $H(t)$——t 时刻球团的干燥度；

        $W(t)$——t 时刻球团的重量；

        W_0——未干燥生球的重量；

        W_∞——干燥完全后球团的重量。

    由 $H(t)$ 的数据可以计算出 $\Delta H(t)/\Delta t$，即各微时间段的平均干燥速率 [kg/(kg·min)]，并可作出干燥速率-时间曲线图。

5.1 人工磁铁矿球团脱水干燥速度分析

5.1.1 温度对静态干燥的影响

随着干燥温度升高，人工磁铁矿生球（9mm＜d＜12.5mm）的干燥时间缩短。当介质温度从200℃上升到250℃时，干燥速率从12kg/（kg·min）增加到16kg/（kg·min），随后干燥速率迅速降低，分为加速干燥、恒速干燥和降速干燥三个阶段（图5-1）。而在300℃和350℃只有降速干燥阶段。这是因为表面汽化和内部扩散两个过程虽可能同时进行，但两个过程的速度往往是不一致的。在200℃和250℃温度较低时，生球内部湿度大，生球的水蒸气压是此温度下的饱和蒸汽压，水分的蒸发受水蒸气向主气流的传质过程控制，表面干燥速度慢，表面汽化速度小于内部扩散速度，处于表面汽化控制，出现加速阶段；在300℃和350℃时，温度较高，表面干燥速度较快，内部扩散速度小于表面汽化速度，处于内部扩散控制，只存在降速干燥阶段。生球干燥时，干燥介质温度越高干燥速度越快，但温度过高会导致生球内部蒸汽压过高而使生球破裂。该条件下人工磁铁矿生球的爆裂温度大致在305℃～329℃。

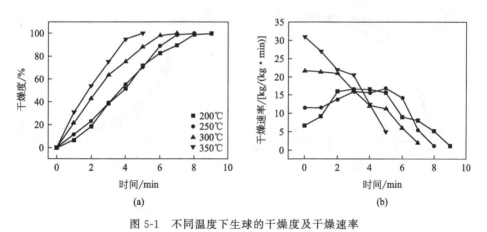

图 5-1 不同温度下生球的干燥度及干燥速率

5.1.2 生球直径对静态干燥的影响

在干燥温度250℃的条件下，分别干燥直径为7～9mm、9～12.5mm和12.5～16mm的生球，其干燥度及干燥速率见图5-2。

大球（12.5～16mm）完全干燥的时间为9min，中球（9～12.5mm）为8min，小球（7～9mm）为7min，显然小球干燥最快，中球次之，大球最慢。这是因为小球干燥时扩散路径短而干燥最快，干燥时间最短；大球因水蒸气扩散路径长而干燥较慢，干燥完成所用的时间最长。温度250℃时，干燥了三种不同大小的球，静态干燥速度都呈先增大后减小的趋势。其中小球干燥速度最快，中球次之，大球最慢。这是因为尺寸大时由于水分从内部向外扩散的路径较长，因此对干燥不利。由于生球的预热性差，生球直径越大时，水

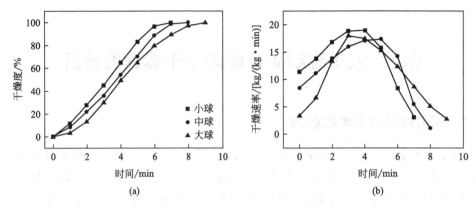

图 5-2　不同直径生球的干燥度及干燥速率

分由高温向低温扩散的热导湿性现象越严重，生球干燥速率越小。当生球直径为 7～9mm 时，干燥速度较快（图 5-2），因此生产小粒径球团干燥速度快。

5.1.3　介质温度对动态干燥的影响

当风速为 1.8m/s 时，将相同粒径的人工磁铁矿生球（9～12.5mm）在 200℃、250℃、300℃和 350℃条件下干燥，所得的生球干燥度及干燥速率见图 5-3。

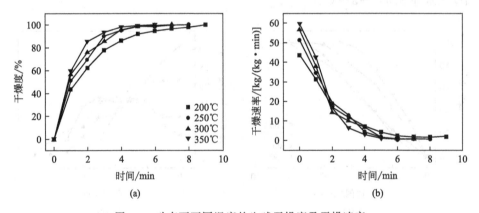

图 5-3　动态下不同温度的生球干燥度及干燥速率

人工磁铁矿生球干燥介质温度越高，干燥完全所用的时间越短；且起始干燥速率较大，随着干燥的进行，干燥速率降低。在 200℃和 250℃，与静态干燥相比，动态干燥的起始干燥速度明显要大很多，静态只有 12kg/(kg·min)，动态达到 52kg/(kg·min)。分析认为，在静态干燥时，200℃和 250℃的温度条件下表面汽化速度较慢，小于内部扩散速度，处于表面汽化控制；而干燥介质在流动的情况下可以很大程度地加速表面汽化速度，此时的表面汽化速度较大，处于内部扩散控制。同样，在动态干燥时，温度越高干燥越快，但介质温度过高会导致生球抗压强度降低，甚至爆裂。因此，在动态干燥下，300℃是比较合适的干燥温度。一般情况下，生球爆裂温度在静态干燥时会比在动态干燥时要高。干燥介质在流动时，当生球表面蒸汽压与介质中蒸汽压差增大时，生球水分蒸发加快，若水分的扩散速度与汽化速度差距过大，会导致生球内部蒸汽压过大，造成生球爆裂。干燥时间随干燥温度的升高而变短，在生球干燥时，只有干燥介质提供热量，所以单位时间内水分的蒸发量与其被传给的热量成正比。

5.1.4 介质流速对动态干燥的影响

介质流速（风速）为 2.5m/s 时生球干燥时间为 5min，而流速为 1.1m/s 时干燥时间为 7min，干燥风速越大，生球干燥所需的时间越短。主要原因是干燥介质流速变大，使生球表面蒸汽压与介质中水蒸气分压差值增大，加快生球表面的水分蒸发。不同风速对干燥速度的影响只限于刚开始时的表面汽化速度不同而导致 1min 和 2min 时的干燥速度有所差别，干燥 3min 后，干燥速度已基本处于内部扩散控制，风速对干燥速度基本没有影响。综合来看，风速越大，初始干燥速度越快（图 5-4）。在工业生产中过高的风速会降低介质温度，所以风速 2.15m/s 是较适宜的干燥风速条件。

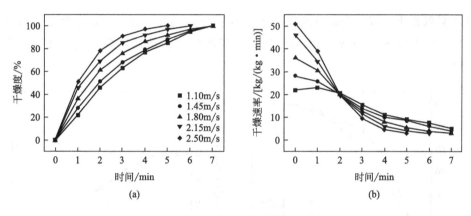

图 5-4 不同风速下的生球干燥度及干燥速率

5.1.5 生球直径对动态干燥的影响

大径球（12.5～16mm）干燥完全需要 6min，中径球（9～12.5m）需 6min，小球（7～9mm）只需 4min，显然小球干燥最快，中球和大球次之。这是因为生球直径小，干燥时扩散路径短而干燥最快，干燥时间最短；生球直径大因扩散路径长而干燥较慢，干燥完全所用的时间最长（图 5-5）。

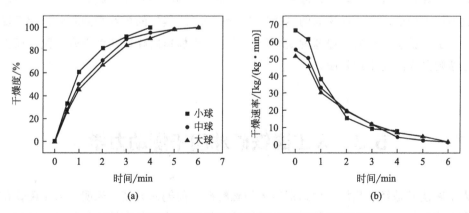

图 5-5 不同直径球团动态干燥的干燥度及干燥速率

干燥温度为250℃时三种不同粒径的生球，动态干燥速度均随着时间延长而减小，其中小球动态干燥速度最快，中球和大球次之。结果表明，生球尺寸对干燥速率影响显著，当生球尺寸增大时，由于水分从内部向外扩散的路径较长，干燥速率较慢。由于生球的预热性差，生球直径越大时，热导湿性现象越严重，生球干燥速率越小。因此，250℃时风速为2.15m/s的动态干燥情况下，生球直径为7～9mm的小球干燥完全所需的时间最短，干燥速度较快。

5.2 球团干燥度比较

人工磁铁矿生球开始干燥时的速度39.34kg/(kg·min)要比天然磁铁矿生球的干燥速度61.38kg/(kg·min)慢，天然磁铁矿生球的内部扩散速度要比人工磁铁矿生球快（图5-6）。

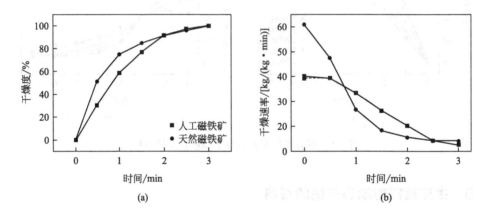

图5-6 人工磁铁矿生球和天然磁铁矿生球的干燥度及干燥速度对比

由于人工磁铁精矿粒度细、比表面积大，球团黏结更为紧密，球内毛细管管径更小。同时，人工磁铁精矿表面润湿性强。干燥过程中，由于人工磁铁矿生球孔隙率较低，磁铁精矿亲水性好，导致水分内部扩散较慢，尤其是在干燥第一阶段完成后，干燥外壳逐步向内部收缩，干燥前沿与湿球核间的热交换变得缓慢，水蒸气的扩散受到阻碍，使干燥速率下降。人工磁铁矿生球的干燥速度随时间变化分为先恒速后降速两个干燥阶段，而天然磁铁矿生球则只有降速干燥阶段。

5.3 人工磁铁矿球团干燥动力学

人工磁铁矿是经磁化焙烧后选别出来的磁精矿。前期研究结果表明，人工磁铁矿在成球性和生球性能上表现良好，优于天然磁铁矿。但由于物理化学性质的影响，导致人工磁铁矿生球孔隙率低，生球水分高，水分不易扩散，严重影响生球爆裂温度和干燥速度。

对人工磁铁矿生球干燥进行了全面的分析，从动力学方程的推导到干燥过程解析，旨在探索人工磁铁矿生球的干燥过程，从而针对人工磁铁矿生球爆裂温度低、干燥速度慢等一系列问题，确定人工磁铁矿球团合理的干燥温度、干燥时间、介质流速等干燥制度。

按通常使用的干基湿度定义，球团的湿度为单位重量干球所含的水分质量分数，见式(5-2)。

$$M = \frac{\omega}{W_\infty} \times 100\% \qquad (5-2)$$

式中，M 为球团的干基含水率，g/g；ω 为球团中水分的重量，g；W_∞ 为球团完全干燥时的干球重量，g。

而任意时刻 t 的球团干基含水率可由式(5-3)得出。

$$M_t = \frac{W_t - W_\infty}{W_\infty} \times 100\% \qquad (5-3)$$

式中，M_t 为任意干燥时刻 t 的干基含水率，g/g；W_t 为任意时刻 t 的球团重量；t 为干燥时间。

干燥时间 t 时的干燥水分比 MR 可由式(5-4)得出。

$$MR = \frac{M_t - M_e}{M_0 - M_e} \qquad (5-4)$$

式中，M_0 为球团的初始干基含水率，g/g；M_e 为球团干燥到平衡时的干基含水率，g/g。

由于平衡干基含水率 M_e 远小于 M_0 和 M_t，公式(5-4)可以简化为式(5-5)。

$$MR = \frac{W_t}{W_0} \qquad (5-5)$$

球团在干燥过程中的干燥速率 DR 可由式(5-6)得出。

$$DR = \frac{M_{t1} - M_{t2}}{t_1 - t_2} \qquad (5-6)$$

式中，M_{t1} 和 M_{t2} 分别为干燥时间 t_1 和 t_2 时的球团干基含水率。

5.3.1 干燥对生球水分及干燥速率的影响

5.3.1.1 介质干燥温度

干燥风速 1.1884m/s，球团直径 12.5mm，介质温度分别为 250℃、300℃、350℃、400℃、450℃时，干燥介质温度对生球水分比及干燥速率的影响规律如图 5-7 所示。

由图 5-7(a)可以看出，随着干燥温度的升高，单位时间供给的热量增多，因此干燥速度明显增大，生球干燥时间逐步缩短，介质温度为 250℃时，其完全干燥的时间为 11min，当温度升高到 450℃时，其干燥时间已缩短至 5.5min；结合图 5-7(b)，升高温度后，其初始干燥速率也随之增加，介质温度为 250℃时，其初始干燥速率为 0.08g/(g·min)，当温度升高到 450℃时，其初始干燥速率增加至 0.4g/(g·min)。随着时间的推移，生球干燥速率先是快速上升，稳定很短一段时间后缓慢下降，直至干燥完成，整个过程分为 3 个阶段：加速干燥阶段、恒速干燥阶段和降速干燥阶段。

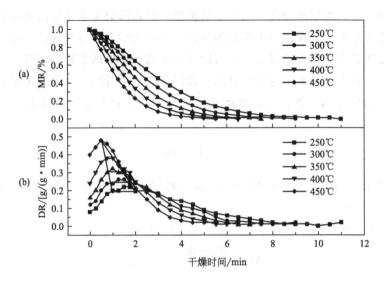

图 5-7　干燥介质温度对生球水分比及干燥速率的影响

随着温度的升高，加速干燥阶段和恒速干燥阶段的时间逐渐变短，干燥加速度增大（干燥加速度：速率对时间的求导）。但是，当干燥速率过大时，球团内部水分受到扩散介质阻力，增大了球团内部蒸汽压，易使球团发生爆裂。因为随着干燥过程的进行，生球表里产生湿度差，从而引起表里收缩不均匀，产生应力，导致表面受拉，而中心受压。如果供热过多，球团内部蒸汽压增加，当蒸汽压力超过干燥表面的径向和切向抗压强度时，将导致表面出现裂纹或破裂。本试验条件下球团未出现爆裂。

在干燥过程中，虽然水的内部扩散与表面汽化两个过程是同时进行的，但速度不尽一致，机理也不尽相同。在干燥初期，球团表面水分蒸发，同时内部的水分迅速扩散到表面，使表面保持润湿，此时生球干燥主要由表面汽化控制，而升高温度，会提高生球干燥活化能，表面水分蒸发速率加快，因此其干燥速率迅速升高；当表面水分蒸发后，受扩散控制影响，水分不能及时扩散到表面，表面汽化控制与内部扩散控制维持短暂的平衡，生球处于恒速干燥阶段；继续干燥，干燥主要受内部扩散控制，由于在这一阶段会形成干燥外壳，水分向外迁移逐步变得困难，因此干燥速率缓慢下降，且下降的幅度越来越小。

5.3.1.2　干燥介质流速

在介质温度为350℃的情况下，用同等大小的生球（12.5mm）进行了不同介质流速（0.7356m/s、1.1884m/s、1.6411m/s、2.0938m/s）对水分比MR和干燥速率的影响试验。介质流速对生球水分比及干燥速率的影响规律见图 5-8。

由图 5-8（a）可知，介质流速为 0.7356m/s 时干燥时间为 8.5min，而介质流速为 2.0938m/s 时干燥时间为 6min，介质流速增大，会缩短生球干燥时间。主要原因是流速变大，水分在空气中的扩散速率加快，使得介质中水蒸气压保持在较低水平，导致生球表面的蒸汽压与介质中的蒸汽压差值增大，加快了生球表面的水分蒸发，提高了初始干燥速率。不同风速对干燥速度的影响主要体现在升速干燥阶段和平衡干燥阶段，这两个阶段的干燥过程都与表面汽化相关，而增大介质流速可以显著提高水分的表面汽化速率，从而导致干燥速率升高。在介质流速为 0.7356m/s 时，其初始干燥速率为 0.12g/(g·min)，最

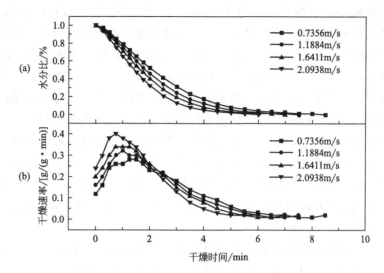

图 5-8　介质流速对生球水分比及干燥速率的影响

大干燥速率为 0.28g/(g·min)；当介质流速升高到 2.0938m/s 时，其初始干燥速率为 0.24g/(g·min)，最大干燥速率为 0.38g/(g·min)。与低介质流速相比，增大介质流速可显著提高生球干燥时的初始干燥速率和最大干燥速率。当生球处于降速阶段时，决定生球干燥速率的主要因素为内部扩散，而不受介质流速的影响。由图 5-8(b) 可以看出，处于降速阶段时，各介质流速下的干燥曲线逐渐趋于重合，其斜率大致相同，说明其变化趋势相同。

5.3.1.3　动态干燥时生球直径的影响

在介质温度 350℃、介质流速 1.1884m/s 的条件下，分别干燥直径 9.5mm、12.5mm、15.5mm 的生球，生球水分比及干燥速率见图 5-9。

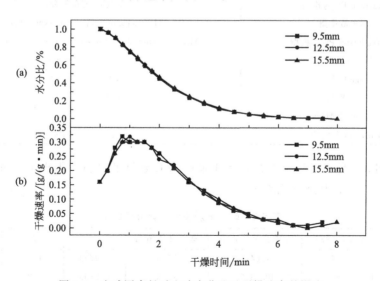

图 5-9　生球团直径对生球水分比及干燥速率的影响

由图 5-9(a) 可以看出，改变生球直径，其干燥水分比曲线基本重合；主要的区别在于生球直径为 9.5mm 和 12.5mm 时其完全干燥时间为 7.5min，而生球直径为 15.5mm

时其干燥时间为 8min，显然小球和中球干燥最快，大球次之。这是因为生球直径小，干燥时扩散路径短而干燥最快，干燥时间最短；生球直径大因扩散路径长而干燥较慢，干燥完全所用的时间最长。由图 5-9(b) 可以看出，在 350℃ 条件下三种不同直径的生球，其干燥过程同样经历三个阶段：升速阶段、恒速阶段、降速阶段。在干燥过程中，其干燥速率的变化趋势不大，干燥速率曲线也趋于重合，但是不同直径的生球其干燥速率还是有差异，直径较小的生球其干燥速率比直径较大的生球略大。这是因为直径大时，水分从内部向外扩散的路径较长，对干燥不利。由于生球的预热性差，生球直径越大时，热导湿性现象越严重，生球干燥速率越小。总体来说，生球直径对球团的干燥存在影响，只是在本次试验中其差异不是很显著。可能的原因首先是所选生球直径均较小，导致不同直径生球之间差异不明显；其次是本次试验采取的干燥模式为整个料群同时干燥，所需生球数较多，料群较大，在选料及干燥过程中存在误差。

生球干燥时，温度和流速存在显著的交互影响，提高介质温度和介质流速均能加快干燥进程，但是温度和流速过高会导致球团爆裂。人工磁铁矿生球前期干燥速率较慢，其干燥速度随时间变化分为先恒速后降速两个干燥阶段，而天然磁铁矿生球则只有降速干燥阶段。

5.3.2　干燥动力学模型

长期以来，国内外很多学者对不同的固体物料进行了干燥实验研究，得到了很多数学模型用于描述干燥过程中物料水分比随时间的变化规律，这些模型主要有理论、半经验和经验模型。人工磁铁矿生球的干燥动力学研究选择的干燥模型如表 5-1 所示[166-178]。

表 5-1　常用固体物料干燥模型

模型名称	模型
Henderson-Pabis 模型	$MR=a\exp(-kt)$
两项扩散模型	$MR=a_1\exp(-k_1t)+a_2\exp(-k_2t)$
修正 Henderson-Pabis 模型	$MR=a_1\exp(-k_1t)+a_2\exp(-k_2t)+a_3\exp(-k_3t)$
Lewis 模型	$MR=\exp(-kt)$
Page 模型	$MR=\exp(-kt^n)$
修正 Page 模型(Ⅱ)	$MR=\exp[-(kt)^n]$
修正 Page 模型(Ⅲ)	$MR=a\exp(-kt^n)$
Wang-Singh 模型	$MR=1+at+bt^2$

通过对相同条件下天然磁铁矿球团干燥时 MR 数据的分析，得出了 8 种干燥模型下的 R^2、F 和 $P>F$，其结果见表 5-2。

表 5-2　球团干燥模型统计分析结果

模型	介质温度/℃	介质流速/(m/s)	球团直径/mm	R^2	F	$P>F$
Henderson-Pabis 模型	250	1.6411	15.5	0.9793	1110	0
	300	0.7356	12.5	0.9803	1326	0
	350	1.1884	12.5	0.9804	1059	0
	400	1.6411	9.5	0.9854	1157	1.33×10^{-15}
	450	2.0938	15.5	0.9935	1807	1.49×10^{-13}

续表

模型	介质温度/℃	介质流速/(m/s)	球团直径/mm	R^2	F	$P>F$
两项扩散模型	250	1.6411	15.5	0.9971	5077	0
	300	0.7356	12.5	0.9971	5713	0
	350	1.1884	12.5	0.9987	9759	0
	400	1.6411	9.5	0.9945	1964	2.78×10^{-15}
	450	2.0938	15.5	0.9915	651	6.33×10^{-9}
修正 Henderson-Pabis 模型	250	1.6411	15.5	0.9967	3033	0
	300	0.7356	12.5	0.9976	4584	0
	350	1.1884	12.5	0.9985	5709	0
	400	1.6411	9.5	0.9932	1061	3.49×10^{-12}
	450	2.0938	15.5	0.9880	309	3.19×10^{-6}
Lewis 模型	250	1.6411	15.5	0.9637	1358	1
	300	0.7356	12.5	0.9651	1484	1
	350	1.1884	12.5	0.9684	13077	1
	400	1.6411	9.5	0.9782	1546	1
	450	2.0938	15.5	0.9927	3207	1
Page 模型	250	1.6411	15.5	0.9978	13353	0
	300	0.7356	12.5	0.9976	14075	0
	350	1.1884	12.5	0.9994	42235	0
	400	1.6411	9.5	0.9982	12117	0
	450	2.0938	15.5	0.9987	8789	9.10×10^{-15}
修正 Page 模型（Ⅱ）	250	1.6411	15.5	0.9977	13353	0
	300	0.7356	12.5	0.9976	14075	0
	350	1.1884	12.5	0.9993	42235	0
	400	1.6411	9.5	0.9982	12117	0
	450	2.0938	15.5	0.9987	8789	9.10×10^{-15}
修正 Page 模型（Ⅲ）	250	1.6411	15.5	0.9976	8525	0
	300	0.7356	12.5	0.9976	9584	0
	350	1.1884	12.5	0.9993	28154	0
	400	1.6411	9.5	0.9982	7996	0
	450	2.0938	15.5	0.9986	5578	2.64×10^{-13}
Wang-Singh 模型	250	1.6411	15.5	0.9923	3261	0
	300	0.7356	12.5	0.9922	3366	0
	350	1.1884	12.5	0.9939	3453	0
	400	1.6411	9.5	0.9928	2379	0
	450	2.0938	15.5	0.9772	513	1.40×10^{-10}

注：R 值表示 F 检验的统计学数字；$P>F$ 表示假设的显著性。

从表 5-2 中可以看出，Lewis 模型中 $P=1>0.05$，因此其拟合程度不显著，而其他模型 P 值均较小（约等于 0），因此拟合程度异常显著，说明该数据具有高度统计学意义。修正 Page 模型（Ⅲ）在相同条件下，其相关性 R^2 最大，该模型拟合后显著相关，所以选择修正 Page 模型（Ⅲ）作为人工磁铁矿球团的干燥模型。

将试验得到的所有条件下的数据代入修正 Page 模型（Ⅲ）进行拟合，得到了不同条件下的参数值，拟合结果见表 5-3[179]。

表5-3　不同温度、不同风速、不同生球直径条件下的参数值

试验方案	介质温度/℃	介质流速/(m/s)	生球直径/mm	R^2	a	k	n
1	250	0.7356	9.5	0.9993	0.9980	0.1221	1.5059
2	250	0.7356	12.5	0.9987	1.0007	0.1155	1.5086
3	250	1.1884	12.5	0.9993	0.9993	0.1514	1.5041
4	250	1.6411	15.5	0.9976	1.0017	0.1856	1.4868
5	250	2.0938	9.5	0.9972	1.0009	0.2366	1.4790
6	300	0.7356	9.5	0.9993	0.9998	0.1722	1.4886
7	300	0.7356	12.5	0.9976	1.0006	0.1666	1.4865
8	300	1.1884	12.5	0.9988	0.9989	0.2087	1.4803
9	300	1.1884	15.5	0.9982	0.9988	0.2036	1.4817
10	300	1.6411	9.5	0.9987	1.0010	0.2619	1.4612
11	300	2.0938	12.5	0.9989	0.9989	0.3027	1.4664
12	350	0.7356	12.5	0.9990	1.0009	0.2395	1.4481
13	350	0.7356	15.5	0.9989	1.0001	0.2327	1.4572
14	350	1.1884	9.5	0.9977	0.9994	0.2937	1.4419
15	350	1.1884	12.5	0.9988	0.9988	0.2853	1.4561
16	350	1.1884	15.5	0.9995	0.9985	0.2822	1.4516
17	350	1.6411	12.5	0.9973	0.9972	0.3369	1.4460
18	350	2.0938	9.5	0.9992	0.9993	0.4299	1.4089
19	350	2.0938	12.5	0.9982	0.9989	0.4272	1.4118
20	400	0.7356	9.5	0.9982	0.9985	0.3583	1.3954
21	400	0.7356	15.5	0.9928	0.9978	0.3464	1.3989
22	400	1.1884	12.5	0.9959	0.9987	0.4112	1.3841
23	400	1.6411	9.5	0.9993	0.9994	0.4819	1.3768
24	400	2.0938	12.5	0.9993	0.9971	0.6314	1.3533
25	450	0.7356	9.5	0.9987	0.9884	0.5467	1.2920
26	450	0.7356	12.5	0.9993	0.9875	0.5401	1.2940
27	450	1.1884	9.5	0.9987	0.9898	0.6120	1.2804
28	450	1.1884	12.5	0.9984	0.9889	0.6056	1.2738
29	450	1.6411	12.5	0.9987	0.9911	0.7005	1.2654
30	450	2.0938	15.5	0.9975	0.9902	1.0179	1.2154

由表5-3可知，各个条件拟合结果的R^2均大于0.992，平均水平在0.999左右，说明选取的修正Page模型（Ⅲ）能够很好地解释人工磁铁矿球团干燥，是较为理想的动力学模型。对表5-3中的数据进行初步分析，分别选取各个参数对试验条件作图，结果如图5-10～图5-12所示。

由图5-10可知，当介质温度一定时，介质流速和球团直径对参数a的影响较小，参数a主要受温度控制。因此，对参数a进行拟合时主要考虑温度的影响。排除个别误差因素，当温度升高时，参数a也随之升高。用软件SPSS22.0对参数a拟合，拟合结果见式(5-7)。

$$a = 0.9997 + 2.0105 \times 10^{-11}T^3 + 9.9810 \times 10^{-27}T^9 \quad R^2 = 0.996 \qquad (5-7)$$

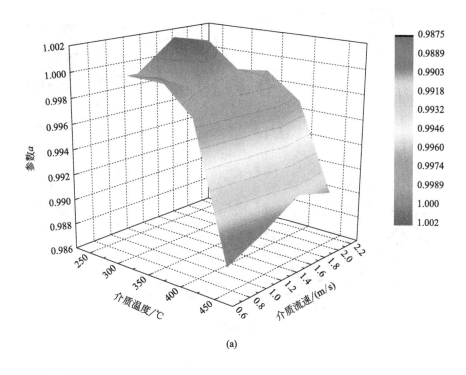

(a)

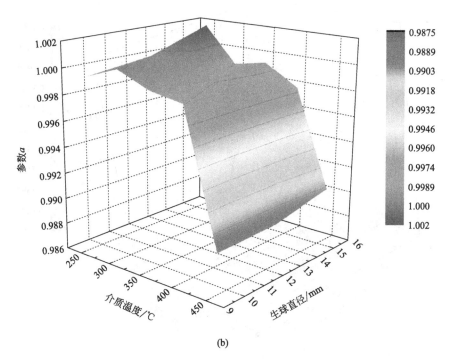

(b)

图 5-10　温度、风速和球团直径对参数 a 的影响

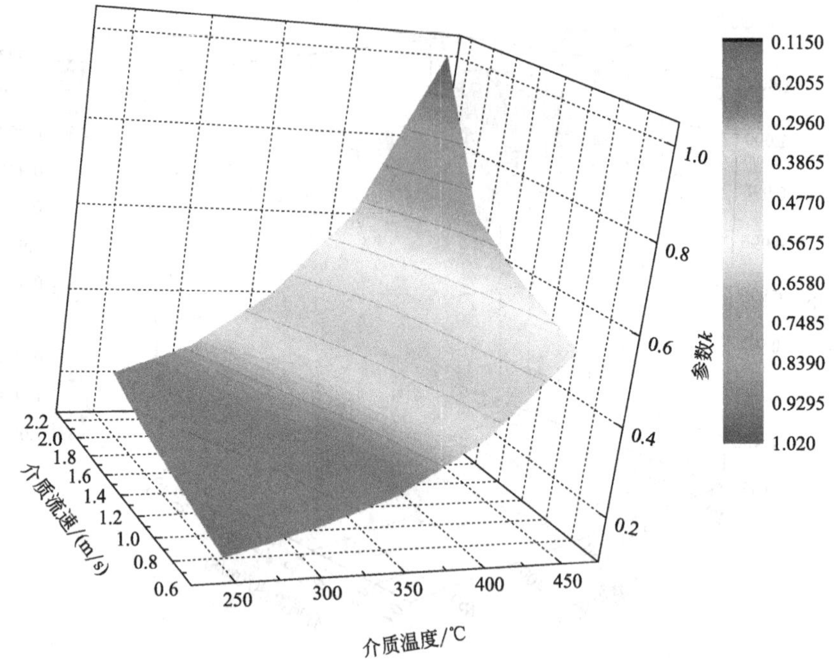

(a)

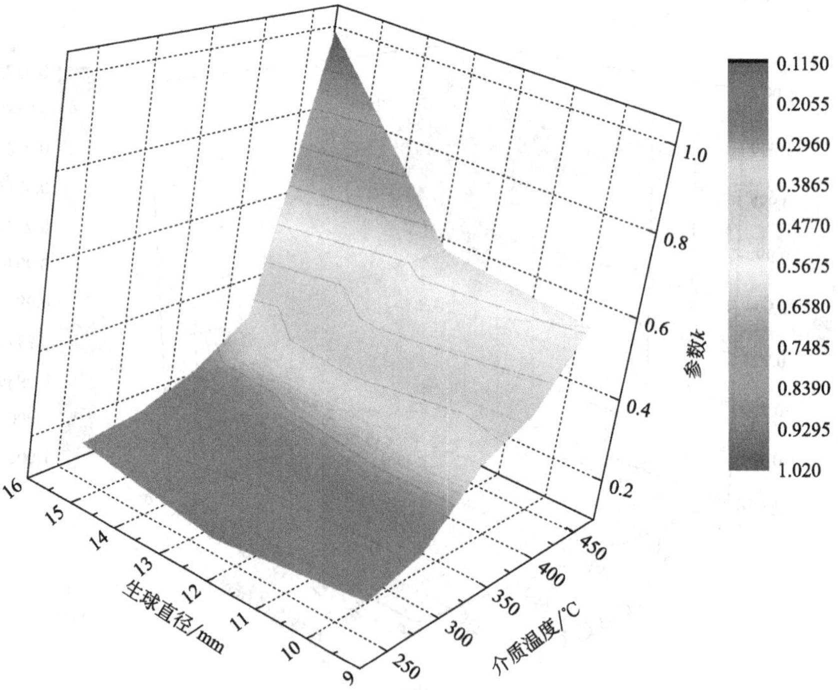

(b)

图 5-11　温度、风速和球团直径对参数 k 的影响

由图 5-11 可知，当温度较低时，改变风速对参数 k 的影响较小，温度较高时，改变风速，对参数 k 的影响较大，升高温度和提高风速后参数 k 均变大，干燥时间缩短；同样的，温度较低时，改变球团直径，对参数 k 的影响微弱，升高温度后参数 k 值随之大幅度上升，且增大球团直径对参数 k 的影响较低温时更为明显，说明介质温度和介质流速对参数 k 有交互作用。因此选用多元方程作为拟合对象，对参数 k 拟合，拟合结果见式(5-8)。

$$k = 0.021 + 3.0105 \times 10^{-9} T^3 + 2.0010 \times 10^{-25} T^9 + 3.3222 \times 10^{-4} TV -$$
$$1.7475 \times 10^{-13} T^4 V^4 + 6.1720 \times 10^{-22} T^7 V^7 + 3.5318 \times 10^{-4} V^3 +$$
$$4.4055 \times 10^{-6} V^9 - 8.0117 \times 10^{-6} L^3 + 2.0013 \times 10^{-13} L^9 \quad R^2 = 0.997 \quad (5\text{-}8)$$

由图 5-12 可知，温度的改变和风速的改变对参数 n 有不同程度的影响，温度较低时，参数 n 的值总体较低，且随着风速的改变有波动，温度较高时，风速对参数 n 的影响较大，随着风速的升高显著上升；球团直径在温度较低时对参数 n 的作用较为剧烈，球团直径越大，参数 n 越小，干燥时间延长，而高温条件下，球团直径对参数 n 的影响则较小，说明高温条件下球团直径不是干燥时间的决定性因素。同样的选用多元方程作为拟合对象，用软件 SPSS22.0 对参数 n 拟合，拟合结果见式(5-9)。

$$n = 1.53 + 1.1008 \times 10^{-9} T^3 + 1.601 \times 10^{-25} T^9 + 7.0686 \times 10^{-5} TV -$$
$$7.4895 \times 10^{-14} T^4 V^4 + 1.4989 \times 10^{-22} T^7 V^7 + 1.7659 \times 10^{-4} V^3 +$$
$$3.0838 \times 10^{-6} V^9 - 3.0012 \times 10^{-6} L^3 + 2.0001 \times 10^{-14} L^9 \quad R^2 = 0.992 \quad (5\text{-}9)$$

因此人工磁铁矿球团的干燥动力学模型为式(5-10)。

$$\text{MR} = (0.9997 + 2.0105 \times 10^{-11} T^3 + 9.9810 \times 10^{-27} T^9) \exp[-(0.021 +$$
$$3.0105 \times 10^{-9} T^3 + 2.0010 \times 10^{-25} T^9 + 3.3222 \times 10^{-4} TV -$$
$$1.7475 \times 10^{-13} T^4 V^4 + 6.1720 \times 10^{-22} T^7 V^7 + 3.5318 \times 10^{-4} V^3 +$$
$$4.4055 \times 10^{-6} V^9 - 8.0117 \times 10^{-6} L^3 + 2.0013 \times 10^{-13} L^9) t^{\char`\^}(1.53 +$$
$$1.1008 \times 10^{-9} T^3 + 1.601 \times 10^{-25} T^9 + 7.0686 \times 10^{-5} TV -$$
$$7.4895 \times 10^{-14} T^4 V^4 + 1.4989 \times 10^{-22} T^7 V^7 + 1.7659 \times 10^{-4} V^3 +$$
$$3.0838 \times 10^{-6} V^9 - 3.0012 \times 10^{-6} L^3 + 2.0001 \times 10^{-14} L^9)] \quad (5\text{-}10)$$

式中，MR 为水分比；T 为干燥温度；V 为风速；L 为球团直径。

由参数方程可以看出，温度较高时，直径的影响不是很明显，只有在较低温度的情况下，直径才明显影响干燥时间；同样的风速在低温下对干燥时间影响较大，高温条件下，影响较小。参数 a 主要反映球团的初始含水量，波动较小，一般高温条件下，由于原始炉体温度的扩散，会造成球团损失一小部分水分，因此主要决定因素为温度。

5.3.3 干燥动力学模型的应用

为了验证模型的准确性与适应性，选取三组额外试验数据对模型进行了验证。三组数据分别为 A 组 200℃、1.1884m/s、9.5mm，B 组 350℃、1.6411m/s、9.5mm，C 组 450℃、1.1884m/s、12.5mm。用 SPSS22.0 软件将数据代入模型中分析，结果见表 5-4～表 5-6。

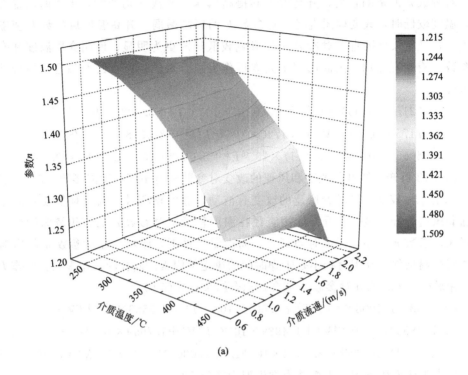

(a)

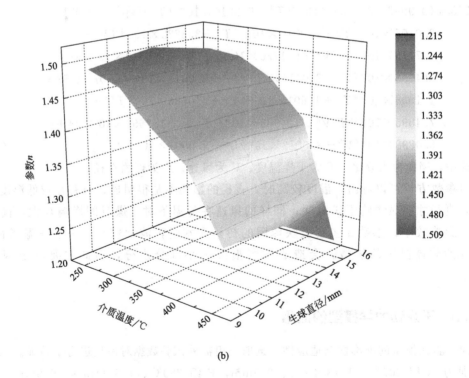

(b)

图 5-12　温度、风速和球团直径对参数 n 的影响

表 5-4　A 组试验相关系数表

组别	项目	模拟值 A	实际值 A
模拟值 A	Pearson 相关性	1	0.954**
	显著性（双侧）		0.000
	平方与叉积的和	4.478	2.135
	协方差	0.136	0.112
	N	34	20
实际值 A	Pearson 相关性	0.954**	1
	显著性（双侧）	0.000	
	平方与叉积的和	2.135	2.442
	协方差	0.112	0.129
	N	20	20

＊＊表示在 0.01 水平（双侧）上显著相关。

表 5-5　B 组试验相关系数表

组别	项目	模拟值 B	实际值 B
模拟值 B	Pearson 相关性	1	0.999**
	显著性（双侧）		0.000
	平方与叉积的和	2.442	2.419
	协方差	0.129	0.127
	N	20	20
实际值 B	Pearson 相关性	0.999**	1
	显著性（双侧）	0.000	
	平方与叉积的和	2.419	2.400
	协方差	0.127	0.126
	N	20	20

＊＊表示在 0.01 水平（双侧）上显著相关。

表 5-6　C 组试验相关系数表

组别	项目	模拟值 C	实际值 C
模拟值 C	Pearson 相关性	1	1.000**
	显著性（双侧）		0.000
	平方与叉积的和	1.796	1.770
	协方差	0.112	0.111
	N	17	17
实际值 C	Pearson 相关性	1.000**	1
	显著性（双侧）	0.000	
	平方与叉积的和	1.770	1.746
	协方差	0.111	0.109
	N	17	17

＊＊表示在 0.01 水平（双侧）上显著相关。

由表 5-4～表 5-6 可知，A 组试验的 Pearson 系数值为 0.954，B 组试验的 Pearson 系数值为 0.999，C 组试验的 Pearson 系数值为 1.000，均接近 1，同时相伴概率 P 值明显小于显著水平 0.01，这也进一步说明试验值与模拟值两者高度正线性相关。考虑到试验过程中存在一定的误差（该误差源于球团直径大小的波动、空气等环境因素），结合图 5-13，温度越高，其 Pearson 系数值越高，模拟值与试验值越接近，误差越小，说明该模型下的干燥方程在高温干燥条件下较为准确。

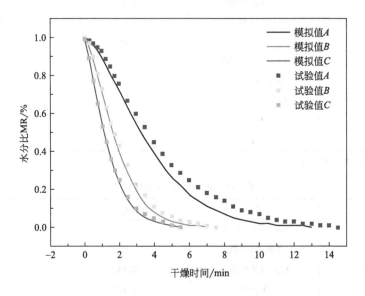

图 5-13　人工磁铁矿和天然磁铁矿球团干燥动力学方程的计算值与实测值

经过验证，人工磁铁矿和天然磁铁矿球团的干燥动力学方程计算值与实测值吻合度较高，通过函数表达式，能准确预测任意时刻人工磁铁矿球团水分比的变化，能够为人工磁铁矿球团干燥热工制度的选取提供理论依据。

5.4　人工磁铁矿球团干燥机理

通过人工磁铁矿球团干燥动力学分析可知，选取的修正 Page 模型（Ⅲ）对人工磁铁矿球团和天然磁铁矿球团干燥模型均适用，该模型方程为

$$MR = a\exp(-kt^n) \tag{5-11}$$

对人工磁铁矿球团和天然磁铁矿球团进行了比较分析，分别为 250℃、1.1884m/s、9.5mm，350℃、1.6411m/s、9.5mm，450℃、1.1884m/s、12.5mm，结果见图 5-14～图 5-16。

由图 5-14～图 5-16 可见，在干燥初始时，由于物料和空气温差较大，浓度差也较大，水分迅速蒸发，其蒸发速率加快，这一阶段一般称为升速干燥阶段；当干燥速度达到最大后，会稳定在该速度一段时间，物料温度保持不变，这一阶段称为恒速干燥阶段，通常这一阶段持续时间短；随着外表面的水分蒸发完，干燥界面向内推移，干燥速度逐渐下降，这一阶段称为降速干燥阶段，通常这一阶段占据整个干燥过程的大部分时间。

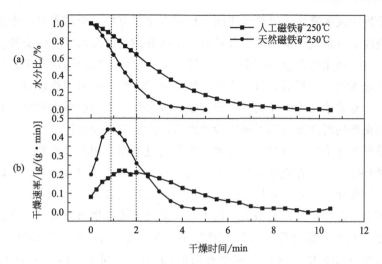

图 5-14　温度 250℃球团干燥对比

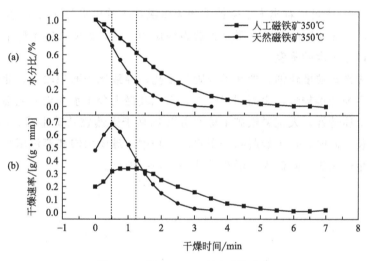

图 5-15　温度 350℃球团干燥对比

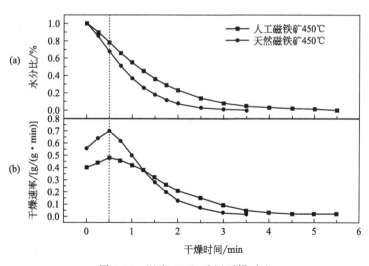

图 5-16　温度 450℃球团干燥对比

　　在恒速干燥阶段和降速干燥阶段之间，球团含水量存在一个临界点，含水量高于这个点时，球团表面水分蒸发，游离水向外扩散，干燥介质与游离水发生热交换。而游离水初始温度较低，且游离水的含量是固定的，升温需要一定的时间，因此在干燥初始阶段，球团干燥速率不断增大，达到最大值后在此保持一定的时间即恒速干燥阶段；而随着干燥介质温度的升高，游离水与干燥介质间的热交换速度加快，干燥速率大幅度上升，同时干燥速率在最高点保持的时间及恒速干燥阶段也随着温度的升高而缩短。

　　当含水量低于这个临界点时，内部水分主要通过毛细作用向外迁移。同时在球团内部形成一个干燥外壳，且外壳直径会随着水分的不断蒸发而逐渐增大，导致生球内部水分扩散阻力增大，干燥速率下降；若压差过大，则会导致球团破裂。

　　通过比较人工磁铁矿与天然磁铁矿的干燥时间及干燥速率可以看出，升速干燥阶段和恒速干燥阶段占整个干燥过程时间的比例很小。如图 5-14 所示，在 250℃ 条件下，天然磁铁矿升速及恒速干燥阶段约占干燥过程时间的 20%，而人工磁铁矿这两个阶段约占干燥过程时间的 19%，且随着温度的升高，这一比例也在逐步减小（图 5-15、图 5-16）。从图 5-14～图 5-16 中可以看出人工磁铁矿和天然磁铁矿游离水脱除所用的时间相差不大，但是人工磁铁矿干燥所需的时间几乎是天然磁铁矿的一倍，说明决定生球干燥速率快慢的因素主要是生球分子水的蒸发。

　　由于人工磁铁矿粒度较细，形状不规则且多孔，导致比表面积较大。此外，由于人工磁铁矿表面的不饱和键较多，表面润湿性大，因此其最大分子水和最大毛细水都较天然磁铁矿大。鉴于上述特性，人工磁铁矿生球水分要远高于天然磁铁矿生球，在相同条件下，其干燥时间较长。同时，在干燥脱除分子水的过程中，球团内饱和蒸汽压与外界压力差值过大，易造成生球爆裂，降低人工磁铁矿球团的爆裂温度。

6

人工磁铁矿球团
氧化动力学

广大球团研究工作者，对天然磁铁矿球团理论与工艺做了大量研究工作，取得了很好的成果，使得我国球团产量突飞猛进。关于利用人工磁铁矿生产球团的研究几乎还未见报道，因此，为了使人工磁铁矿得到更好的利用，必须对此展开大量研究工作。人工磁铁矿的表面物理性质决定了其较好的成球性，其特殊的工艺矿物学性质必然决定其不同于天然磁铁矿球团的氧化焙烧特性。诸多研究表明，人工磁铁矿相比于天然磁铁矿更容易被氧化[81]，低温氧化性能较好，400℃就能很好地被氧化完全，那么用其生产出的人工磁铁矿球团的氧化规律是什么样呢？是否需要像天然磁铁矿球团氧化一样的高温度或那么长的焙烧时间呢？因此，需要建立人工磁铁矿成球过程和生球强度、球团干燥脱水及氧化固结动力学模型，构建人工磁铁精矿氧化球团制备的基础理论体系。

磁铁矿球团在高温氧化焙烧时主要发生磁铁矿氧化为赤铁矿的放热反应和赤铁矿再结晶固结，可见，对磁铁矿氧化过程的控制是生产优质磁铁矿球团的关键。欲查明人工磁铁矿球团的氧化规律，需计算氧化焙烧热平衡和供热量、确定适宜的高温焙烧制度（温度、时间、气氛等）、选择合适的焙烧设备，为最终热工制度的选择和过程控制提供理论依据。因此，对人工磁铁矿球团氧化动力学的研究将会为人工磁铁矿的高效利用提供指导[180]。

6.1　磁铁矿球团氧化过程及机理

由于通过滚动成型制备的生球强度低、热稳定性较差，因此，生球必须经过高温焙烧固结，使之发生物理化学反应，从而具有足够的机械强度和热稳定性。生球的焙烧固结一般分干燥、预热、焙烧、均热和冷却等"五带"。天然磁铁矿球团生产时，氧化反应主要发生在预热带和冷却带。若磁铁矿氧化不充分，会使球团产生同心裂纹而影响其抗压强度。另外，残余的磁铁矿在高温下易与脉石 SiO_2 反应生成低熔点复合化合物 $2FeO \cdot SiO_2\text{-}FeO$，从而影响成品球的质量。磁铁矿球团的氧化过程是一个气相和固相之间的反应，适用于未反应核收缩模型，即在球团发生氧化反应时，反应从球团表面向球团中心发生，Fe_3O_4 和 Fe_2O_3 之间有较明显的界面存在；氧化反应在相界面附近区域进行，因此新生成的 Fe_2O_3 出现在原来 Fe_3O_4 处，原球团内部则是未反应的部分。在这种情况下，化学反应发生在固体内部的相界面上，而气体则要通过包围在相界面四周的固相产物向内（反应气体）或向外（产物气体）扩散，因而反应的速率将随着反应向颗粒内部推进，从而出现有峰值曲线的变化，如图 6-1 所示[181,182]。

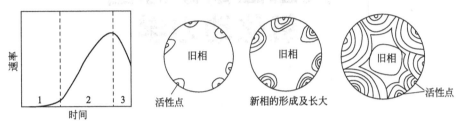

(a) 速率变化   (b) 从固体物表面各活性点开始发展的区域反应区

图 6-1　磁铁精矿氧化模型

1—诱导期；2—反应界面扩大期；3—反应界面缩小期

铁矿氧化球团氧化动力学研究方法有等温法和非等温法[183,184]，分析方法又分为化学分析法和热重分析法[185]。等温化学分析法即先使干球在指定的条件（温度、时间、气氛等）下氧化，再制样化验 FeO 的含量，然根据氧化前后 FeO 的含量来计算球团的氧化程度 x，公式如下[186]：

$$x = \left\{ 1 - \frac{[FeO]_t}{[FeO]_0} \right\} \times 100\% \tag{6-1}$$

式中，x 为氧化度，%；$[FeO]_t$ 为氧化 t min 后球团中 FeO 的含量；$[FeO]_0$ 为氧化前球团中 FeO 的含量。

天然磁铁矿和人工磁铁矿生球在干燥之后，分别在 400℃、600℃、800℃、1000℃和 1200℃下焙烧了 15min、20min、25min、30min 和 35min，其氧化度（已氧化的 FeO 量占氧化前总的 FeO 量的质量分数）见图 6-2～图 6-6。

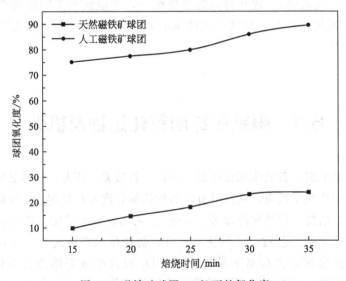

图 6-2　磁铁矿球团 400℃下的氧化度

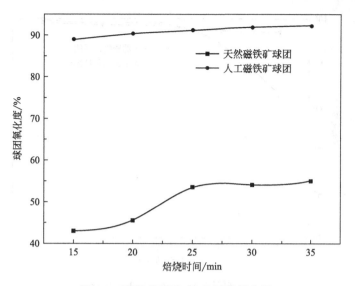

图 6-3 磁铁矿球团 600℃下的氧化度

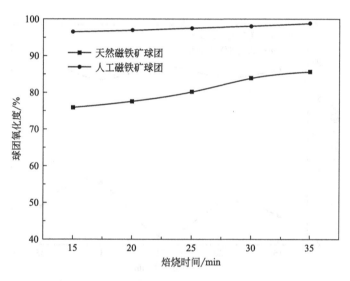

图 6-4 磁铁矿球团 800℃下的氧化度

由图 6-2～图 6-6 可知，两种磁铁矿球团的 FeO 含量均随着焙烧温度的升高和焙烧时间的延长而减少。人工磁铁矿球团在 400℃时的氧化度就已达到 80％以上，接近天然磁铁矿球团在 1000℃时的氧化度。天然磁铁矿在 1200℃时氧化度反而降低，这可能是因为在中性或弱氧化气氛下，已生成的 Fe_2O_3 发生分解反应生成 Fe_3O_4。天然磁铁矿的氧化度增加基本与温度增加呈线性关系，而人工磁铁矿则在 600℃下就已达到 90％的氧化度，之后的氧化度随温度的变化不明显，这与人工磁铁矿的性质有关。笔者的研究表明，人工磁铁矿的结晶完整度要远低于天然磁铁矿，这是因为人工磁铁矿在形成过程中没有完整的晶粒长大过程。人工磁铁精矿晶格缺陷多，使得其表面活性和反应性都要高于天然磁铁矿。此外，由于其具有不完整的晶格结构，在氧化反应中，固溶体形成得非常迅速，因此在 200℃下就能生成 γ-Fe_2O_3，而天然磁铁矿则需达到 400℃才能开始发生氧化反应，且反应性要比天然磁铁矿强得多，反应速率更快。

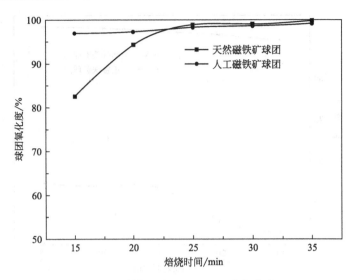

图 6-5　磁铁矿球团 1000℃下的氧化度

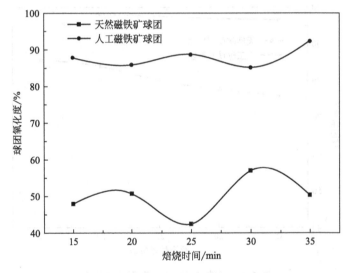

图 6-6　磁铁矿球团 1200℃下的氧化度

　　由此可见，人工磁铁矿用于球团生产时，在较低的预热温度，就能完成大部分的氧化反应，但是在焙烧阶段，相比于天然磁铁矿，则需要更高的焙烧温度或更长的焙烧时间才能达到符合工业要求的强度。

6.2　人工磁铁矿球团氧化机理

　　人工磁铁矿的形成条件与天然磁铁矿不同，故其工艺矿物学与天然磁铁矿差别很大，某褐铁矿磁化焙烧-磁选制备的人工磁铁矿成球性较优，成球性指数达 1.07。人工磁铁矿容易被氧化，400℃氧化 10min，氧化度就能达到 80％以上。那么用其制备出来的人工磁铁矿球团是否也很容易被氧化呢？因此，研究人工磁铁矿球团的氧化规律，找出其适宜的氧化条件可以为人工磁铁矿在球团中的应用提供依据。

磁铁矿球团氧化试验在动力学炉中恒温下进行[187]，具体如下：无裂纹的干球团放入定制的石英管中，通 N_2 排空管内空气，2min后将石英管缓慢放入动力学炉中的指定位置，N_2 保护恒温 10min 后打开 O_2，使球团开始氧化；气体总流量 5L/min，N_2 ：O_2 流量比为 4：1，即可认为氧化气氛为空气，氧化至指定时间后，断开氧气，N_2 保护冷至室温后，取出球团，进行 FeO 含量和矿相分析[188]，如图 6-7 所示[88]。

人工磁铁矿的主要成分为 Fe_3O_4，在高温的氧化气氛中将发生一级不可逆反应，过程如下[189]：

$$4Fe_3O_4 + O_2 \Longrightarrow 6\gamma\text{-}Fe_2O_3, \quad T > 200℃$$
$$\gamma\text{-}Fe_2O_3 \Longrightarrow \alpha\text{-}Fe_2O_3, \quad T > 400℃$$

天然磁铁矿球团氧化属于放热反应，所释放的热量相当于整个焙烧过程所需热量的 40%[190]。

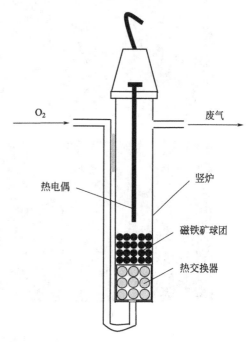

O_2　　　　　　　废气

热电偶

竖炉

磁铁矿球团

热交换器

图 6-7　球团氧化试验装置示意图

人工磁铁矿干球及氧化球的显微结构见图 6-8～图 6-10。由图 6-8 可见，人工磁铁矿干球中铁矿物以磁铁矿（Fe_3O_4，棕红色颗粒）、磁赤铁矿 [$\gamma\text{-}Fe_2O_3$，棕灰色颗粒，如图（a）所示] 为主，含少量赤铁矿 [$\alpha\text{-}Fe_2O_3$，白色颗粒，如图（b）所示] 和微量黄铜矿（亮黄色颗粒），偶见黄铁矿 [反射色为金黄色，如图（d）所示]。图中磁铁矿和 $\gamma\text{-}Fe_2O_3$ 颗粒边缘、轮廓清晰，晶体结构不完整。含铁矿物基本都呈单体解离状态，颗粒与颗粒之间界面清晰，球团内层较球团外层空隙发达，生球烘干过程中伴有轻微的氧化。由于人工磁铁矿中部分磁性铁为 $\gamma\text{-}Fe_2O_3$，其氧化只需经过一步反应即实现晶型转变（$\gamma\text{-}Fe_2O_3$ 向 $\alpha\text{-}Fe_2O_3$ 转变），而天然磁铁矿球团基本都需要经历两个阶段（Fe_3O_4 氧化生成 $\gamma\text{-}Fe_2O_3$，之后 $\gamma\text{-}Fe_2O_3$ 晶型转变成 $\alpha\text{-}Fe_2O_3$），因而人工磁铁矿球团的氧化速度快于天然磁铁矿球团。这是人工磁铁矿球团比天然磁铁矿球团容易氧化的一方面原因。下面将对人工磁铁矿球团不同条件下预热球的显微结构进行分析。

从图 6-9 中可以看出，人工磁铁矿球团在 573K 下氧化 15min 后，依然存在不少的磁铁矿和磁赤铁矿，其氧化度为 75% 左右。出现这种显微结构的主要原因是预热氧化温度低，磁铁矿氧化反应速率小，Fe_3O_4 氧化为 $\gamma\text{-}Fe_2O_3$ 条件不充分，$\gamma\text{-}Fe_2O_3$ 晶型转变成 $\alpha\text{-}Fe_2O_3$ 受到影响[191]。显微镜下偶见金黄色的黄铁矿，呈单体颗粒分散存在，这是因为在 573K 的温度条件下，黄铁矿氧化尚不能进行。磁铁矿氧化是从其晶体颗粒表面向颗粒内部推进的 [图 6-9(c)]，颗粒与颗粒之间界面清晰，尚未出现桥连[192]。

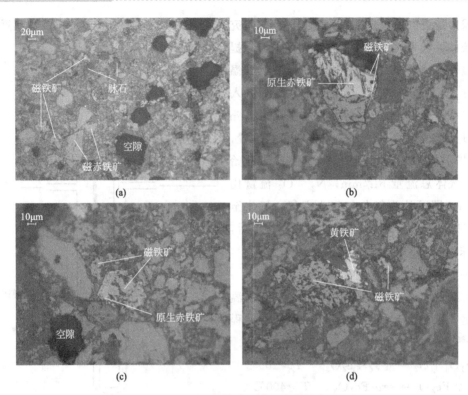

图 6-8　人工磁铁矿干球的显微结构

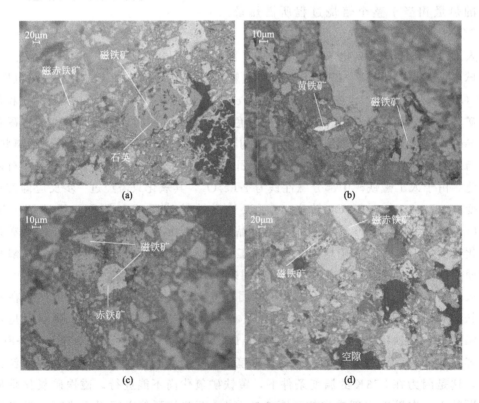

图 6-9　氧化后人工磁铁矿球团的显微结构（573K）

　　人工磁铁矿球团在 873K 氧化 10min 后，显微镜下看到的磁铁矿比 573K 时有所减少，只有部分大颗粒的磁铁矿尚未被完全氧化，如图 6-10(b) 所示。因此，氧化度也有所增加。即使此时球团氧化度达 87％以上，球团外层仍然有磁铁矿未被完全氧化 [图 6-10(d)]，故认为磁铁矿球团的氧化不是沿着明显的界面推进，而是整个球团中所有颗粒同时进行的。显微镜下观察到的原生赤铁矿比次生赤铁矿更亮，如图 6-10(c) 所示。未发现金黄色的黄铁矿颗粒，说明此时黄铁矿可能已经被氧化，颗粒边缘未发生软熔。

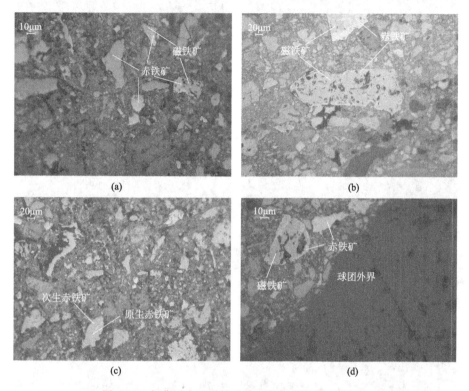

图 6-10　氧化后人工磁铁矿球团的显微结构（873K）

　　整体来看，1073K 氧化球团显微镜下观察到的磁铁矿与 873K 时相当，两种温度条件下的球团氧化度分别为 91.09％和 87.46％。如图 6-11(a) 所示，1073K 下的氧化球团中可观察到轻微的裂纹，这对成品球的抗压强度不利。球团中心与球团表层氧化程度区别较大，表层基本氧化完全，球团中心还存在未氧化的大块磁铁矿残留，如图 6-11(b) 所示。球团中局部区域还出现赤铁矿发育晶，如图 6-11(c) 所示。在球团预热氧化阶段，赤铁矿发育晶显然不利于 O_2 的扩散，对球团氧化不利。如图 6-11(d) 所示，部分赤铁矿颗粒边缘变得圆滑，说明开始出现软熔。

　　由图 6-12 清晰可见，球团矿中已经产生了液相，颗粒与颗粒之间已经不存在明显的界面，但赤铁矿晶体结构介于发育晶和互联晶之间。这是因为人工磁铁矿是经过高温磁化焙烧后得到的，活性高，成分不稳定，易于被熔化。如图 6-12(a) 所示，球团中层存在较大的裂纹，肉眼也清晰可见。从整体上来看，人工磁铁矿球团在 1273K 预热氧化 4min 后，氧化度达 95％以上，但也能观察到未氧化完全的大颗粒磁铁矿 [图 6-12(b)、(d)]。图 6-12(b) 中赤铁矿产物层将磁铁矿包裹，阻止了其深入氧化；图 6-12(d) 中赤

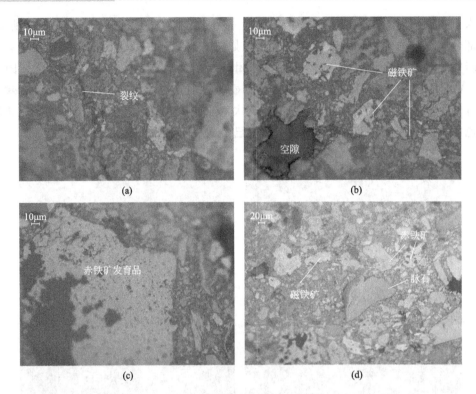

图 6-11 氧化后人工磁铁矿球团的显微结构（1073K）

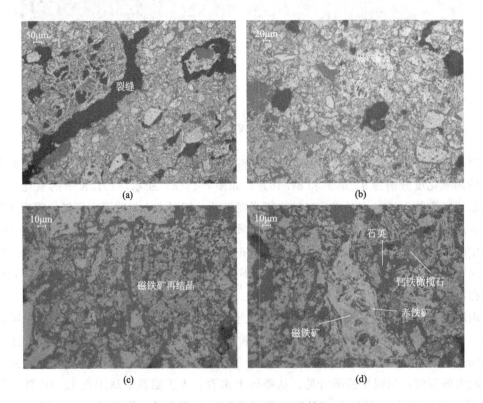

图 6-12 氧化后人工磁铁矿球团的显微结构（1273K）

铁矿沿磁铁矿八面体裂开发育呈格状，颗粒较大，内部磁铁矿氧化滞后。由图 6-12(c) 可观察到，局部小颗粒的磁铁矿开始发生软熔、再结晶，而不是被氧化成赤铁矿。这是因为预热氧化温度高，同时磁铁矿氧化放热，导致球团内局部温度过高，磁铁矿颗粒直接呈熔融状，反应不均匀。总而言之，预热氧化温度 1273K 对于人工磁铁矿球团来说还是太高，虽然球团氧化度能够在很短的时间内达到 80% 以上，但其反应过于激烈，且不均匀，热胀冷缩现象明显。

由干球及其氧化球的显微结构清晰可见，干球的预热温度越高，球团氧化度也越大。整体来看，氧化是从球团表面向内部逐渐推进的，微观表现为整个球团中磁铁矿颗粒氧化同时进行，Fe_2O_3 由 Fe_3O_4 晶体的解离面中开始生成，直到整个颗粒被完全氧化。人工磁铁矿球团的预热氧化温度在 873K 左右最适合，温度太低，磁铁矿氧化反应速率慢，Fe_3O_4 氧化为 $\gamma\text{-}Fe_2O_3$ 的速率慢，$\gamma\text{-}Fe_2O_3$ 晶型不能转变成 $\alpha\text{-}Fe_2O_3$；温度过高，球团内部反应不均匀，易产生裂纹、裂缝，影响成品球的质量。

由图 6-13 可见，人工磁铁矿球团在 1000℃氧化后，磁铁矿、磁赤铁矿已基本被氧化成赤铁矿。与人工磁铁矿干球的显微结构相比，人工磁铁矿球团氧化球的显微结构中矿物颗粒边缘基本模糊，赤铁矿颗粒间微晶键基本形成，仅较大的赤铁矿颗粒还尚未与周围的矿物颗粒发生桥连。

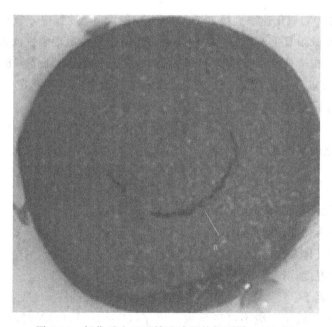

图 6-13　氧化后人工磁铁矿球团的切面图 (1273K)

鉴于人工磁铁矿较容易氧化，故选择了 300～1000℃研究人工磁铁矿球团的氧化情况。人工磁铁矿球团的氧化度随氧化温度及时间的变化规律见图 6-14。

由图 6-14 可见，人工磁铁矿球团很容易氧化，在 300℃氧化 10min 氧化度就达 70% 以上，在 1000℃氧化 2.5min 氧化度就达 87% 以上。氧化温度越高，氧化速度越快，氧化也越彻底；氧化时间越长，氧化越完全。从氧化度曲线来看，干球开始氧化的速度快，越到后面氧化速度越慢，直到到达其对应温度的临界氧化度。这是因为温度越高，氧化反应

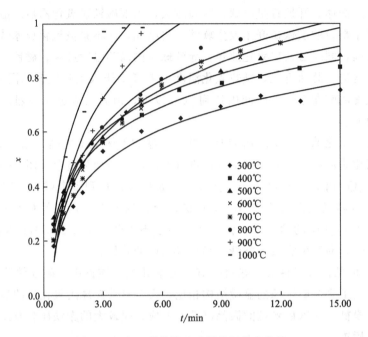

图 6-14　人工磁铁精矿球团的氧化度曲线

速率越大，且在 900℃ 氧化速率大幅度增大。但在球团焙烧过程中，氧化温度太高、氧化速度太快，会导致球团氧化不均匀，收缩严重，球团中容易出现裂纹或者双层结构，也可能导致球团熔化。在链箅机-回转窑生产球团时，一般焙烧前球团链箅机预热后，氧化度达 80% 就能满足要求。因此，人工磁铁矿预热氧化时温度应该控制在 500~800℃，明显低于天然磁铁矿球团要求的 900~1100℃ 的温度条件。

　　由 Arrhenius 方程可以研究人工磁铁矿球团氧化反应的活化能，从而可以揭示人工磁铁矿球团容易氧化的根本规律：

$$\ln k = -\frac{E}{RT} + \ln A \tag{6-2}$$

式中　k——化学反应速率常数，cm/s；

　　　E——表观活化能，kJ/mol；

　　　R——理想气体常数，8.314J/(K·mol)；

　　　T——绝对温度，K；

　　　A——频率因子。

　　磁铁矿球团氧化属于一级不可逆反应，以 $f(C) = \ln[\mathrm{FeO}]$ 对时间 t 作线性关系图，直线斜率即为化学反应速率常数 k，结果见表 6-1。

表 6-1　$f(C)$-t 图线性拟合结果

拟合参数	氧化温度 T/K							
	573	673	773	873	973	1073	1173	1273
k	0.1016	0.1182	0.1659	0.1876	0.2094	0.2341	0.4674	0.7705
$\ln C_0$	2.1938	2.1059	2.1611	2.2271	2.3103	2.3147	2.5715	2.6580
R^2	0.9406	0.9514	0.9888	0.9940	0.9954	0.9881	0.9839	0.8458

由表 6-1 中的 k 与 T 值，可计算出 $1/T$ 和 $\ln k$；用 $\ln k$ 对 $1/T$ 作图，可以得到一条直线，进而可以求出 Arrhenius 方程中的表观活化能 E，如图 6-15 所示。

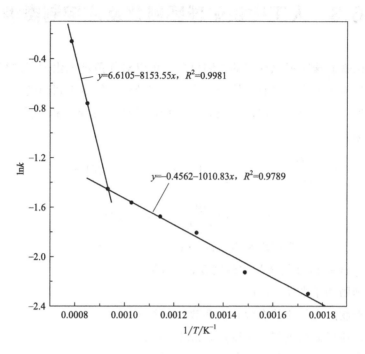

图 6-15　$\ln k$ 与 $1/T$ 的关系

如图 6-15 所示，显然，$\ln k$ 与 $1/T$ 呈两段直线关系。以 800℃ 为界，800℃ 以下直线斜率 a 为 -1010.83，800℃ 以上直线斜率为 -8153.55，故反应活化能 $E=aR$ 分别为 8.40kJ/mol、67.79kJ/mol。当表观活化能在 42～420kJ/mol 之间时，反应过程为化学反应控制；当表观活化能在 4.2～21kJ/mol 之间时，反应过程为内扩散控制；其余的过程为混合控制区。

人工磁铁矿球团易被氧化，在 400℃、900℃ 下氧化 5min，氧化度分别可达 67.08%、96.37%，过程符合"未反应核收缩模型"，属于一级不可逆反应。人工磁铁矿和人工磁铁矿球团均很容易被氧化，由其表观活化能数据就能看出，温度在 800℃ 以下时，活化能仅为 8.40kJ/mol，远低于天然磁铁矿球团的氧化反应活化能 50kJ/mol[193]。这是因为人工磁铁矿经过了高温还原焙烧，化学反应活性高，氧化反应容易进行；部分赤铁矿氧化不彻底，以 $\gamma\text{-}Fe_2O_3$ 形式存在，氧化速度快，迅速形成新的大颗粒致密状 $\alpha\text{-}Fe_2O_3$，阻碍了氧化剂 O_2 在气固两相氧化体系内的扩散，这一阶段的氧化反应表现为扩散控制。人工磁铁矿球团在 800℃ 以上氧化时，表观活化能高达 67.79kJ/mol，反应过程受化学反应控制，反应速率与球团半径 r_0 成反比。这是因为人工磁铁矿晶格缺陷多，结晶不完整，矿物不均匀性较强。此外，精矿中夹杂少量的高铁橄榄石和铁硅酸盐，氧化反应对温度比较敏感，氧化后再生形成新的 Fe_2O_3 需要的热量高，氧化和固结的高温焙烧时间更长，因此这一阶段主要表现为化学反应控制。

6.3 人工磁铁矿球团氧化反应控制类型

　　研究人工磁铁矿球团氧化反应的控制机理，可以对其预热氧化过程进行优化。人工磁铁矿球团氧化反应属于典型的有固体产物层的致密颗粒与气体之间的气固反应体系，其过程通常由化学反应动力学、气体内扩散和气相传质控制。反应进程 t 受到三种因素限制，其动力学方程为：

$$t = \frac{a\rho r_0}{3bc_0 k_g}x + \frac{a\rho r_0^2}{6bc_0 D_e}[1-3(1-x)^{2/3}+2(1-x)]+$$

$$[1-(1-x)^{1/3}] + \frac{a\rho r_0}{bc_0 k_c}[1-(1-x)^{1/3}] \tag{6-3}$$

式中　 k_c ——界面化学反应速率常数，cm/s；

　　　　 ρ ——矿石中 FeO 的体积摩尔密度，mol/cm³；

　　　　 r_0 ——球团初始半径，cm；

　　　　 D_e ——产物层内气体的有效扩散系数，cm²/s；

　　　　 c_0 ——反应界面的氧气摩尔浓度，mol/cm³；

　　 a ，b ——化学反应计量数，$a=4$，$b=1$；

　　　　 k_g ——O₂ 在气相中的传质系数，cm²/s。

　　试验气体总流量为 5L/min，雷诺数 $Re<2300$。O₂ 在气相中的传质系数 k_g 是恒定的，且远大于界面化学反应速率常数 k_c 和气体通过产物层的有效扩散系数 D_e，所以 $1/k_g$ 远小于 $1/k_c$ 和 $1/D_e$，球团氧化反应受化学反应和内扩散混合控制，因此动力学方程可修订为：

$$t = \frac{a\rho r_0^2}{6bc_0 D_e}[1-3(1-x)^{2/3}+2(1-x)]+\frac{a\rho r_0}{bk_c c_0}[1-(1-x)^{1/3}] \tag{6-4}$$

　　当界面化学反应速率常数 k_c 远大于气体通过产物层的有效扩散系数 D_e 时，$1/k_c$ 远小于 $1/D_e$，球团氧化反应主要受内扩散控制，因此氧化动力学方程可修订为：

$$t = \frac{a\rho r_0^2}{6bc_0 D_e}[1-3(1-x)^{2/3}+2(1-x)]+[1-(1-x)^{1/3}] \tag{6-5}$$

　　当气体通过产物层的有效扩散系数 D_e 远大于界面化学反应速率常数 k_c 时，$1/D_e$ 远小于 $1/k_c$，球团氧化反应主要受化学反应控制，因此氧化动力学方程可修订为：

$$t = \frac{a\rho r_0}{bc_0 k_c}[1-(1-x)^{1/3}] \tag{6-6}$$

　　经推导可将上述动力学方程看作是 $f(x)$ 对 t 的函数，当 $1-(1-x)^{1/3}$ 与 t 呈线性关系时，反应为化学反应控制；当 $1+2(1-x)-3(1-x)^2$ 与 t 呈线性关系时，反应为内扩散控制；当 $1-2(1-x)^{2/3}+(1-x)^{1/3}$ 与 $t/[1-(1-x)^{1/3}]$ 呈线性关系时，反应为化学反应和内扩散混合控制。结果表明，当氧化温度低于 800℃时，$1+2(1-x)-3(1-x)^{2/3}$ 与

t 之间的线性关系最好；当氧化温度高于 800℃时，$1-(1-x)^{1/3}$ 与 t 之间的线性关系最好，如图 6-16、图 6-17 所示。

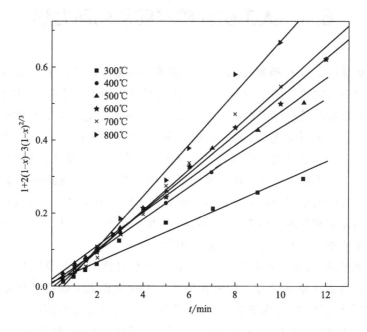

图 6-16　低温氧化阶段 $1+2(1-x)-3(1-x)^{2/3}$ 与 t 间的关系

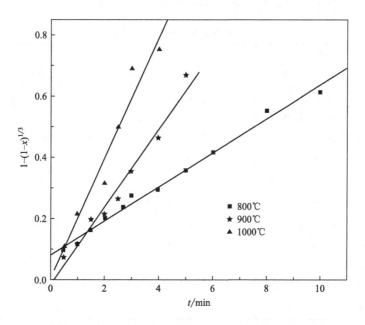

图 6-17　高温氧化阶段 $1-(1-x)^{1/3}$ 与 t 间的关系

由图 6-16、图 6-17 可知，人工磁铁矿在 800℃以下预热氧化时，反应过程受内扩散控制，氧化反应速率与球团半径 r_0^2 成反比；在 800℃以上预热氧化时，反应过程受化学反应控制，氧化反应速率与球团半径 r_0 成反比。

6.4　人工磁铁矿球团氧化动力学

人工磁铁矿球团 Fe_3O_4 被氧化成 Fe_2O_3 的放热是重要环节，氧化放热产生的热量相当于球团焙烧过程所需热量的 $40\%\sim50\%$。利用好这一特性，不仅可以减少大量的燃料消耗，还可以获得高品质的球团矿；反之，如果控制不好，焙烧时，球核温度高于外层温度，球团内部容易形成裂纹或双层结构，将严重降低球团矿的质量。人工磁铁矿比天然磁铁矿容易氧化，关于天然磁铁矿球团的氧化规律有很多研究，而对于人工磁铁矿球团氧化焙烧的研究很少，如果以天然磁铁矿球团的焙烧制度来焙烧人工磁铁矿球团是不科学、不合理的。找到人工磁铁矿球团的氧化规律，研究其氧化动力学对人工磁铁矿球团氧化做出合理的、科学的预见和判断，将为人工磁铁矿球团预热焙烧过程热工制度的合理选择和精确控制提供理论依据，为人工磁铁矿高效利用提供依据。

由于人工磁铁矿的表面孔隙较多，晶体发育不完整，较容易氧化，因此在 $300\sim1000℃$ 范围内研究人工磁铁矿球团的氧化规律。福建大田人工磁铁矿球团在不同氧化条件下的氧化试验研究结果见表 6-2。由表 6-2 可见，氧化温度越高，人工磁铁矿球团的氧化速度越快，氧化度越大。在 $400℃$、$900℃$ 下氧化 $5min$，氧化度分别达 67.08%、96.37%。在球团厂链算机-回转窑生产中，焙烧固结前只需球团的氧化度达 80% 以上，由此可见，人工磁铁矿球团只需在预热段维持 $10min$ 左右即可。

表 6-2　不同条件下人工磁铁矿球团的氧化度 x　　　单位：%

t/min	T/℃			t/min	T/℃		t/min	T℃		
	300	400	500		600	700		800	900	1000
0.5	17.99	23.84	29.21	0.5	19.39	20.30	0.5	26.16	20.21	29.70
1	24.67	34.90	38.53	1	36.63	31.77	1	30.61	31.27	50.99
1.5	32.59	42.08	42.57	1.5	40.92	36.80	1.5	41.01	48.68	50.17
2	37.79	47.19	48.68	2	46.20	42.99	2	49.26	51.57	67.74
3	52.72	56.68	58.33	3	56.11	56.60	2.5	55.78	60.31	87.38
5	60.31	67.00	70.54	4	65.59	63.37	3	61.96	72.61	97.03
7	65.51	75.00	80.28	5	68.81	71.86	4	64.60	84.49	98.51
9	69.97	78.63	83.17	6	76.49	77.31	5	73.35	96.37	98.51
11	73.51	80.20	87.54	8	83.91	85.97	6	80.03		
13	71.45	83.00	88.20	10	87.46	89.69	8	91.09		
15	75.58	83.75	88.86	12	92.66	92.66	10	94.14		

注：$x=(1-[FeO]_t/[FeO]_0)\times100\%$，$[FeO]_0$、$[FeO]_t$ 分别为球团氧化前后 FeO 的含量。

6.4.1　人工磁铁矿球团氧化反应级数

为研究人工磁铁矿球团的氧化反应机理，必须确定其化学反应级数。化学反应动力学中通常把反应分为基元反应和非基元反应，反应物分子在相互作用或碰撞后一步就能完成的反应为基元反应，反之则为非基元反应。非基元反应也可以看成是多个基元反应组成的。磁铁矿球团的氧化是吸收 O_2，并放出热量的非基元反应：

$$4Fe_3O_4 + O_2 \Longrightarrow 6Fe_2O_3 + 479.70kJ \tag{6-7}$$

在基元反应的基础上，非基元反应常被分为零级反应、一级反应、二级反应、三级反应和多级反应。一般，零级反应、一级反应和二级反应的化学反应速率与反应物浓度有下列关系。

零级反应：
$$C_0 - C = k_0 t \tag{6-8}$$

一级反应：
$$\ln C - \ln C_0 = -k_1 t \tag{6-9}$$

二级反应：
$$1/C - 1/C_0 = k_2 t \tag{6-10}$$

式中　　C_0——氧化前球团中 FeO 的含量（质量分数），%；

　　　　C——氧化 t（min）后球团中 FeO 的含量（质量分数），%；

　　　　t——球团氧化所进行的时间，min；

k_0，k_1，k_2——零级、一级和二级反应的化学反应速率常数，min^{-1}。

测定反应级数的方法有积分法、微分法、半衰期法和孤立法，这里可以用积分法确定磁铁矿氧化反应的反应级数。若将式(6-8)～式(6-10)看作是 $f(C)\text{-}t$ 的函数，通过反应物浓度 C 随时间 t 的变化关系，确定磁铁矿球团氧化反应的反应级数。以人工磁铁矿球团在 973K 条件下的氧化规律为例，探讨了磁铁矿球团中磁铁矿氧化反应的反应级数。分别以 973K 下氧化的零级反应、一级反应和二级反应 $f(C)$ 对氧化时间 t 作图，并进行线性拟合，见图 6-18。线性拟合相关度 R^2 表示了该反应与各级反应方程的相关程度，该值越高则表示氧化反应越符合某一级氧化反应。由图 6-18 可见，当 $f(C)\text{-}t$ 分别以零级反应、一级反应和二级反应线性拟合时，相关系数 R^2 分别为 0.9183、0.9954、0.9306，R^2 值越大，结果可信度越大。试验结果对一级反应线性关系最好，则磁铁矿球

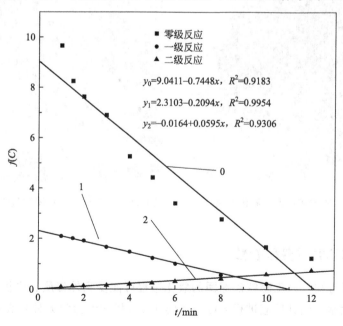

图 6-18　氧化反应级数确定的 $f(C)\text{-}t$ 图

团中磁铁矿氧化成赤铁矿的反应可认为是一级不可逆反应。因此，球团中 FeO 的含量 C 与反应时间 t 满足式(6-9)。

以 $f(C)$-t 作图，其中 $f(C)=\ln C-\ln C_0$，将其进行线性拟合，其直线斜率即为化学反应速率常数 k，结果见表 6-3。相关系数 R^2 基本都能达到 0.9 以上，具有较高的可信度。氧化反应温度越高，k 值越大，说明氧化反应进行得越快；且在 573～1073K 之间，k 值随温度变化较小，1073～1273K 之间，k 值随温度变化较大，k 值越大，氧化反应对温度越敏感。

表 6-3　$f(C)$-t 图线性拟合结果

拟合参数	T/K							
	573	673	773	873	973	1073	1173	1273
k	0.1016	0.1182	0.1659	0.1876	0.2094	0.2341	0.4674	0.7705
$\ln C_0$	2.1938	2.1059	2.1611	2.2271	2.3103	2.3147	2.5715	2.6580
R^2	0.9406	0.9514	0.9888	0.9940	0.9954	0.9881	0.9839	0.8458

人工磁铁矿球团的氧化属于典型的有固体产物层的致密颗粒与气体的气-固两相反应，反应过程通常受气体反应物（或产物）通过气体边界层的外传质、气体反应物（或产物）通过固体产物层达到（或离开）反应界面的内扩散及化学反应控制，通常，这类反应可用未反应核收缩模型来进行分析。如图 6-19、图 6-20 所示，不管是从宏观还是从微观结构上来看，人工磁铁矿球团氧化均呈环状由外向内推进，故可以选择"未反应核收缩模型"研究人工磁铁矿球团氧化动力学[132,194]。

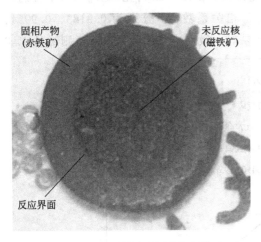

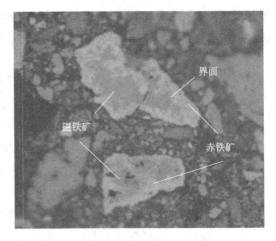

图 6-19　人工磁铁矿球团的氧化外观　　　　图 6-20　人工磁铁矿球团的氧化内部结构（×50）

6.4.2　氧化动力学模型参数

由以上分析可知，人工磁铁矿球团的氧化过程可能受到外传质、内扩散及化学反应中的一项或多项控制，则其反应进程 t 可由式(6-11)（氧化动力学方程）表示。

$$t=\frac{a\rho r_0}{bk_c c_0}\left\{\frac{k_c}{3k_g}x+\frac{k_c r_0}{6D_e}[1-3(1-x)^{2/3}+2(1-x)]+[1-(1-x)^{1/3}]\right\} \quad (6-11)$$

式中　k_c——界面化学反应速率常数，cm/s；

　　　ρ——矿石中 FeO 的体积摩尔密度，0.00747mol/cm³；

　　　r_0——球团初始半径，0.65cm；

　　　D_e——产物层内气体的有效扩散系数，cm²/s；

　　　c_0——反应界面的氧气摩尔浓度（温度的函数），mol/cm³，见表 6-4；

　　a，b——化学反应计量数，$a=4$，$b=1$；

　　　k_g——O_2 在气相中的传质系数，cm²/s。

表 6-4　不同温度下气相中的 O_2 浓度 c_0　　单位：10^{-6} mol/cm³

573K	673K	773K	873K	973K	1073K	1173K	1273K
4.4667	3.8030	3.3110	2.9317	2.6304	2.3853	2.1819	2.0105

注：$c_0=P_0/RT=0.21\text{atm}/[82.05\text{atm}\cdot\text{cm}^3/(\text{mol}\cdot\text{K})\times T]$。

试验测定时，气体总流量为 5L/min，$Re<2300$。O_2 在气相中的传质系数 k_g 是恒定的，且远大于界面化学反应速率常数 k_c 和气体通过产物层的有效扩散系数 D_e，所以 $1/k_g$ 远小于 $1/k_c$ 和 $1/D_e$，反应过程受化学反应和内扩散混合控制，因此式（6-11）可修正为：

$$t=\frac{a\rho r_0^2}{6bc_0 D_e}[1-3(1-x)^{2/3}+2(1-x)]+\frac{a\rho r_0}{bc_0 k_c}[1-(1-x)^{1/3}] \tag{6-12}$$

此外，当界面化学反应速率常数 k_c 远大于气体通过产物层的有效扩散系数 D_e 时，$1/k_c$ 远小于 $1/D_e$，反应过程主要受内扩散控制，因此式（6-12）可修正为：

$$t=\frac{a\rho r_0^2}{6bc_0 D_e}[1-3(1-x)^{2/3}+2(1-x)] \tag{6-13}$$

当气体通过产物层的有效扩散系数 D_e 远大于界面化学反应速率常数 k_c 时，$1/D_e$ 远小于 $1/k_c$，反应过程主要受化学反应控制，因此式（6-12）可修正为：

$$t=\frac{a\rho r_0}{bc_0 k_c}[1-(1-x)^{1/3}] \tag{6-14}$$

经推导变换，可将动力学方程式（6-12）～式（6-14）看作是 $f(x)$ 与 t 的函数，即 $Y=AX+B$ 的形式，具体如下：

$$t=\frac{t}{1-(1-x)^{1/3}}=\frac{a\rho r_0^2}{6bc_0 D_e}[1-2(1-x)^{2/3}+(1-x)^{1/3}]+\frac{a\rho r_0}{bc_0 k_c} \tag{6-15}$$

$$[1-3(1-x)^{2/3}+2(1-x)]=\frac{6bc_0 D_e}{a\rho r_0^2}t \tag{6-16}$$

$$[1-(1-x)^{1/3}]=\frac{bc_0 k_c}{a\rho r_0}t \tag{6-17}$$

当 $1-(1-x)^{1/3}$ 与 t 呈线性关系时，动力学方程为式（6-14）的形式，反应为化学反应控制；当 $1-3(1-x)^{2/3}+2(1-x)$ 与 t 呈线性关系时，动力学方程为式（6-13）的形式，反应为内扩散控制；当 $1-2(1-x)^{2/3}+(1-x)^{1/3}$ 与 $t/[1-(1-x)^{1/3}]$ 呈线性关系时，动力学方程为式（6-15）的形式，反应为化学反应和内扩散混合控制。结果表明，当氧化温度低于 800℃时，$1-3(1-x)^{2/3}+2(1-x)$ 与 t 之间的线性关系最好；当氧化温度高于

800℃时，$1-(1-x)^{1/3}$ 与 t 之间的线性关系最好，如图6-21、图6-22所示。由图6-21可知，人工磁铁矿球团在800℃以下预热氧化时，反应受温度影响较小，过程受内扩散控制，氧化反应速率与球团半径 r_0^2 成反比。由图6-22可知，人工磁铁矿球团在800℃以上预热氧化时，反应受温度影响较大，温度较高，分子或离子扩散快、迁移速率大、活性高，过程受化学反应控制，氧化反应速率与球团半径 r_0 成反比。

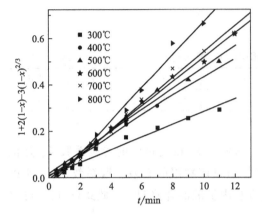

图6-21　低温段氧化 $1+2(1-x)-3(1-x)^{2/3}$ 与 t 间的关系

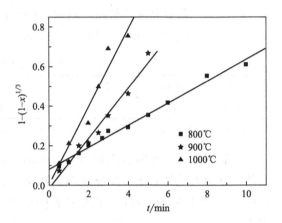

图6-22　高温段氧化 $1-(1-x)^{1/3}$ 与 t 间的关系

对于一定的试验条件，a、b、ρ、r_0、c_0 已知，由图6-21、图6-22中直线的斜率 $A(Y=AX+B)$ 和式(6-16)、式(6-17)可以对低温段产物层内气体的有效扩散系数 D_e 和高温段的化学反应速率常数 k_c 进行确定，结果见表6-5。

表6-5　人工磁铁矿球团氧化时的 k_c 与 D_e 值

控制方式	$T/℃$	斜率 A	$D_e/(cm^2/s)$	$k_c/(cm/s)$	R^2
扩散控制	300	0.0275	0.0142		0.9690
	400	0.0440	0.0266		0.9970
	500	0.0460	0.0320		0.9898
	600	0.0524	0.0412		0.9959
	700	0.0560	0.0489		0.9917
临界点	800	0.0708	0.0684		0.9872
		0.0558		0.4974	0.9891
化学控制	900	0.1270		1.2356	0.9750
	1000	0.1968		2.3394	0.9480

6.4.3　磁铁矿球团氧化活化能

根据Arrhenius公式，如式(6-18)、式(6-19)，可以研究内扩散及化学反应的表观活化能，进而可以找到温度与扩散系数 D_e 和化学反应速率常数 k_c 的关系。

$$\ln D_e = -\frac{E_{De}}{RT} + \ln A_{De} \qquad (6\text{-}18)$$

$$\ln k_c = -\frac{E_{kc}}{RT} + \ln A_{kc} \tag{6-19}$$

由式(6-18)、式(6-19)可见，以 $\ln D_e$-$1/T$ 作图，可以求出氧化温度在 800℃以内的扩散反应表观活化能，如图 6-23 所示。

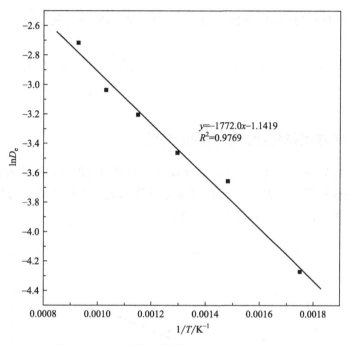

图 6-23　人工磁铁矿球团氧化时的 $\ln D_e$-$1/T$ 图

由图 6-23 可见，$E_{De}/R = 1772.0$，$E_{De} = 14.73\text{kJ/mol}$ [其中 $R = 8.314\text{J/(mol·K)}$]，故 $D_e = 0.3192\exp(14730/RT)$，$T \leqslant 1073\text{K}(800℃)$。

以 $\ln k_c$-$1/T$ 作图，可以求出 800℃以上的化学反应表观活化能，如图 6-24 所示。

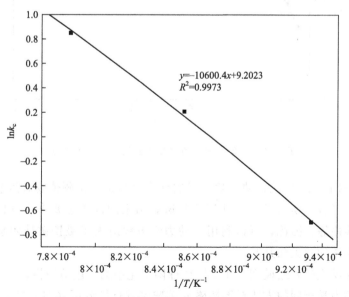

图 6-24　人工磁铁矿球团氧化时的 $\ln k_c$-$1/T$ 图

由图 6-24 可见，$E_{kc}/R = 10600.4$，$E_{kc} = 88.13 \text{kJ/mol}$，故 $k_c = 9919.92 \exp(88130/RT)$，$T \geqslant 1073\text{K}(800℃)$。

将 D_e、k_c 的表达式代入式(6-13)、式(6-14)，可以得到人工磁铁矿球团的氧化动力学方程：

$$t = \begin{cases} \dfrac{\rho r_0^2}{24 c_0 D_e}\left[1 - 3(1-x)^{\frac{2}{3}} + 2(1-x)\right], & D_e = 0.3192 \exp\left(\dfrac{14730}{RT}\right), & T \leqslant 1073\text{K} \\[4mm] \dfrac{\rho r_0}{4 c_0 k_e}\left[1 - (1-x)^{\frac{1}{3}}\right], & k_c = 9919.92 \exp\left(\dfrac{88130}{RT}\right), & T \geqslant 1073\text{K} \end{cases}$$

(6-20)

6.4.4 磁铁矿球团氧化动力学模型的应用

为了考察所推导的人工磁铁矿球团氧化动力学方程是否能有效反映氧化过程的真实情况，需对模型进行检验。由式(6-20)可以推导计算出人工磁铁矿球团的氧化进程，将其与试验得到的结果相比，结果见图 6-25～图 6-27。

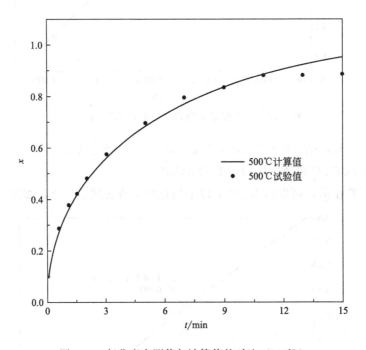

图 6-25 氧化度实测值与计算值的对比（500℃）

由图 6-25～图 6-27 可见，动力学方程的计算值与试验实测值吻合度较高，故所推导出的动力学模型可靠。动力学方程计算值与试验结果的误差主要来自球团理化性质的波动、实验操作误差等。因此，可以利用该动力学方程对人工磁铁矿球团氧化做出较准确的、合理的、科学的预见和判断。

为考察"未反应核收缩模型"在磁铁矿球团氧化中的普遍适用性，采用与研究人工磁铁矿球团氧化动力学相同的方法对天然磁铁矿球团进行了分析（图 6-28），推导出了天然

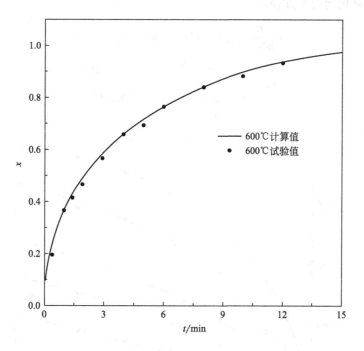

图 6-26　氧化度实测值与计算值的对比（600℃）

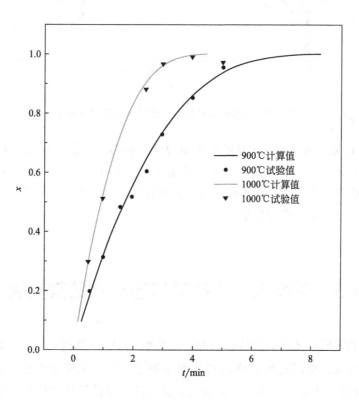

图 6-27　氧化度实测值与计算值的对比（900℃、1000℃）

磁铁矿球团的氧化动力学方程：

$$t = \frac{\rho r_0^2}{24 c_0 D_e} \left[1 - 3(1-x)^{2/3} + 2(1-x) \right] \tag{6-21}$$

$$D_e = \begin{cases} 6.0315 e^{\frac{50820}{RT}} & (T \leqslant 1073\text{K}) \\ 287.1 e^{\frac{85414}{RT}} & (T \geqslant 1073\text{K}) \end{cases}$$

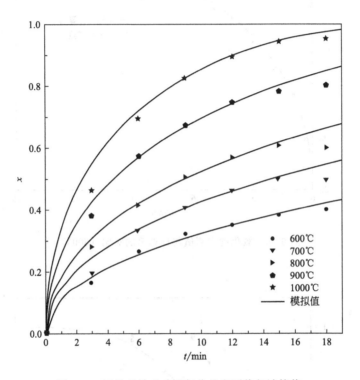

图 6-28　天然磁铁矿球团氧化的实测值与计算值

由图 6-28 可见，天然磁铁矿球团氧化动力学方程的计算值与试验实测值吻合度也较高。由此可见，无论是人工磁铁矿球团，还是天然磁铁矿球团，采用"未反应核收缩模型"推导的氧化动力学方程均能很好地反映其氧化规律，因此所选择的模型是合理的，所推导出的方程具有较大的参考价值。

6.5　影响人工磁铁矿球团氧化的其他因素

除了温度和时间对球团氧化具有很大的影响外，还有其他因素，如介质气体中 O_2 的分压、介质的流速、球团直径和球团的孔隙率等[195,196]。工业生产中介质气体为空气，O_2 分压是一定的，体积分数为 21％，介质流速由鼓风或抽风风机调控，球团直径和孔隙率由造球条件和矿石性质、来源等决定[197]。在氧化温度为 600℃时对球团直径和 O_2 分压对球团氧化的影响进行了考察，结果见图 6-29。

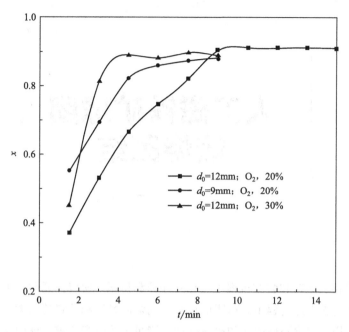

图 6-29　球团直径、O₂分压对其氧化的影响

当其他条件一定时，球团直径越小，O_2 含量越高，氧化反应越快。O_2 含量为 30％时，球团氧化 3min，氧化度就能达到 80％以上，而空气中需要氧化 8min 氧化度才能达到 80％；当球团直径只有 9mm 时，球团氧化 4.5min 就能达到 80％以上的氧化度，而当球团直径为 12mm 时，球团氧化 8min 以上，氧化度才能达到 80％以上。从图 6-29 来看，O_2 含量的变化，对氧化的影响最大，增大 O_2 浓度反应向生成物方向进行。就球团氧化而言，小球氧化得快；对高炉来讲，小球使高炉填充率更大、料层更均匀、流动性更好。

综上所述，磁铁矿球团氧化时，除了焙烧温度和焙烧时间对人工磁铁矿球团氧化有较大的影响外，介质气体中 O_2 的分压、介质流速、球团直径和球团的孔隙率等因素也有一定影响。

7

人工磁铁矿球团焙烧固结

球团矿在储存、运输和装卸过程中会相互碰撞和挤压，所以需要很高的机械强度来承受巨大的压力。在高炉冶炼过程中，球团矿也会受到炉内风压和炉料的巨大冲击，所以需要对球团进行高温焙烧，以增强球团矿的机械强度，满足工业生产要求。球团矿的氧化焙烧是一个极其复杂的物理化学过程，主要包括预热、焙烧和冷却阶段。在预热过程中，球团矿中的低价铁氧化物开始氧化反应，碳酸盐和硫化物开始分解和氧化以及发生某些固相反应[198,199]，球团矿物物相发生变化（图 7-1）；在焙烧固结阶段，升温至 1000℃ 以上，主要发生 Fe_2O_3 的再结晶反应[200,201]，球团中低熔点化合物开始熔化，球团内部液相增加，导致球团体积收缩，孔隙率下降，结构致密化。影响球团焙烧的内因主要是造球原料本身的理化特性，外因主要是焙烧制度的影响，包括预热温度和时间、焙烧温度和时间、预热和焙烧气氛以及均热和冷却制度等因素[202]。本章主要讨论天然磁铁精矿和人工磁铁精矿球团的焙烧特性和区别，并对两种磁铁精矿的成品球性能（图 7-2）进行了对比研究。

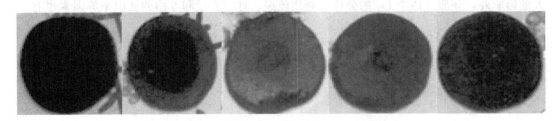

图 7-1　未完全氧化人工磁铁矿球团的宏观截面图

(a) 人工磁铁矿成品球

(b) 天然磁铁矿成品球

图 7-2　磁铁矿成品球

7.1 影响磁铁矿球团焙烧的因素

7.1.1 焙烧温度

人工磁铁矿和天然磁铁矿球团在干燥之后，通过焙烧固结改善其机械强度，分别在500℃、600℃和700℃下逐步预热 5min，然后在焙烧段进行焙烧，焙烧时间 25min。根据球团焙烧固结基本理论，选择的球团焙烧温度分别为 1100℃、1150℃、1200℃、1250℃和 1300℃[203]。不同焙烧温度下的球团抗压强度见表 7-1。

表 7-1　不同焙烧温度下的球团抗压强度

焙烧温度/℃	1100	1150	1200	1250	1300
天然磁铁矿的抗压强度/(N/个)	3047	3219	3258	3308	5290
人工磁铁矿的抗压强度/(N/个)	1722	2597	2612	4130	4879

从表 7-1 和图 7-3 中可以看出，两种磁铁矿的抗压强度都随焙烧温度的增高而增大。天然磁铁矿球团在 1100℃下焙烧后，其抗压强度就已达到 3000N/个以上，满足冶炼工业生产要求，而人工磁铁矿的球团需在 1150℃焙烧后，抗压强度才能达到 2500N/个以上，说明天然磁铁矿球团所需的焙烧温度比人工磁铁矿球团低。这是因为天然磁铁精矿里面的 Fe_3O_4 成分更多，焙烧时，Fe_3O_4 氧化成 Fe_2O_3 释放出大量热量，且球团中的磁铁矿易与石英等脉石矿物生成低熔点化合物，会增加球团中的液相化合物。少量的液相物质会使球团矿体积缩小，结构变得致密化，也可以使球团中的 Fe_3O_4 和 Fe_2O_3 颗粒发生融解和重结晶；并且液相的存在，也有利于固体质点的扩散，促使晶粒长大，从而加速球团的固

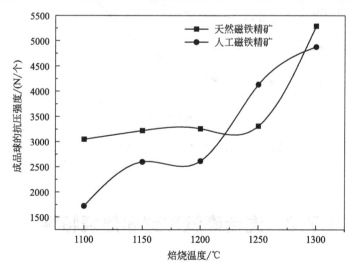

图 7-3　不同焙烧温度下的球团抗压强度

相固结，有利于球团强度的提高。

7.1.2　焙烧时间

天然磁铁矿和人工磁铁矿的球团在干燥之后，分别在 500℃、600℃ 和 700℃ 下预热 5min，然后进行焙烧，焙烧温度为 1200℃，焙烧时间分别为 15min、20min、25min、30min 和 35min。不同焙烧时间下球团矿的抗压强度见表 7-2。

表 7-2　焙烧时间对球团抗压强度的影响

焙烧时间/min	15	20	25	30	35
天然磁铁矿的抗压强度/(N/个)	3140	3172	3242	3474	3839
人工磁铁矿的抗压强度/(N/个)	2822	2835	2958	3235	3630

由表 7-2 和图 7-4 可以看出，两种球团矿的抗压强度都随着焙烧时间的延长而增大，但是增加的幅度都不大，说明焙烧时间对这两种球团矿的抗压强度影响没有焙烧温度大。天然磁铁矿球团的焙烧时间明显少于人工磁铁矿球团，在焙烧 15min 时，抗压强度就已达到 3000N/个以上，而人工磁铁矿球团需焙烧 30min，其抗压强度才能达到 3000N/个以上。焙烧时间对球团矿抗压强度影响的主要原因是，延长焙烧时间，颗粒之间的扩散增强，并且促进了磁铁矿继续氧化放热，生成活性强的 Fe_2O_3 量增多，有利于晶体长大和互连。

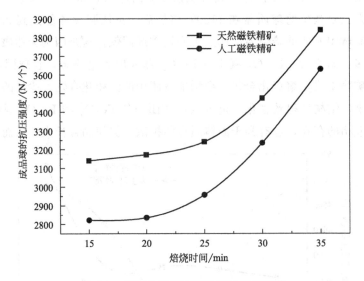

图 7-4　焙烧时间对球团抗压强度的影响

7.2　混合磁铁矿球团焙烧特性

人工磁铁矿与天然磁铁矿质量比 1∶4 造球，干球进行预热焙烧试验，考察焙烧温度、时间等条件对球团焙烧性能的影响。

7.2.1 焙烧温度对混合矿球团抗压强度的影响

混合磁铁矿球团在干燥之后，分别在 500℃、600℃ 和 700℃ 下预热 5min，然后进行焙烧，焙烧时间 25min，焙烧温度分别为 1100℃、1150℃、1200℃、1250℃ 和 1300℃。不同焙烧温度下的球团抗压强度见表 7-3。

表 7-3　不同焙烧温度下的球团抗压强度

焙烧温度/℃	1100	1150	1200	1250	1300
混合磁铁矿成品球的抗压强度/(N/个)	3057	3182	3645	3887	3987

从表 7-3 和图 7-5 中可以看出，混合磁铁矿的成品球抗压强度随焙烧温度升高而增大。这是因为随着温度的上升，球团内部的液相化合物增多，液相填充到球团内部的孔道中，使得球团更加致密，结构完整，球团机械强度增加。在 1100℃ 下，混合磁铁矿球团的抗压强度就已达到 3000N/个 以上，完全符合工业生产要求。

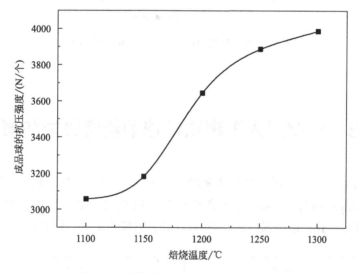

图 7-5　不同焙烧温度下的球团抗压强度

7.2.2 焙烧时间对混合矿球团抗压强度的影响

混合磁铁矿球团在干燥之后，分别在 500℃、600℃ 和 700℃ 下预热 5min，然后进行焙烧，焙烧温度为 1200℃，焙烧时间分别为 15min、20min、25min、30min 和 35min。不同焙烧时间下球团矿的抗压强度见表 7-4。

表 7-4　焙烧时间对球团抗压强度的影响

焙烧时间/min	15	20	25	30	35
混合磁铁矿成品球的抗压强度/(N/个)	3140	3172	3242	3474	3839

从表 7-4 和图 7-6 中可以看出，混合磁铁矿成品球的抗压强度随着焙烧时间的延长而增大。这是因为延长焙烧时间，颗粒之间的扩散增强，并且促进了磁铁矿继续氧化放热，

生成活性强的 Fe_2O_3 量增多，有利于晶体长大和互连。从结果可以看出，在焙烧 15min 时，成品球的抗压强度就已达到 3140N/个，达到了工业生产的强度要求。

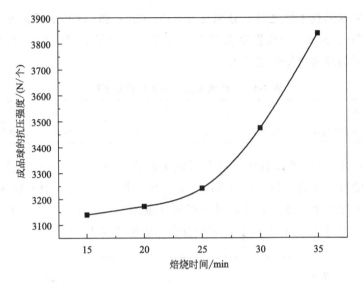

图 7-6　不同焙烧时间对球团抗压强度的影响

7.3　润磨对人工磁铁矿球团焙烧性能的影响

将润磨预处理前后人工磁铁精矿所制的合格生球干燥后，进行氧化焙烧试验。预热温度为 600℃，预热时间为 5min，各试验预热制度均相同。焙烧温度试验其焙烧时间为 20min，焙烧时间试验其焙烧温度为 1200℃，试验结果见图 7-7 和图 7-8。

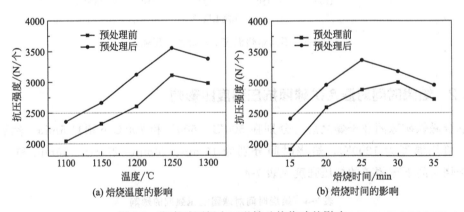

图 7-7　润磨对酒钢人工磁铁矿焙烧球的影响

由图 7-7 可知，在相同预热及焙烧时间的条件下，润磨预处理前后的酒钢人工磁铁精矿焙烧球团抗压强度均随着焙烧温度的升高先增大后减小，且在焙烧温度 1250℃时两者达最大值，分别为 3108N/个和 3550N/个；在相同预热及焙烧温度的条件

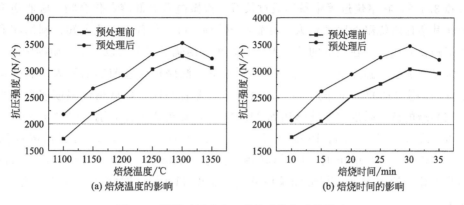

图 7-8　润磨对福建人工磁铁矿焙烧球的影响

下，预处理前后的酒钢人工磁铁精矿球团抗压强度均随着焙烧时间的延长先增大后减小，但是预处理前的球团其抗压强度在 30min 时达到最大值（3001N/个），而预处理后的球团其抗压强度在 25min 时达到最大值（3360N/个）。

由图 7-8 可知，在相同预热及焙烧时间的条件下，预处理前后的福建人工磁铁精矿焙烧球团抗压强度均随着焙烧温度的升高而增大，且在焙烧温度 1300℃时两者达最大值，分别为 3279N/个和 3525N/个；在相同预热及焙烧温度条件下，预处理前后的球团抗压强度都随着焙烧时间的延长先增大后减小，在 30min 时达到最大值。原料预处理可以明显改善成品球的抗压指标，最大抗压强度由未处理时的 3035N/个增加至 3470N/个。

人工磁铁精矿氧化球团通常是靠磁铁矿氧化成赤铁矿微晶键以及微晶长大和再结晶形成的，这一过程中磁铁矿氧化反应和固相结晶过程几乎是同时进行的。由于润磨预处理后，颗粒粒径发生了变化，磁铁精矿微细粒的质量分数增加，生球中颗粒堆积得更加紧密[196]，减少了球团内部孔隙度，增大了接触面积；同时表面不规则程度增加，在裂缝、凹面和棱角等区域的化学空位浓度较高，当球团被加热到一定的温度时，矿物晶格中的原子获得足够的能量就能克服周围化学键力的束缚进行扩散，这些质点有迁移填补空位、降低颗粒表面能的驱动力，导致固相扩散反应更易进行。磁铁精矿的氧化结晶伴随有质点的迁移，这种能力经润磨预处理后得到了加强，促进了晶粒间晶键的形成，进一步强化了铁矿氧化球团的固相固结。

研究表明，天然磁铁精矿球团焙烧时，温度仅需控制在 1100～1200℃范围内，颗粒间便开始进行固相反应，成品球团的抗压强度达到工业要求。酒钢和福建人工磁铁精矿的焙烧温度控制在 1200～1250℃时，成品球的抗压强度能达到 2500N/个以上，符合工业生产要求。此外，经过润磨预处理后的人工磁铁精矿焙烧球团在抗压强度达到要求的情况下，其焙烧温度降低，在 1150℃时分别能得到抗压强度为 2662N/个和 2670N/个的球团。其原因是人工磁铁精矿是赤铁矿经磁化焙烧后选出的，其物相组成较天然磁铁矿更为混杂，存在多种物相的共熔体，熔点较高，且矿物中含有未还原的赤铁矿，导致人工磁铁精矿球团的焙烧温度比天然磁铁精矿球团高，而形成的铝硅酸盐等又可作为黏结相，保证成品球有较高的强度。酒钢磁铁精矿是经磁化焙烧-磁选-反浮选工艺得到的，脉石矿物以硅酸盐矿物为主，SiO_2 等杂质的含量低，而福建人工磁铁矿的选矿工艺为磁化焙烧-磁选；与酒钢人工磁铁精矿相比，福建人工磁铁精矿中 Al_2O_3 和 SiO_2 的质量分数分别高出

1.05％和3.4％，在焙烧过程中易形成黄长石、铁橄榄石等低熔点化合物，吸收更多的能量，因此其最佳焙烧温度比酒钢人工磁铁矿球团高50℃左右。由此可知，利用润磨预处理的人工磁铁矿球造球，在较低的焙烧温度和较短的焙烧时间里可以获得优质的球团矿。

在满足工业生产强度（2500N/个）的要求下，润磨预处理前的酒钢人工磁铁矿球团焙烧条件为温度1200℃、时间20min；润磨预处理后的球团降低焙烧温度或者减少焙烧时间，成品球的抗压强度同样能够达到2500N/个，其焙烧条件分别为温度1150℃、时间20min和温度1200℃、时间15min。而福建人工磁铁矿润磨预处理前在焙烧温度为1200℃、焙烧时间为20min时，成品球的强度可达2500N/个；润磨预处理后的成品球团在抗压强度相同的情况下，其焙烧条件分别为温度1130℃、时间20min和温度1200℃、时间14min。

以某120万t/年的球团厂（硫酸渣配天然磁铁矿）为例，该公司球团的焙烧能耗见表7-5。润磨时间按5min计算，润磨机的能耗为$1.800 \times 10^4 kJ/t$。

表7-5 某硫酸渣球团厂的焙烧能耗

生产条件		能耗/10^4(kJ/t)
焙烧温度/℃	焙烧时间/min	
1200	20	10.467
	15	7.850
1150	20	10.048
	15	7.536
1100	20	9.629
	15	7.222

从表7-5中可以看出，若通过降低焙烧温度来降低能耗，每降低50℃能耗大约可降低$0.314 \times 10^4 kJ/t$；而通过减少焙烧时间来降低能耗，每减少5min大约可降低$2.512 \times 10^4 kJ/t$。因此成品球在满足工业生产的前提下，可通过减少焙烧时间来降低能耗。减去润磨增加的能耗，总能耗可节约$0.712 \times 10^4 kJ/t$，每年节约能源$8.544 \times 10^9 kJ$，约为$2.721 \times 10^6 m^3$的高炉煤气，将有助于企业节能降耗。

8

人工磁铁矿球团的
矿相结构

使用不同的原料造球，其焙烧性能差异很大。因为造球原料的理化性质区别，不同的磁铁矿球团在相同的预热焙烧条件下，球团的氧化固结机理不同，所以其最佳焙烧条件也不同。为查明两种磁铁矿球团焙烧性能差异的原因，本章对焙烧后的成品球矿相进行研究。通过此章研究内容，为人工磁铁精矿原料制备高品位、高强度和强还原性的氧化球团矿提供理论解释和技术支撑。

8.1　人工磁铁矿球团的矿相组成和矿相结构

采用与成品球抗压强度试验相同的焙烧条件，分别在 1100℃、1200℃ 和 1300℃ 下焙烧 15min、25min 和 35min。由光学显微镜观察，初步探究不同焙烧条件下成品球团的矿相组成和矿相结构的区别[204]。

1）1100℃ 下焙烧 25min 磁铁矿球团的矿相结构

从图 8-1 和图 8-2 中可以看出，天然磁铁矿球团与人工磁铁矿球团的主要矿物都为赤铁矿（H）和磁铁矿（M），但是比起天然磁铁矿球团，人工磁铁矿球团的品位较低，所以在图中可以观察到 12% 左右的硅质成分（Q）。1100℃ 下焙烧的天然磁铁矿球团，磁铁矿含量约为 10%，主要分布在球团边缘部分，说明球团已经氧化完成，边缘的少量赤铁矿在中性或弱氧化性气氛下发生了分解反应生成了磁铁矿。原生赤铁矿颗粒间间隙大，相互无互连特征；次生赤铁矿结晶较好，越靠近球团矿中心，赤铁矿晶体颗粒越大，赤铁矿颗粒间分布有大量的封闭孔隙及少量石英、长石、辉石等硅酸盐矿物颗粒碎屑，球团矿内环孔隙大小及含量相对边缘较大、较多。1100℃ 下焙烧的人工磁铁精矿球团，赤铁矿含量约为 60%，多数保留原生赤铁矿的半自形板状晶粒轮廓，局部可见赤铁矿的板状自形晶体，并有磁铁矿沿原生赤铁矿颗粒间隙胶结交代分布。磁铁矿含量约为 8%，多为次生赤铁矿交代残余，原生赤铁矿转化为磁铁矿的过程中多保留了赤铁矿的晶体形态，局部可见磁铁矿沿原生板状赤铁矿颗粒间隙填充交代分布。

从内部孔隙（P）上来看，天然磁铁矿球团的孔隙率约为10%，多为封闭性孔隙，不规则状孔道、孔隙多沿赤铁矿、磁铁矿及硅酸盐矿物颗粒间隙分布；而人工磁铁矿球团内部的液相凝固情况相对较差，孔隙率约为20%，形态多不规则，分布不均匀[63]。

图 8-1　天然磁铁矿球团 1100℃下焙烧 25min 的矿相（$d = 0.56$mm）

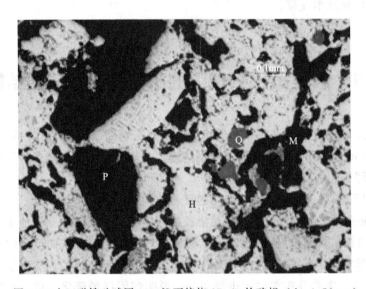

图 8-2　人工磁铁矿球团 1100℃下焙烧 25min 的矿相（$d = 0.56$mm）

2）1200℃下焙烧 25min 磁铁矿球团的矿相结构

由图 8-3 和图 8-4 可以看出，两种磁铁矿球团组成同样以赤铁矿（H）和磁铁矿（M）为主。天然磁铁矿球团的磁铁矿含量约为 10%，成矿基本规律与 1100℃下的天然磁铁矿球团成矿规律类似，原生赤铁矿颗粒间间隙大，相互无互连特征；次生赤铁矿结晶较好，越靠近球团矿中心，赤铁矿晶体颗粒越大，赤铁矿颗粒间分布有大量的封闭孔隙及少量石英、长石、辉石等硅酸盐矿物颗粒碎屑，球团矿内带孔隙大小及含量相对边缘较大、较多。人工磁铁矿球团在 1200℃下，赤铁矿含量略有增加，约 62%，成矿规律与

1100℃焙烧的球团基本类似。比起天然磁铁矿球团,人工磁铁矿球团中的次生赤铁矿与原生赤铁矿互连情况一般,次生赤铁矿结晶程度一般,多呈溶蚀珠滴状或不规则粒状,颗粒之间局部黏结,间隙大,颗粒间分布有大量的不规则孔隙及硅酸盐矿物颗粒。

随着焙烧温度的升高,天然磁铁矿球团中的孔道(P)由1100℃下的16%左右下降至1200℃下的10%左右,多为封闭性孔隙,孔道、孔隙分布不均匀,球团矿内带孔隙、孔道较外带含量变多,且长径变大,不规则状孔道、孔隙多沿赤铁矿、磁铁矿及硅酸盐矿物颗粒间隙分布。当焙烧温度升高到1200℃时,人工磁铁矿球团的孔隙率降低到15%,形态多呈圆形、近椭圆形或不规则状,分布较为均匀,孔道、孔隙以圆形、椭圆状封闭气孔为主,多数较为细小,沿赤铁矿、磁铁矿团粒或间隙分布。

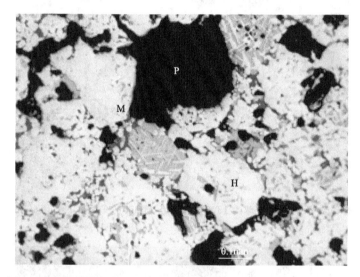

图 8-3　天然磁铁矿球团 1200℃下焙烧 25min 的矿相（$d=0.56$mm）

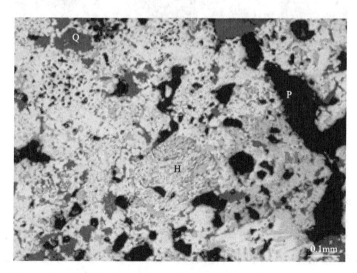

图 8-4　人工磁铁矿球团 1200℃下焙烧 25min 的矿相（$d=0.56$mm）

3) 1300℃下焙烧 25min 磁铁矿球团的矿相结构

由图 8-5 和图 8-6 可以看出,1300℃下焙烧的天然磁铁矿球团,磁铁矿含量约为

60％，呈半自形-它形粒状结构，边缘溶蚀圆滑，并被石英等矿物胶结；自球团矿边缘到中心发育不同程度的赤铁矿化，整体来说赤铁矿化逐渐变强，说明升高温度后，Fe_2O_3 的分解反应加剧，由球团边缘开始，到球团中心生成了大量的 Fe_3O_4。人工磁铁矿球团在焙烧温度升高到1300℃时，球团内部的 Fe_2O_3 在中性或弱氧化性气氛下开始发生分解，生成 Fe_3O_4；1300℃焙烧的球团磁铁矿含量约为40％，反应由外及内发生，球团矿外带-中带主要为磁铁矿，含少量赤铁矿颗粒，球团矿中带-内带主要为磁铁矿及赤铁矿。

图8-5　天然磁铁矿球团1300℃下焙烧25min的矿相（$d=0.56$mm）

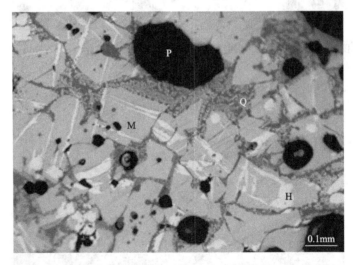

图8-6　人工磁铁矿球团1300℃下焙烧25min的矿相（$d=0.56$mm）

　　天然磁铁矿球团在1300℃焙烧后，由于 Fe_2O_3 分解反应生成少量 O_2，因此孔隙率较多，有18％左右，形态多为不规则状、圆形及近椭圆形，多为封闭性孔隙，孔道、孔隙分布不均匀。人工磁铁矿球团在1300℃的焙烧温度下，液相凝固情况较好，孔隙率约为15％，形态多呈圆形、近椭圆形，部分为不规则状，不规则状孔隙在球团矿内带相对较多，孔道、孔隙分布不均匀，均为封闭性孔隙，多沿赤铁矿、磁铁矿及硅酸盐矿物颗粒间隙分布。

由此可知，焙烧温度由 1100℃ 提高至 1200℃ 时，磁铁矿的氧化度升高，但是在 1300℃ 下，一部分赤铁矿发生了分解反应，生成了 Fe_3O_4。随着焙烧温度的升高，磁铁矿球团中的孔隙率呈下降的趋势，球团在焙烧过程中液相增加，有利于球团的固结和抗压强度的提高。与天然磁铁矿球团相比，在相同的焙烧温度下，人工磁铁矿球团的结晶程度较差，内部孔道较多，因此需要提高焙烧温度以提高其成品球的强度。

8.2 焙烧时间对球团焙烧的影响

1) 1200℃ 下焙烧 15min 磁铁矿球团的矿相结构

由图 8-7 和图 8-8 可以看出，天然磁铁矿球团焙烧 15min 时，赤铁矿含量约为 75%，赤铁矿结晶程度不一，多呈不规则粒状，部分结晶良好呈自形-半自形板状晶体形态。未见原生赤铁矿残余，均为次生赤铁矿，赤铁矿颗粒间连接性较好。球团矿中心较边缘磁铁矿残余相对较少。人工磁铁矿球团在 1200℃ 下焙烧 15min 时，球团中赤铁矿含量约为 60%，次生赤铁矿与原生赤铁矿互连情况较好，次生赤铁矿结晶程度一般，多呈溶蚀重结晶的珠滴状或不规则粒状，颗粒之间黏结较好，间隙较大，其间分布有大量不规则气孔及石英等硅酸盐矿物颗粒。由于焙烧时间较短，局部未氧化完全的磁铁矿集合体被包裹在次生赤铁矿中，在球团矿的内部较为常见。局部可见少量未被氧化的珠滴状磁铁矿，仍保留原生赤铁矿的板状晶体外形，多分布于球团矿的中间带-内带部位。

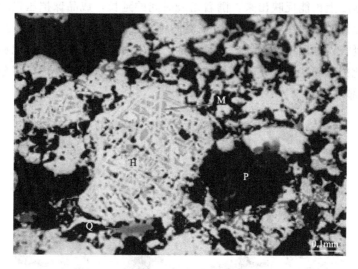

图 8-7 天然磁铁矿球团 1200℃ 下焙烧 15min 的矿相（$d=0.56$mm）
H—赤铁矿；M—磁铁矿；P—孔洞；Q—石英

从球团矿的内部孔道上来看，天然磁铁矿球团内部孔隙率为 10% 左右，形态多为不规则状，其次为圆形、近椭圆形，多为封闭性孔隙，孔道、孔隙分布不均匀；球团矿内带孔隙、孔道较外带含量多，且长径大，多呈不规则状，局部可见其沿赤铁矿团粒边缘分

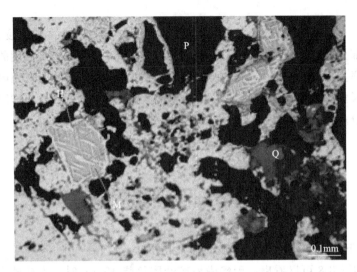

图 8-8　人工磁铁矿球团 1200℃下焙烧 15min 的矿相（$d=0.56$mm）

H—赤铁矿；M—磁铁矿；P—孔洞；Q—石英

布，具有贯通性。人工磁铁矿球团内部的孔隙率在 15％左右，形态多不规则，分布不均匀；孔道、孔隙以椭圆状或不规则状封闭气孔为主，大多较为细小，沿赤铁矿团粒、赤铁矿与硅酸盐矿物颗粒间隙分布，孔隙长径约为 0.002～0.3mm。

2）1200℃下焙烧 35min 磁铁矿球团的矿相结构

由图 8-9 和图 8-10 可以看出，天然磁铁矿球团焙烧 35min 时，赤铁矿的含量基本上不增加，也为 78％左右，赤铁矿的结晶程度与前两个焙烧条件下的球团基本相同。这从成品球的抗压强度上也能反映出来，随着焙烧时间的延长，成品球抗压强度的增加较为缓慢，说明天然磁铁矿球团在 15min 的焙烧时间下就已基本反应完全。人工磁铁矿球团随着焙烧时间的延长，球团中的赤铁矿含量增加，原生磁铁矿基本被氧化成赤铁矿；局部可见少量未被氧化的珠滴状磁铁矿，仍保留原生赤铁矿的板状晶体外形，多分布于球团矿的中间带-内部带部位。

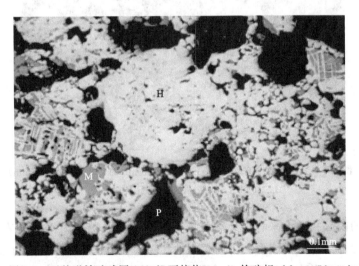

图 8-9　天然磁铁矿球团 1200℃下焙烧 35min 的矿相（$d=0.56$mm）

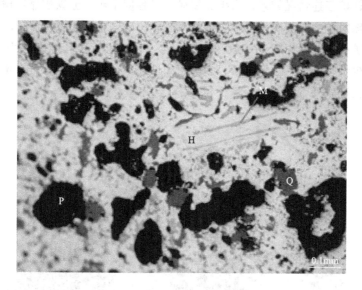

图 8-10　人工磁铁矿球团 1200℃下焙烧 35min 的矿相（$d=0.56$mm）

H—赤铁矿；M—磁铁矿；P—孔洞；Q—石英

从成品球内部的孔道上来看，天然磁铁矿球团内部的孔隙率随时间变化不明显，内部孔隙率都为 10％左右，形态多为不规则状，其次为圆形、近椭圆形，多为封闭性孔隙，孔道、孔隙分布不均匀；球团矿内带孔隙、孔道较外带含量多，且长径大，多呈不规则状，局部可见其沿赤铁矿团粒边缘分布，具有贯通性。不规则状孔道、孔隙多沿赤铁矿、磁铁矿及硅酸盐矿物颗粒间隙分布，圆形、近椭圆形多分布在赤铁矿颗粒中。人工磁铁矿球团内部的孔隙率也在 15％左右，形态多不规则，分布不均匀。孔道、孔隙以椭圆状或不规则状封闭气孔为主，大多较为细小，沿赤铁矿团粒、赤铁矿与硅酸盐矿物颗粒间隙分布，孔隙长径约为 0.002～0.3mm。成品球的抗压强度变化规律也符合这一情况，成品球的抗压强度随着焙烧时间的延长而增大，但是增大幅度不大。

由上述研究结果可知，随着焙烧时间的延长，磁铁矿球团的氧化度升高，未氧化的磁铁矿集中在球团中心部。随着焙烧时间的延长，球团内部的孔隙率降低，球团变得致密化，抗压强度得到提升。比起天然磁铁矿球团，在相同的焙烧时间下，人工磁铁矿球团的内部孔隙率较高，液相较少，需要较长的焙烧时间来达到合格成品球强度。

8.3　混合磁铁矿球团的矿相组成

1）焙烧温度对混合磁铁矿球团的影响

本节研究了人工磁铁矿占 20％的混合磁铁矿成品球在不同焙烧条件下的球团矿相，具体如下：分别在 1100℃、1200℃和 1300℃下焙烧 15min、25min 和 35min，探究不同焙烧条件下球团的矿相区别。

由图 8-11～图 8-13 可以看出，在焙烧温度 1100℃下赤铁矿的含量约为 70％，次生赤铁矿与原生赤铁矿互连情况较差，次生赤铁矿结晶程度中等。赤铁矿靠近球团矿中心，结晶颗粒较大，球团矿中心的磁铁矿较边缘相对较多。磁铁矿含量约为 7%，多呈不规则粒状结构。球团矿中液相凝固情况一般，孔道、孔隙比较发达，孔隙率约为 18%，形态多呈不规则状，少量呈圆形、近椭圆形，多为封闭性孔隙，孔道、孔隙分布不均匀，球团矿内带的孔隙、孔道较外带含量多，且长径大。

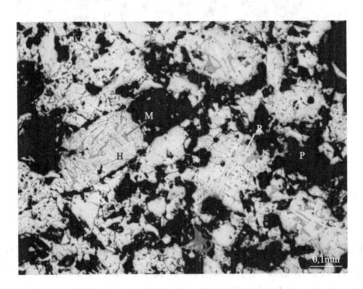

图 8-11　混合磁铁矿球团 1100℃下焙烧 25min 的矿相（$d=0.56$mm）

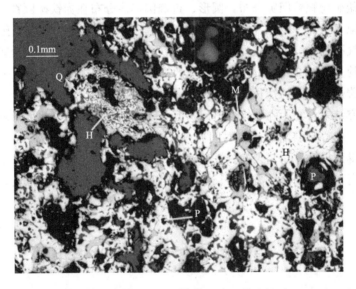

图 8-12　混合磁铁矿球团 1200℃下焙烧 25min 的矿相（$d=0.56$mm）

　　当焙烧温度升高至 1200℃后，赤铁矿的含量减少为 60% 左右，说明有部分赤铁矿发生了分解反应。赤铁矿结晶程度不一，多呈不规则粒状，部分结晶良好呈半自形板状晶体形态，可见少量原生赤铁矿。球团矿内部磁铁矿多呈不规则粒状结构，局部可见其呈珠状、滴状分布在石英及硅酸盐矿物中，被赤铁矿交代较为强烈，局部保留其晶体轮廓外

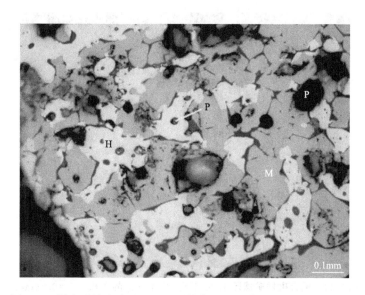

图 8-13　混合磁铁矿球团 1300℃下焙烧 25min 的矿相（$d=0.56$mm）

形，颗粒边界模糊。球团矿中液相凝固情况一般，孔道、孔隙比较发达，孔隙率约为16%，形态多呈不规则状，部分呈圆形、近椭圆形，多为封闭性孔隙，孔道、孔隙分布不均匀，球团矿内带的孔隙和孔道较外带含量多，长径较大，封闭性稍差。

继续升高焙烧温度至 1300℃，赤铁矿的含量下降为 18% 左右，说明大量赤铁矿在高温下发生了分解反应。赤铁矿结晶程度不一，多呈不规则粒状，部分结晶良好呈半自形板状晶体形态。球团矿边缘至中心过渡部位多见赤铁矿沿磁铁矿边缘或裂隙交代呈细脉状或尖角状；球团矿中心赤铁矿的含量较多，多为交代磁铁矿，局部赤铁矿交代磁铁矿完全并保留磁铁矿的晶体轮廓形态呈假象结构特征。磁铁矿的含量较高，约为 54%，呈半自形-它形粒状结构。自球团边缘至中心发生不同程度的赤铁矿化，整体来说赤铁矿化逐渐变强。球团矿中液相凝固情况相对较好，孔道、孔隙比较发达，孔隙率约为 16%，形态多为不规则状、圆形及近椭圆形，多为封闭性孔隙，孔道、孔隙分布不均匀，球团矿内带的孔隙、孔道含量多，且长径较大，多呈不规则状，局部可见其沿赤铁矿及磁铁矿团粒边缘分布。

由上述结果可知，在 1100℃和 1200℃下，随着温度升高，磁铁矿球团的氧化度升高，氧化从球团边缘向内部发生；同时，球团的孔隙率呈下降的趋势，球团致密化，成品球的强度提高。

2）焙烧时间对混合磁铁矿球团的影响

从图 8-14 和图 8-15 中可以看出，当焙烧时间为 15min 时，成品球内赤铁矿的含量约为 72%，赤铁矿结晶程度不一，多呈不规则粒状，部分结晶良好呈自形-半自形板状晶体形态。可见少量它形粒状原生赤铁矿分布在磁铁矿中。磁铁矿的含量约为 5%，多呈不规则粒状结构，局部可见其呈珠滴状分布于石英及硅酸盐矿物中，颗粒边界模糊。球团矿中液相凝固情况相对较好，孔道、孔隙比较发达，孔隙率约为 15%，形态多呈不规则状，部分呈圆形、近椭圆形，多为封闭性孔隙，孔道、孔隙分布不均匀，球团矿内带的孔隙、孔道较外带含量少，长径小。

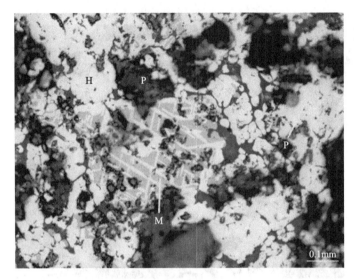

图 8-14　混合磁铁矿球团 1200℃下焙烧 15min 的矿相（$d=0.56$mm）

图 8-15　混合磁铁矿球团 1200℃下焙烧 35min 的矿相（$d=0.56$mm）
H—赤铁矿；M—磁铁矿；P—孔洞

　　焙烧时间延长至 35min 时，成品球内赤铁矿的含量约为 70％，局部可见部分赤铁矿团粒保留原生赤铁矿的半自形板状晶粒轮廓，边界模糊，可见少量原生赤铁矿。赤铁矿颗粒间分布有大量细小的不规则状、椭圆形或圆形孔隙及石英、长石、辉石等硅酸盐矿物。磁铁矿含量约为 6％，变化不大，多为不规则粒状结构，被赤铁矿交代较为强烈，局部保留其八面体或菱形十二面体晶体截面轮廓外形，颗粒边界模糊。局部可见原生赤铁矿分布于磁铁矿中。球团矿中液相凝固情况相对较好，孔道、孔隙比较发达，孔隙率约为 10％，形态多呈不规则状，部分为圆形、近椭圆形，分布不均匀，球团矿中心有部分孔隙沿赤铁矿团粒边缘贯通性分布，为不封闭孔道、孔隙，呈长条状或不规则状，长径较大，主要分布于赤铁矿团粒边缘及间隙中。

由上述结果可知，在 1200℃ 下焙烧，随着焙烧时间的延长，球团氧化度变化不大，趋于稳定；球团内部孔隙率随着焙烧时间的延长而下降，使球团变得致密化，提高了成品球强度。

　　因此，天然磁铁精矿结晶完好，焙烧时 Fe_3O_4 氧化成 Fe_2O_3 释放出大量热量；一定温度下，人工磁铁矿氧化快，易于与 SiO_2 等脉石矿物反应生成低熔点化合物，会增加球团中的液相化合物，天然磁铁矿球团的焙烧温度比人工磁铁矿球团低。焙烧温度相同，两种球团矿的抗压强度都随着焙烧时间的延长而增大，但是增加幅度都不大，说明焙烧时间对两种磁铁矿球团抗压强度的影响没有焙烧温度大。天然磁铁矿球团孔隙率约为 10%，多为封闭性孔隙，不规则状孔道、孔隙多沿赤铁矿、磁铁矿及硅酸盐矿物颗粒间隙分布；人工磁铁矿球团内部的液相凝固不完整，孔隙率约为 20%，形态不规则，分布不均匀；混合磁铁矿球团的孔隙比较发达，孔隙率约为 16%，球团矿孔道、孔隙分布不均匀，外部孔隙较多，长径较大，封闭性差。人工磁铁精矿配加天然磁铁精矿的混合精矿，成球性得到了改善，生球质量和成品球质量均较好，可以作为一种优质造球原料应用于钢铁工业。

9

磁化焙烧与人工磁铁矿球团工业实践

随着开采年限的延长，天然磁铁精矿资源越来越少。另一方面，随着难处理的赤铁矿、褐铁矿和菱铁矿资源开采技术的发展和规模的增大，人工磁铁精矿的产量快速增长，补充了天然磁铁精矿资源的严重不足，可用于球团矿的生产，具有十分重要的应用价值和广阔前景。某球团厂采用国际上较为先进的"链箅机-回转窑-环冷机"球团生产工艺（图 9-1、图 9-2）制备人工磁铁矿（TFe 60％）与天然铁矿石（安铜磁铁矿和高品位天然磁铁矿，TFe 66.5％）混合矿球团。这种焙烧工艺的特点是干燥预热、焙烧和冷却过程分别在链箅机、回转窑和环冷机三台不同的设备中进行，对原料的适应性强，焙烧均匀，球团质量好。该生产线还从国外引进了高压辊磨设备，这将有利于改善原料的成球性能，提高造球效率。主要工艺过程如下：

1）精矿原料干燥

一般铁精矿的合适成球水分为 0～10％。当原料水分大于成球水分时需采用精矿干燥工艺，使其水分降至成球水分以下。同时也能有利于铁精矿高压辊磨（后续）工艺的进行。正常情况下，精矿配料采用定量圆盘给料机＋电子皮带秤自动配料。人工磁铁矿精矿的水分为 15.0％～17.5％，天然铁精矿的水分为 9％～10％，雨季时水分将更高，因此采用干燥工艺是必需的。干燥设备为 $\phi 4m \times 30m$ 的转筒干燥机，干燥热源为沸腾炉燃烧供热，介质温度 700～800℃。从干燥机排出的含尘废气经净化（旋风除尘器＋布袋除尘器）处理后排放，粉尘排放浓度满足 GB 28662—2012《钢铁烧结、球团工业大气污染物排放标准》的特别排放限值（$\leqslant 40mg/m^3$）。

2）高压辊磨

高压辊磨工艺对于增加物料表面塑性、增大物料比表面积、改善物料表面活性和提高生球强度具有显著的作用。由于本工程所用的 2 种铁精矿粒度均较粗，难以满足造球工艺对精矿细度的要求，因此设计采用了高压辊磨工艺。根据初步试验结果，按 7∶3（人工磁铁矿）配比的三种精矿辊磨前比表面积约 1300cm²/g 时，辊磨后中心料的比表面积可达到 2000～2200cm²/g，但两侧边料的比表面积仅 1300～1500cm²/g，采用了边料循环辊磨工艺，以满足 Metso 公司提出的原料条件（比表面积达到 2000～2200cm²/g，－150 网

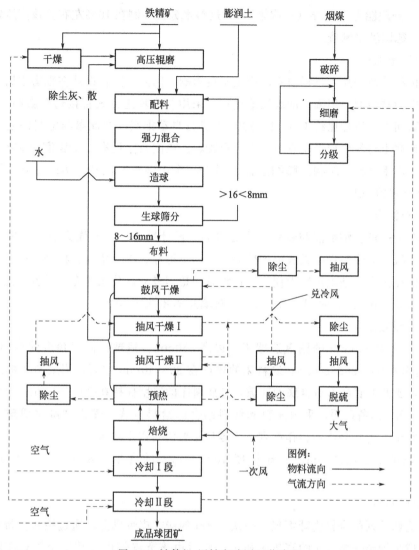

图 9-1 链箅机-回转窑球团工艺流程

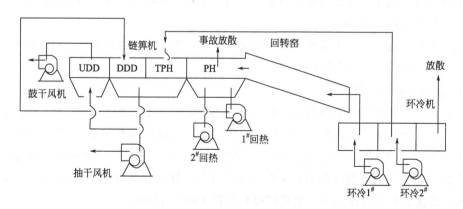

图 9-2 链箅机-回转窑-环冷机设备联系图

UDD—up-draught drying，鼓风干燥段；DDD—down-draught drying，抽风干燥段；
TPH—tempered preheating，过滤预热段；PH—preheating，预热氧化段

目 100%），处理能力 150t/h（一次辊磨），进料水分宜控制在 10% 左右。该高压辊磨机为引进设备，德国洪堡制造。

3）膨润土配料

为防止黏结剂的加入对辊磨效果产生不良影响，因此，配料设计在辊磨之后进行。采用膨润土作为黏结剂，用罐车散装运输进厂，采用气力输送方式直接送至膨润土配料槽。铁精矿和膨润土按质量比约 100∶1～100∶2 进行自动配料，在此参与配料的还有工艺电除尘灰。膨润土与粉尘均采用直拖式皮带秤配料。该配料室设有 2 个膨润土矿槽、1 个粉尘槽，均采用密封罐仓结构。膨润土储存量 55t/个，储存时间约 48h；粉尘槽储存量约 50t，储存时间约 10h。

4）原料混合

为了保证微量黏结剂能与铁精矿充分混匀，设计采用了立式强力混合机进行混匀作业。生产实践已证明该设备具有混匀效果好、运行可靠、作业率高、检修更换方便、节能等特点，已在国内多条生产线上使用。该设备为德国爱立许公司的专有设备，混合机处理能力 120～150t/h，混合时间 60～70s，物料填充率 80%～90%。

5）混合料造球

采用 6 台 ϕ6000mm 的圆盘造球机，边高 550mm，造球盘倾斜角度的范围为 47°～51°，转速为 6.00～8.98r/min；底料床的厚度在 30～40mm 之间，当底料床的厚度高于 40mm 时，要调整底刮刀与盘底的间隙，使底料床的厚度保持在 30～40mm；单台生产能力约为 60t/h，两备四用，采用面料和线料结合的给料方式，遵循"滴水成球、雾水长大、无水紧密"的水分添加操作原则。生球质量要满足以下要求：

落下强度 ≥4 次/0.5m；生球粒度 10～16mm 的含量 ≥80%；生球水分 10.6%±0.2%。

6）生球布料

六个造球系列的合格生球汇集至一条 1.4m 的梭式皮带机上，通过梭式皮带机作往复运动将生球平铺至一条 4m 的宽皮带机上，然后由该宽皮带机将其送至辊式布料筛分机上，最终通过辊式布料机检查筛分出不合格的大球和小球后将生球均匀地平铺至链箅机箅床上，生球布料高度 178mm。

辊式布料机筛下返料会同超大球一起送回混合料缓冲槽，重新造球。梭式皮带机的规格为 1.4m，长约 82m，行程 6～7.5m。

7）生球干燥及预热

生球的干燥与预热在链箅机上进行，链箅机的规格为 42m×4m，炉罩设计分为四段：UDD（鼓风干燥）段、DDD（抽风干燥）段、TPH（过渡预热）段和 PH（预热）段。各段透过料层的气流温度依次为 200℃、350℃、700℃、1200℃。生球进入链箅机炉罩后，依次经过各段时被逐渐升温，从而完成生球的干燥和预热过程；料层厚度为（170±5)mm，机速 1.6～2.2m/min，氧化球团日产量 3500～4000t。

链箅机炉罩的供热主要利用回转窑和环冷机的载热废气。回转窑的高温废气供给链箅机 PH 段，由于生球以赤铁矿为主，赤铁矿无氧化放热，因此在 PH 段炉罩设有重油烧嘴，以弥补热量的不足。从 PH 段排出的低温废气又供给 DDD 段，环冷机Ⅰ段的高温废气供给回转窑窑头作二次助燃风，Ⅱ段的中温废气供给 TPH 段，Ⅲ段的低温废气供给 UDD 段。先进的气流循环系统使热能得到了充分利用，从而大大降低了能源消耗。

8）球团焙烧

生球在链箅机上经过脱水干燥、预热氧化后，干球送入回转窑内进行高温氧化焙烧，回转窑（$\phi 5m \times 33m$）内控制温度在 1150～1250℃ 之间。一般而言，不同的原料焙烧温度各不相同，赤铁矿的结晶温度通常高于一般磁铁矿。但配加一定比例的磁铁矿后有助于降低焙烧温度和能耗。因此，配加自产磁铁精矿十分必要。

对于球团矿的焙烧而言，回转窑可以提供一个相对稳定的温度场，既要保持长距离的高温，同时也必须防止局部高温的出现。球团矿在窑内以翻滚姿态进行均匀焙烧，通过调整其在窑内的停留时间可以控制球团的焙烧质量。回转窑以焦炉煤气作为燃料，热值较高，同时由来自环冷机一段的高温废气作为热源补充，分两股由烧嘴上、下方引入窑内，保证回转窑内的气氛和温度稳定。

9）焙烧球冷却

从回转窑排出的焙烧球温度为 1100～1200℃，必须冷却至 100℃ 以下方可进行储存和运输。高温球团的冷却采用风冷，在一台环式鼓风冷却机（$\phi 12.5m$）上完成。球团在进入冷却机前先经设在窑头箱内的固定筛将可能产生的大于 200mm 的大块筛除，再通过环冷机布料斗均匀布在环冷机台车上，球团布料高度约 760mm。环冷机分为三个冷却段，有效冷却面积 69m^2，各段配有 1 台鼓风机，球团矿从装料到卸料途经三段冷却后被冷却至 100℃ 以下。同时球团在冷却过程中残留的 FeO 得到了进一步氧化，使 FeO 的含量降至 1% 以下。

环冷机炉罩对应地也分为三段，一冷段炉罩的高温废气（约 1171℃）引入窑内作二次风，二冷段炉罩的中温废气（约 716℃）被引至链箅机 TPH 段，三冷段炉罩的低温废气放散或引入精矿干燥系统。环冷机废气显热绝大部分得到了回收利用。

球团生产初期由于人工磁铁矿成球性欠佳、造球较难，且各岗位人员操作、技能不熟练，人工磁铁矿配比越高生产的难度越大，因此在投入生产初期，人工磁铁矿配比较低，仅为 20%～30%。

为提高人工磁铁矿的配加比例，球团车间不断摸索并进行了一系列探索生产研究。2015 年 4 月，人工磁铁矿品位达到了 58% 以上，为车间探索大比例配加人工磁铁矿制球团的生产模式提供了生产条件，车间将人工磁铁矿比例提高至 50% 以上进行了探索生产。

9.1 人工磁铁矿球团的参数控制

两次探索试验的热工制度控制如表 9-1、表 9-2 所示，原料条件、产品性能、生产消耗如表 9-3 所示，产品质量满足我国高炉用酸性铁球团矿质量标准（GB/T 27692—2011）。

表 9-1　高品位混合矿球团的热工制度（第一次探索试验）　　　单位：℃

链箅机				回转窑		环冷机		
UDD	DDD	TPH	PH	窑头	窑尾	环一段	环二段	环三段
100～110	230～240	480～500	990～1050	1030	950	1020	780～800	150

注：UDD的温度参考2#风箱的温度；DDD、TPH、PH、环冷各段均参考炉罩的温度。

表 9-2　高配比人工磁铁矿球团的热工制度（第二次探索试验）　　　单位：℃

链箅机				回转窑		环冷机		
UDD	DDD	TPH	PH	窑头	窑尾	环一段	环二段	环三段
130～150	240～260	530～580	990～1050	950	980	1030	830	180～200

注：UDD的温度参考2#风箱的温度；DDD、TPH、PH、环冷各段均参考炉罩的温度。

表 9-3　探索生产质量指标

指标		第一次探索生产	第二次探索生产
试验时间		8天	34天
原料性能	安铜矿：高品位矿：人工磁铁矿	27：23：50	30：16：54
	人工磁铁矿水分/%	17.02	16.02
	人工磁铁矿全S/%	0.92	1.14
	人工磁铁矿TFe/%	59.48	56.10
生球性能	水分/%	13.1	13.3
	生球S/%	0.87	0.98
	落下强度/(次/0.5m)	3.2	4.6
成品球性能	TFe/%	61.38	58.44
	FeO/%	0.56	0.41
	成品球含S/%	0.017	0.032
	成品球强度/(N/个)	2786	2485
	转鼓指数(+6.3mm)/%	≥90	93.0
	抗磨指数(-0.5mm)/%	≤6.0	5.0
	筛分指数(-5.0mm)/%	≤4.0	3.0
台时产量/(t/h)		98.86	124
焦炉煤气单耗/[m³/t(球)]		64.77	60.53
膨润土单耗/[kg/t(球)]		32.76	39.03

　　以人工磁铁矿配加天然磁铁矿为原料，采用链箅机-回转窑工艺，遵循"薄料运行、低温脱水、持久干燥、中温氧化、高温焙烧"的热工操作原则，可以生产出粒度9～16mm、TFe≥60%、FeO<1.0、抗压强度≥2500N/个的优质氧化球团矿，达到了国际通用标准和大型高炉炼铁生产的要求。

　　两次探索生产的条件不一样：第一次是由于人工磁铁矿的铁品位达到59%以上，与高品位配料后能满足成品球铁品位的要求（TFe>61%）；第二次是虽然人工磁铁矿的品位不高，但是与高品位配料后能满足客户低品位球团的需求（TFe>58%）。在第一次探索生产的基础上，明确生产线台时产量的提高与生球强度有很大的关系。车间加强对生球落下强度的控制，严格要求生球落下强度达到 4 次/0.5m 以上：

（1）增大高压辊磨压力：将高压辊磨运行压力由 8bar 增加到 13bar，从而加大物料的比表面积，改善物料的成球性。

（2）控制造球前原料水分：通过堆料、潜水泵抽水、行车抓上层物料等措施控制造球前原料的水分，保证造球时有一定比例的水分可进行添加控制。

（3）通过调整膨润土用量保证生球强度。

根据烟气处理及粉尘回收及有关排放（颗粒物、SO_2、NO_x、二噁英）要求，整个链箅机-回转窑-环冷机工艺废气处理系统共设置了 3 台高温多管除尘器和 3 台静电除尘器。3 台高温多管除尘器用来处理回热系统的循环烟气（300～450℃），3 台静电除尘器用来净化最终排入大气的低温含尘烟气。经静电除尘器净化后的废气粉尘浓度低于 40mg/m³，可达标排放。整个系统采用石灰石/石灰-石膏湿法脱硫技术，成熟可靠，脱硫效率高（可达 95%），脱硫副产物易处理和利用，脱硫剂廉价（还可采用某些碱性废物、废钢渣或焦化废氨水作脱硫剂，达到以废治废的目的）。最终排放满足《钢铁烧结、球团工业大气污染物排放标准》（GB 28662—2012）。

工艺收尘系统的粉尘回收利用采用两种方式：多管除尘灰由于粒度较粗且温度高、易扬尘，采用湿式回收，同链箅机散料和链箅机风箱集尘一起插入水封拉链机的水槽，在水槽中沉淀后由拉链机拉出，自然风干，再用汽车转运至料场回收利用。3 台电除尘设备收集尘灰采用干式回收，选用密封性较好的刮板运输机集中回收在一起后进行加湿处理，加湿的粉尘再由胶带机运送至粉尘配料槽内重新参与配料、混合、造球。粉尘配料槽储存时间约 10h；粉尘配比 1%～1.5%，实际生产操作可根据料位信号自动调整配比。

大比例添加人工磁铁矿的原料比较特殊，在原料水分、物料成球性、造球工艺参数、热工制度等方面与普通的含铁原料有很大的不同，虽然在两次探索生产中遇到了不少问题，但是总体来说大比例配加人工磁铁矿制球团探索生产是成功的，产品可以满足高炉冶炼要求。

配加人工磁铁矿球团生产过程的参数控制如下：

（1）由于人工磁铁矿水分很高，造球难以控制，因此控制原料水分（造球前）在 12% 以下，保证造球添加水 1% 的余量控制；

（2）高压辊磨的运行压力较生产（80×10⁵Pa）普通球团高（3～5）×10⁵Pa；

（3）严格控制造球参数，保证生球落下强度大于 4 次/0.5m；

（4）热工制度比较如表 9-4 所示。

表 9-4 天然磁铁矿球团与混合矿球团的热工制度

设备	链箅机/℃				回转窑/℃		环冷机/℃		
焙烧阶段	UDD	DDD	TPH	PH	窑头	窑尾	环一段	环二段	环三段
混合矿球团	130～150	240～260	530～580	990～1050	950	980	1030	830	180～200
		20min			30min		50min		
天然矿球团	250～300	350～400	570～650	900～1000	950～1050	1100	950～1100	800～900	350
		17min			20min		50min		

注：UDD 的温度参考 2# 风箱的温度；DDD、TPH、PH、环冷各段均参考炉罩的温度。

人工磁铁矿球团热稳定性差，在造球前需经过高压辊磨预处理，在相同的生球质量要求下，其膨润土配比要远高于天然磁铁矿球团。配加有人工磁铁矿的球团在生产时，链算机料厚控制在 170mm，球团在链算机内的干燥预热时间约 20min，人工磁铁矿球团在生产过程中应实行低温薄料层长时间干燥的工艺制度。人工磁铁矿球团焙烧回转窑的规格为 $\phi 5m \times 33m$，转速 0.9r/min，焙烧时间为 30min，而相同产能的天然磁铁矿球团焙烧回转窑的规格为 $\phi 5m \times 30m$，转速 1.3r/min，焙烧时间 20min，由此可见人工磁铁矿球团固相固结需要更长的焙烧时间，总体能耗要高于天然磁铁矿球团（表 9-5）。

表 9-5　链算机-回转窑-环冷机焙烧系统热平衡

输入			输出		
物料名称	热值/(MJ/t)	比例/%	物料名称	热值/(MJ/t)	比例/%
湿球带入	20.52	2.75	废气带走	302.5693	40.54
冷风带入	35.47	4.75	水分蒸发	253.2704	33.94
氧化放热	91.20	12.26	球团带走	24.5784	3.29
煤气燃烧	453.37	60.75	系统散热及其他	165.8958	22.23
重油燃烧	145.46	19.49			
合计	746.02	100.00	合计	746.32	100.00

生产实践证明磁铁矿球团特别是人工磁铁矿与天然磁铁矿混合矿球团生产要做到优质、低耗、稳产，必须稳定原料条件，加强生产组织。球团生产的技术操作方针是"精心备料、严控水粒，配准混匀、造好生球，调好风温、烧好干球，稳定料量、严控窑温，铺平冷好、确保质量、坚持自控、节能降耗"。球团生产一定要均衡稳定（低温、匀速、薄料），只有稳定生产，才能确保各项工序参数得到稳定控制，球团质量满足工序要求，设备作业率得到提高，最终实现提高设备效率的目的。在技术参数方面必须严格控制链算机和回转窑内的各点位温度，才能焙烧出强度高、粉末少、亚铁低及还原性能好的优质球团矿。

9.2　赤泥磁化焙烧-人工磁铁矿球团联合工艺

赤泥磁化焙烧主要用于拜耳法氧化铝提铁，是将赤泥中的赤铁矿 Fe_2O_3 或针铁矿 $\alpha\text{-}FeO(OH)$ 转变为强磁性的 Fe_3O_4，然后使用弱磁选技术进行分选富集。山东魏桥赤泥中铁含量高，另外 Al_2O_3、TiO_2 和 SiO_2 的含量较高。魏桥赤泥经强磁选-动态磁化焙烧-弱磁选得到的选矿指标见表 9-6。

表 9-6　魏桥赤泥提铁降铝综合利用技术指标　　　　　　　　　　单位：%

作业名称	赤泥	强磁尾泥	强磁精矿	弱磁精矿	弱磁尾矿
产率	100.00	35.00	65.00	46.00	19.00
铁回收率	100.00	26.74	73.26	65.15	8.09

作业名称	赤泥	强磁尾泥	强磁精矿	弱磁精矿	弱磁尾矿
TFe	42.63	31.99	48.05	60.38	18.15
Al_2O_3	15.47	19.23	13.45	7.54	27.76

赤泥磁化焙烧-磁选-氧化球团联合工艺流程如下：

1）赤泥强磁选预选

赤泥经过强磁选（磁场强度1.3T）处理后，实现泥砂分离，铁品位提高3%～5%，尾泥产率为35%～50%，干燥脱水后作建材原料。

2）强磁精粉脱水干燥

赤泥强磁选精粉经浓缩压滤，含水约20%，堆棚储存。焙烧前送到烘干机烘干，烘干机热源利用多级动态磁化焙烧炉余热。

3）预热、焙烧

经过烘干赤泥送到还原炉进行磁化还原焙烧。

多级动态磁化焙烧系统处理微细粒嵌布的难选氧化铁资源（褐铁矿、硫酸渣、赤泥），工艺流程简单，生产能耗低，磁化还原焙烧在弱还原气氛下进行，CO的体积分数保持在0.5%～5%，干燥预热、还原、冷却在一个封闭的炉体内完成。脱水、干燥后的物料在翻动状态下，在大于脱水干燥温度、小于焙烧温度下预热10～15min；预热后的物料在翻动状态下，在500～750℃焙烧5～10min即可。

4）焙烧矿淬冷

焙烧后的物料在翻动状态下降温，在反应炉内完成脱水、干燥、预热、焙烧、冷却的物料在密封条件下排入水池淬冷。

5）磨矿-弱磁选

淬冷后的赤泥焙烧物经过擦磨后，人工磁铁矿磁团聚现象严重、剩磁突出，为进一步提高分选效果，焙烧矿经LTC恒场强脱磁器脱磁后，采用可有效解决弱磁选过程中机械夹杂问题的全自动淘洗磁选机（CH-CXJ）进行分选，得到弱磁铁精粉和尾砂。

6）人工磁铁精粉制备氧化球团

磁选后的产品精粉经过浓缩压滤至水分13%～15%，送到球团厂，添加1%的膨润土做黏结剂造球（可视原料条件添加一定量的天然磁铁矿粉），生球经筛分布料、脱水干燥（200～300℃）、预热氧化（400～800℃）、焙烧固结（900～1050℃）、冷却后制成氧化球团，抗压强度大于2500N/个，生产上可采用带式焙烧机或链箅机-回转窑球团工艺。

7）尾砂脱水堆存

弱磁选尾砂经浓缩压滤含水约20%，堆棚储存，用于生产建筑材料。

赤泥磁化焙烧-磁选所得的铁精粉TFe含量达到61%，回收率达到70%，Al_2O_3含量大幅度降低，铁富集回收效果较好，配加一定量的低铝铁矿粉，将是一种优质钢铁原料。

魏桥赤泥磁化焙烧-磁选产出的铁精粉精矿比表面积高（9388cm²/g），在膨润土用量0.5%～1.0%、生球水分18%的条件下，研究了最佳造球工艺参数。人工磁铁精粉的比表面积是同等粒径天然磁铁精矿的十倍以上，成球指数较大。人工磁铁精粉的生球落下及抗压强度为 15.5 次/0.5m 和 16N/个，而天然磁铁精矿的生球落下及抗压强度分别为 3.5 次/0.5m 和 13.6N/个。同时由于人工磁铁精粉生球的水分远高于天然磁铁精矿生球，其热稳定性相对较差，爆裂温度低于天然磁铁精矿，为 400℃ 左右。人工磁铁精粉球团很容易被氧化，在 300℃ 氧化 10min 氧化度就达 75％ 以上，在 600℃ 氧化 2.5min 氧化度就达 85％ 以上（表 9-7）。在链算机-回转窑生产铁矿球团时，生球预热氧化氧化度达 70％ 就可满足焙烧要求。可见，赤泥磁化焙烧-磁选人工磁铁矿的预热氧化温度应控制在 250～600℃，低于天然磁铁矿球团要求的 600～900℃。

表 9-7　魏桥赤泥磁化焙烧-磁选精矿球团的氧化度 （15min）　　　单位：％

温度/℃	300	400	500	600	700	800
人工铁精粉球团	72.23	78.12	80.63	82.22	87.66	
天然磁铁矿球团	10.23	22.96	30.35	50.55	62.28	76.37

注：氧化度 $=(1-[FeO]_t/[FeO]_0)\times100\%$，$[FeO]_0$、$[FeO]_t$ 分别为球团氧化前后 FeO 的含量。

赤泥磁化焙烧-磁选尾砂利用：先将弱磁选尾砂、石灰石、高炉水渣干燥至水分含量不高于 5％，然后分别投入 3 个不同的变频计量配料仓中，按照 5∶4∶1 的质量配比进行混合；将混合料磨至细度 $-45\mu m$ 低于 20％ 后，脱水干燥，最后由提升机将物料输送至圆仓（全密封自动气压卸灰系统）中暂存并装车。

按照 JG/T 486—2015《混凝土用复合掺合料》对制得的复合矿物掺合料的产品性能进行了检测，结果如表 9-8 所示。

表 9-8　产品检测报告

检测项目		计量单位	标准要求	检测结果	单项判定
细度（45μm 筛余）		％	≤30	16	符合
流动度比		％	≥95	97	符合
活性系数	7d	％	≥65	89	符合
	28d	％	≥70	88	符合
含水量		％	≤1.0	0.3	符合
氯离子含量		％	≤0.06	0.011	符合
三氧化硫含量		％	≤3.5	0.3	符合
碱含量		％		1.11	
放射性	内照射指数	—	≤1.0	0.3	符合
	外照射指数	—	≤1.0	0.3	符合

以赤泥磁化焙烧-弱磁选产生的尾砂、石灰石、水渣为原料，经干燥脱水、混合、研磨而成的复合矿物掺合料可用于混凝土中，满足产品性能要求。

赤泥全量化综合利用的方法（图 9-3）实现了赤泥铁资源回收，人工磁铁矿铁精粉氧化球团、预选尾泥及焙烧磁选尾渣固体废弃物的综合利用，具有制备方法简单、生产成本低、经济性好、环境友好等诸多优点。

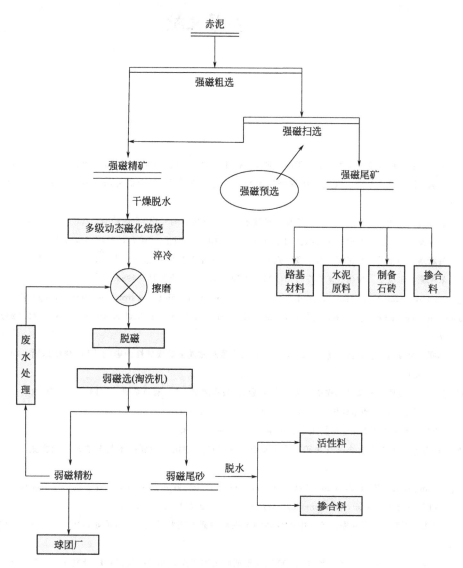

图 9-3　赤泥提铁降铝综合利用流程图

→ 参考文献

[1]　索希. 我国已发现铁矿主要矿石类型及加工选冶工艺调查 [J]. 华北国土资源, 2018 (02): 17-19.

[2]　王嫱, 陈甲斌, 余韵. 我国铁矿安全保障的思考及建议 [J]. 矿业研究与开发, 2018, 38 (11): 119-124.

[3]　袁致涛, 韩跃新, 李艳军, 等. 铁矿选矿技术进展及发展方向 [J]. 有色矿冶, 2006 (5): 10-13.

[4]　姜雪薇. 中国铁矿行业发展现状及前景分析 [J]. 中国金属通报, 2017 (07): 160, 161.

[5]　韩跃新, 孙永升, 李艳军, 等. 我国铁矿选矿技术最新进展 [J]. 金属矿山, 2015 (2): 1-11.

[6]　朱家骥, 朱俊士. 中国铁矿选矿技术 [M]. 北京: 冶金工业出版社, 1994.

[7]　Yu J W, Han Y X, Gao P, et al. Recovery of boron from high boron iron concentrate using reduction roasting and magnetic separation [J]. International Journal of Iron and Steel Research, 2017, 24 (02): 131-137.

[8]　刘曙, 路漫漫, 付金涛, 等. -0.025mm 粒级含量对磁铁精矿成球性的影响 [J]. 烧结球团, 2014, 39 (5): 31-34.

[9]　陈雯, 张立刚. 复杂难选铁矿石选矿技术现状及发展趋势 [J]. 有色金属, 2013 (z1): 19-24.

[10]　彭甲平. 铁矿石质量评价 [J]. 湖南冶金, 2005, 3: 29-32.

[11]　李慧. 钢铁冶金概论 [M]. 北京: 冶金工业出版社, 1993.

[12]　印万忠. 复杂难选铁矿石选矿技术的最新进展 [C]//中国矿冶新技术与节能论坛论文集. 2008: 51-92.

[13]　Zhang H Q, Fu J T, Pan J, et al. Isothermal oxidation kinetics of artificial magnetite pellets [J]. Journal of Wuhan University of Technology-Mater, 2018, 12 (6): 1516-1523.

[14]　刘杰, 周明顺, 翟立委, 等. 中国复杂难选铁矿的研究现状 [J]. 中国矿业, 2011, 20 (5): 63-66, 83.

[15]　葛英勇, 刘敬, 王凯金, 等. GE-609 阳离子捕收剂用于岚县赤铁矿反浮选的研究 [C]//2006 年全国金属矿节约资源及高效选矿加工利用学术研讨会与技术成果交流会会议论文集. 2006: 183-185.

[16]　蒋有义, 杨永革. 东鞍山难选矿石工艺矿物学研究 [J]. 金属矿山, 2006 (7): 40-43.

[17]　蒋文利. 赤铁矿选矿工艺流程研究与探讨 [J]. 中国矿业, 2014, 23 (01): 109-114.

[18]　米子军. 微细粒红磁混合铁矿选矿技术研究及工业应用 [J]. 矿业工程, 2015, 13 (02): 18-21.

[19]　罗良飞, 陈雯, 严小虎, 等. 太钢袁家村铁矿选矿技术开发及 2200 万吨/年选厂工业实践 [J]. 矿冶工程, 2018, 38 (1): 60-63.

[20]　胡义明, 张永. 袁家村铁矿石选矿技术研究进展 [J]. 金属矿山, 2007 (6): 25-29.

[21]　李国洲, 杨海龙, 马嘉伟, 等. 袁家村微细粒混合铁矿浮选关键技术研究 [J]. 矿业工程, 2016, 14 (01): 25-27.

[22]　崔建辉, 刘金长. 酒钢选矿工艺流程优化探讨 [J]. 矿冶工程, 2012, 32 (1): 57-60.

[23]　张汉泉, 余永富, 彭泽友, 等. 黄梅褐铁矿悬浮闪速磁化焙烧试验研究 [J]. 钢铁, 2009, 44 (07): 11-14.

[24]　孙炳泉. 褐铁矿选矿技术进展 [J]. 金属矿山, 2006 (8): 27-29.

[25] 张宗旺，李健，李燕，等．国内难选铁矿的开发利用现状及发展 [J]．有色金属科学与工程，2012，3（1）：72-77．

[26] 宋海霞，徐德龙，酒少武，等．悬浮态磁化焙烧菱铁矿及冷却条件对产品的影响 [J]．金属矿山，2007（1）：52-54．

[27] 张锦瑞，胡力可，梁银英．我国难选铁矿石的研究现状及利用途径 [J]．金属矿山，2007（11）：6-9．

[28] 张桂兰．难选低品位褐铁矿石的选矿试验 [J]．河北理工学院学报，1999（21）：6-12．

[29] 邱崇栋，徐永仁．东川包子铺褐铁矿选矿试验研究 [J]．矿冶工程，2010（1）：35-37．

[30] 李俊宁．某褐铁矿的选矿工艺研究 [J]．现代矿业，2010（12）：90-93．

[31] 张红新，李洪潮，张成强，等．某易泥化褐铁矿选矿试验研究 [J]．矿产保护与利用，2011（3）：19-21．

[32] 甘建华．铁坑褐铁矿选矿工艺研究 [J]．金属矿山，2006（5）：32-36．

[33] 魏礼明，储荣春，王宗林．铁坑褐铁矿选矿新工艺研究 [J]．金属矿山，2005（2）：143-146．

[34] 罗丕，周美兰，罗琳，等．江西某铁尾矿综合回收铁试验研究 [J]．金属材料及冶金工程，2008（3）：30-32．

[35] 张汉泉，彭然，张泽强．广西某赤褐铁矿选矿试验研究 [J]．武汉工程大学学报，2010（3）：49-53．

[36] 柏少军，文书明，刘殿文，等．云南某高磷褐铁矿石选冶联合工艺研究 [J]．金属矿山，2010（1）：54-58．

[37] 王秋林，彭泽友，李加林，等．重钢接龙铁矿闪速磁化焙烧试验研究 [J]．矿产综合利用，2010（2）：15-18．

[38] 张茂，王东，陈启平，等．云南某褐铁矿磁化焙烧-磁选工艺试验研究 [J]．矿冶工程，2011，12（6）：51-53．

[39] 张迎春，杨秀红，施倪承，等．菱铁矿热分解产物及其变化规律的研究 [J]．湘潭矿业学院学报，2002，17（1）：55-57．

[40] 谢金球，张鉴，白永兰．包钢选矿厂选别流程现状及改进分析 [J]．金属矿山，2001（4）：31-35．

[41] 胡义明，刘军，张永．白云鄂博氧化矿强磁选精矿浮选工艺研究 [J]．金属矿山，2009（6）：49-51，55．

[42] 熊涛．提高攀钢矿业公司钛选矿回收率的研究与实践 [D]．赣州：江西理工大学，2010．

[43] 徐翔．用全浮选法从攀枝花钒钛磁铁矿中回收钛的工艺及理论研究 [D]．昆明：昆明理工大学，2011．

[44] Li G, Zhang S, Rao M, et al. Effects of sodium salts on reduction roasting and Fe-P separation of high-phosphorus oolitic hematite ore [J]. International Journal of Mineral Processing, 2013, 124（22）：26-34．

[45] 朱继存．宁乡式铁矿床成因的新认识 [J]．合肥工业大学学报（自然科学版），2001，1：143-149．

[46] 张汉泉．鲕状赤铁矿特征和选冶技术进展 [J]．中国冶金，2013（11）：6-10．

[47] 彭会清，王代军．高效环保节约和谐开发鄂西高磷铁矿综述 [J]．矿业快报，2007，3：7-11．

[48] Xu C Y, Sun T C, Kou J, et al. Mechanism of phosphorus removal in beneficiation of high phosphorous oolitic hematite by direct reduction roasting with dephosphorization agent [J]. Transactions of Nonferrous Metals Society of China, 2012, 22（11）：2806−2812．

[49] Han H, Duan D, Wang X, et al. Innovative method for separating phosphorus and iron from high-phosphorus oolitic hematite by iron nugget process [J]. Metallurgical and Materials Transactions B, 2014, 45（5）：1634-1643．

[50] Liu B B, Xue Y B, Han G H, et al. An alternative and clean utilisation of refractory high-phosphorus

oolitic hematite：P for crop fertiliser and Fe for ferrite ceramic ［J］. J Clean Prod，2021，299：126889.

［51］ 柏少军，文书明，刘殿文，等. 云南某高磷褐铁矿石选冶联合工艺研究 ［J］. 金属矿山，2010（1）：54-58.

［52］ 沈峰满. 高 Al_2O_3 含量渣系高炉冶炼工艺探讨 ［J］. 鞍钢技术，2005（6）：1-4.

［53］ 秦学武，宋灿阳，阎媛媛. 高炉高铝炉渣性能研究 ［J］. 山东冶金，2006（1）：29-32.

［54］ Lee K R，Suito H. Activities of Fe_tO in $CaO-Al_2O_3-SiO_2-Fe_tO$（＜5pct）slag saturated with liquid iron ［J］. Metallurgical and Materials Transaction B，1994，25B（10）：893-901.

［55］ 周秋生，范旷生，李小斌，等. 采用烧结法处理高铁赤泥回收氧化铝 ［J］. 中南大学学报（自然科学版），2008（1）：92-97.

［56］ 刘万超，杨家宽，肖波. 拜耳法赤泥中铁的提取及残渣制备建材 ［J］. 中国有色金属学报，2008（1）：187-192.

［57］ 刘永康，梅贤功. 高铁赤泥煤基直接还原的研究 ［J］. 烧结球团，1995（2）：5-9.

［58］ 对湘东铁矿鲕状铁矿石的选矿试验 ［J］. 湖南冶金，1974（1）：1-6.

［59］ 罗立群，陈敏，杨铖，等. 鲕状赤铁矿的磁化焙烧特性与转化过程分析 ［J］. 中南大学学报（自然科学版），2015，46（01）：6-13.

［60］ 徐星佩，王燕民. 细粒弱磁性铁矿的高梯度磁选研究 ［J］. 矿产综合利用，1988（3）：41-46.

［61］ 朱建华，张礼林. 梅山铁精矿选矿降磷的工业试验研究 ［J］. 金属矿山，1996（3）：15-18.

［62］ 纪军. 高磷铁矿石脱磷技术研究的新进展 ［C］//中国冶金矿山企业协会. 2004 年全国选矿新技术及其发展方向学术研讨与技术交流会论文集. 中国冶金矿山企业协会，2004：191-195.

［63］ 王秋林，陈雯，余永富，等. 复杂难选高磷鲕状赤铁矿提铁降磷试验研究 ［J］. 矿产保护与利用，2011（3）：10-14.

［64］ 卢尚文，刘云派，陈士荣，等. 乌石山铁矿石酸式浸矿脱磷研究及其意义 ［J］. 江西冶金，1993（4）：23-26.

［65］ 毕学工，周进东，黄治成，等. 高磷铁矿脱磷工艺研究现状 ［J］. 河南冶金，2007（6）：3-7，22.

［66］ 何良菊，胡芳仁，魏德洲. 梅山高磷铁矿石微生物脱磷研究 ［J］. 矿冶，2000（1）：31-35.

［67］ 皮科武，龚文琪，李育彪. 鄂西某高磷铁矿石浸出脱磷试验研究 ［J］. 中国矿业，2010（9）：78-81.

［68］ 徐国栋，陈禄政，黄建雄，等. 某磁赤褐铁矿选矿试验研究 ［J］. 矿冶，2013，22（1）：19-21，29.

［69］ Nasr M I，Youssef M A. Optimization of magnetizing reduction and magnetic separation of iron ores by experimental design ［J］. ISIJ International，1996，36（6）：631-639.

［70］ 王光信，刘澄凡，张积树. 物理化学 ［M］. 北京：化学工业出版社，2001.

［71］ 兰正学. 化学热力学计算 ［M］. 西安：陕西科学技术出版社，1986.

［72］ Jang K，Nunna V R M，Hapugoda S，et al. Chemical and mineral transformation of a low grade goethite ore by dehydroxylation，reduction roasting and magnetic separation ［J］. Minerals Engineering，2014，60：14-22.

［73］ 傅崇说. 有色冶金原理 ［M］. 北京：冶金工业出版社，1993.

［74］ 尹慧超，张建良，陈永星，等. 钢铁厂含锌粉尘的低温磁化焙烧试验研究 ［J］. 矿产综合利用，2011（3）：40-43.

［75］ Liu Y，Guo P，Pang J，et al. Thermodynamic analysis on ilmenite separation by magnetic roasting ［J］. Iron Steel Vanadium Titanium，2013，34（3）：8-12.

［76］ 张伏龙. 氢气还原鲕状赤铁矿的动力学研究 ［D］. 贵阳：贵州大学，2016.

［77］ 布林朝克，郭婷. 利用碳气化反应热力学的影响因素调控铁氧化物的碳热还原热力学 ［J］. 矿冶工程，2014，34（1）：77-81，86.

［78］ 李彬，郭汉杰，郭靖，等．基于最小 Gibbs 自由能原理的铁氧化物气固还原热力学研究［J］．工程科学学报，2017，39（11）：1653-1660.

［79］ Zhang H Q, Fu J T. Oxidation behavior of artificial magnetite pellets［J］. Int J Miner Metall Mater, 2017, 24（6）：603-610.

［80］ Asaki Z, Kondo Y. Oxidation kinetics of iron sulfide in the form of dense plate, pellet and single particle［J］. Journal of Thermal Analysis, 1989, 35（6）：1751-1759.

［81］ 张汉泉，罗立群．烧结球团理论与工艺［M］．北京：化学工业出版社，2018.

［82］ 孟凡东．鄂西鲕状赤铁矿还原焙烧-磁选工艺及机理研究［D］．武汉：武汉理工大学，2012.

［83］ 张汉泉，余永富，陈雯．大冶铁矿强磁选精矿磁化焙烧热力学研究［J］．钢铁，2007（4）：8-11.

［84］ 邱冠周，徐经沧，蔡汝卓，等．冷固结球团直接还原［M］．长沙：中南大学出版社，2001.

［85］ 祁超英．高磷鲕状赤铁矿分选性能及方法研究［D］．武汉：武汉理工大学，2011.

［86］ Bahgat M, Khedr M H. Reduction kinetics, magnetic behavior and morphological changes during reduction of magnetite single crystal［J］. Materials Science and Engineering：B, 2007, 138（3）：251-258.

［87］ von Bogdandy L, Engell H J. The reduction of iron ores：Scientific basis and technology［M］. Berlin：Springer-Verlag Berlin Hendelberg GmbH, 1971.

［88］ Feilmayr C, Thurnhofer A, Winter F et al. Reduction behavior of hematite to magnetite under fluidized bed conditions［J］. ISIJ International, 2004, 44（7）：1125-1133.

［89］ Bahgat M. Magnetite surface morphology during hematite reduction with CO/CO_2 at 1073 K［J］. Materials Letters, 2007, 61（2）：339-342.

［90］ Itaya H, Sato M, Taguchi S. Circulation and reduction behavior of iron ore in a circulating fluidized bed［J］. ISIJ International, 1994, 34（5）：393-400.

［91］ 黄冬波，宗燕兵，邓振强，等．鲕状赤铁矿生物质低温磁化焙烧［J］．工程科学学报，2015，37（10）：1260-1267.

［92］ 黄红，罗立群．细粒铁物料闪速焙烧前后的性质表征［J］．矿冶工程，2011，31（2）：61-64.

［93］ 郭珊杉．人工磁铁矿和天然磁铁矿磁性及磁选行为研究［D］．南宁：广西大学，2011.

［94］ 张汉泉，汪凤玲．赤褐铁矿磁化焙烧矿物组成和物相变化规律［J］．钢铁研究学报，2014，26（7）：8-11.

［95］ 张汉泉，付金涛，路漫漫，等．高磷鲕状赤铁矿动态磁化焙烧-磁选试验研究［J］．矿冶工程，2015，2：47-49，54.

［96］ 殷佳琪．选择性絮凝-磁种法在细磨人工磁铁矿磁选工艺中的应用［D］．武汉：武汉工程大学，2018.

［97］ 张汉泉，周峰，殷佳琪，等．选择性絮凝-磁种法在微细粒人工磁铁矿磁选中的团聚效应［J］．矿冶，2019，28（4）：42-50.

［98］ Zhang H Q, Zhang Z Q, Luo L Q, et al. Behavior of Fe and P during reduction magnetic roasting separation of phosphorus-rich oolitic hematite［J］. Energy Sources, Part A：Recovery, Utilization, and Environmental Effects, 2019, 41（1）：47-64.

［99］ 余洪，谢蕾，殷佳琪，等．鄂西高磷鲕状赤铁矿化还原矿物组成及分布规律［J］．矿物岩石，2019，39（3）：1-8.

［100］ 于宏东．长阳火烧坪铁矿工艺矿物学研究［J］．矿冶，2008，（2）：106，107-110.

［101］ Yu Y F, Qi C Y. Magnetizing roasting mechanism and effective ore dressing process for oolitic hematite ore［J］. Journal of Wuhan University of Technology（Materials Science Edition）, 2011, 26（2）：177-182.

［102］ Song S X, Campos-Toro E F, Zhang Y M, et al. Morphological and mineralogical characterizations of oolitic iron ore in the Exi region, China［J］. International Journal of Minerals, Metallurgy, and

Materials，2013，20（2）：113-118.

[103] 毕膳山．鲕状赤铁矿气体还原动力学研究［D］．贵阳：贵州大学，2015.

[104] 杨颂，上官炬，杜文广，等．鲕状赤铁矿氢气低温还原焙烧机理探讨［J］．矿冶工程，2017，37（1）：64-67，72.

[105] Guo Y F，Qing L J，Jiang T，et al. Study on magnetic roasting kinetic of oolitic Hematite［C］//4th International Symposium on High-Temperature Metallurgical Processing，2013：103-110.

[106] 张亚辉，张家，张艳娇，等．鲕状赤铁矿"磁化焙烧-晶粒长大-磁选"新工艺研究［J］．武汉理工大学学报，2013，35（3）：116-119.

[107] El-Geassy A A，Nasr M I，Yousef M A，et al. Behaviour of manganese oxides during magnetising reduction of Baharia iron ore by $CO-CO_2$ gas mixture［J］.Ironmaking and Steelmaking，2000，27（2）：116-122.

[108] 郑桂兵，王立君，田裨兰，等．印度某铁矿选矿工艺研究［J］．有色金属（选矿部分），2009（2）：13，26-28.

[109] 于福家，王泽红．某难选铁矿的选矿研究［J］．矿冶工程，2009，29（4）：33-35，38.

[110] 龚俊，张邦文，李保卫．含铁尘泥磁化焙烧-弱磁选试验研究［J］.中国矿业，2010，19（6）：64-66，72.

[111] 王秋林，陈雯，余永富，等．綦江铁矿焙烧-磁选-阴离子反浮选试验研究［J］．矿冶工程，2006（6）：32-34，38.

[112] 张汉泉，高王杰，蔡祥，等．硫酸渣磁化焙烧过程中铁的转化规律及分离试验研究［J］．矿冶工程，2018，38（4）：41-44.

[113] 王雪松，付元坤．用回转窑处理硫酸渣的研究［J］．矿产综合利用，2003（5）：47-50.

[114] 董风芝，姚德，孙永峰．硫酸渣用磁化焙烧工艺分选铁精矿的研究与应用［J］．金属矿山，2008（5）：146-148.

[115] 田锋．硫铁矿烧渣综合利用试验研究［J］．矿产综合利用，2010（1）：38-42.

[116] 付向辉，薛生晖，毛拥军，等．菱褐铁矿回转窑磁化焙烧工艺与装置技术研究进展［J］．矿冶工程，2014，34（z1）：77-79.

[117] 张汉泉．大冶铁矿难选氧化铁矿多级循环流态化磁化焙烧工艺及机理研究［D］．武汉：武汉理工大学，2007.

[118] 张汉泉．多级动态磁化焙烧技术及其应用［J］．金属矿山，2012（9）：121-123，128.

[119] 张汉泉，陈智．粉状低品位氧化铁矿石的选矿方法：CN101524667［P］.2009-09-09.

[120] 张玉玲，李广文．酒钢选矿铁精矿 S 及入选原料 S 关系及标准［J］．甘肃冶金，2015，37（6）：6-9.

[121] 唐晓玲，陈毅琳，高泽宾，等．酒钢选矿厂焙烧磁选铁精矿阳离子反浮选生产实践［J］．金属矿山，2008（11）：43-45，70.

[122] 罗立群，余永富，张泾生．闪速磁化焙烧及铁矿物的微观相变特征［J］．中南大学学报（自然科学版），2009，40（5）：1172-1177.

[123] 许满兴．我国球团生产技术现状及发展趋势［C］//2012 年全国炼铁生产技术会议暨炼铁学术年会文集（上）.2012.

[124] 王永刚，刘千帆，高泽宾．镜铁山式铁矿选矿工艺优化和创新实践［J］．矿冶工程，2015，35（5）：60-62.

[125] 方觉，宋建新，高艳甲，等．球团矿氧化焙烧试验研究［J］．钢铁研究，2012，40（4）：11-13.

[126] 熊会思．预热器和分解炉的发展［J］．新世纪水泥导报，2002（6）：28-33.

[127] 金涌．流态化工程原理［M］．北京：清华大学出版社，2001.

[128] 徐德龙．水泥悬浮预热预分解技术理论与实践［M］．北京：科学技术文献出版社，2002.

[129] 有色冶金炉设计手册编委会 . 有色冶金炉设计手册 [M]. 北京：冶金工业出版社，2000.

[130] Bosman J. Latest developments in cyclone technology [J]. Transactions of the Institution of Mining and Metallurgy，Section C：Mineral Processing and Extractive Metallurgy，2003，112 (4)：10-12.

[131] 冶金工业部长沙黑色冶金矿山设计研究院 . 烧结设计手册 [M]. 北京：冶金工业出版社，1990.

[132] 华一新 . 冶金过程动力学导论 [M]. 北京：冶金工业出版社，2004.

[133] 袁帅，韩跃新，高鹏，等 . 难选铁矿石悬浮磁化焙烧技术研究现状及进展 [J]. 金属矿山，2016，486 (12)：9-12.

[134] Kumar T K S，Viswanathan N N，Ahmed H，et al. Developing the oxidation hinetic model for magnetite pellet [J]. Metallurgical and Materials Transactions B，2019，50：162-172.

[135] Chen F，Guo Y F，Jiang T，et al. Effects of high pressure roller grinding on size distribution of vanadiumtitanium magnetite concentrateparticlesandimprovementofgreen pellet strength [J]. Journal of Iron and Steel Research，International，2017，24：266-272.

[136] 汪凤玲 . 磁化焙烧-磁选铁精矿反浮选性能研究 [D]. 武汉：武汉工程大学，2012.

[137] 殷佳琪，徐安邦，张汉泉 . 提高细磨人工磁铁矿弱磁选回收率研究 [J]. 中国矿业，2016，25 (10)：133-136.

[138] 陈雯 . 贫细杂难选铁矿石选矿技术进展 [J]. 金属矿山，2010，5：56-59.

[139] Zhang H Q，Wang F L. Analysis of surface wettability of synthetic magnetite [J]. Journal of Wuhan University of Technology-Mater，2014，8 (4)：679-683.

[140] Zhang H Q，Wang F L. Adsorption selectivity of fatty acid collector by synthetic magnetite [C]// Applied Mechanics and Materials，2014，552：263-268.

[141] 伍垂志 . 人工磁铁矿和天然磁铁矿浮选行为及其机理研究 [D]. 南宁：广西大学，2012.

[142] 陈栋 . 含多金属硫酸渣制备预还原球团工艺及机理研究 [D]. 长沙：中南大学，2012.

[143] Chen F，Guo Y F，Jiang T，et al. Effects of high pressure roller grinding on size distribution of vanadiumtitanium magnetite concentrateparticlesandimprovementofgreen pellet strength [J]. Journal of Iron and Steel Research，International，2017，24：266-272.

[144] 罗艳红 . 磁铁精矿氧化球团的基础研究 [D]. 长沙：中南大学，2011.

[145] 张汉泉 . 膨润土在铁矿氧化球团中的应用 [J]. 中国矿业，2009，18 (8)：99-102.

[146] 张玉柱，边妙莲，刘鹏君，等 . 膨润土理化性能对球团性能影响的研究 [J]. 烧结球团，2006，31 (2)：21-24.

[147] 张新兵，朱梦伟 . 膨润土对我国球团生产的影响 [J]. 烧结球团，2003，28 (6)：3-5.

[148] 张元波，欧阳学臻，路漫漫，等 . 腐植酸改性膨润土在铁矿球团中的应用效果 [J]. 烧结球团，2018，43 (4)：27-32.

[149] Zhang Y，Lu M，Zhou Y，et al. Interfacial interaction between humic acid and vanadium，titanium-bearing magnetite（VTM）particles [J]. Mineral Processing and Extractive Metallurgy Review，2020，41 (2)：75-84.

[150] Zhang Y B，Lu M M，Su Z J，et al. Interfacial reaction between humic acid and Ca-montmorillonite：application in the preparation of a novel pellet binder [J]. Applied Clay Science，2019 (180)：105177.

[151] 亢立明，李福民，刘曙光，等 . 冀东铁精矿的物化性能测试 [J]. 岩矿测试，2007，26 (3)：201-204.

[152] 臧疆文，王梅菊 . 生球爆裂温度的影响因素及提高途径 [J]. 新疆钢铁，2004，91 (3)：13-16.

[153] 徐佳鑫，杨大兵 . 润磨过程对程潮铁矿成球过程影响的研究 [J]. 矿冶工程，2014，12 (2)：27-31.

[154] 朱德庆，唐艳云，Vinicius M，等 . 高压辊磨预处理巴西镜铁矿球团 [J]. 北京科技大学学报，2009，31 (1)：30-35.

[155] 黄柱成，李骞，杨永斌，等．混合料润磨预处理对氧化球团矿质量的影响［J］.中南大学学报（自然科学版），2004，35（5）：753-758.

[156] 高东辉．包钢自产和巴润精矿粉的成球性对比和连晶性研究［J］.内蒙古科技大学学报，2010，29（2）：99-102.

[157] 刘承鑫，余俊杰，张泽强，等．润磨对人工磁铁精矿球团性能的影响［J］.钢铁，2018，53（1）：17-23.

[158] 杜洪缙，朱德庆，杨聪聪，等．高压辊磨和球磨预处理强化铬铁矿球团制备的研究［J］.烧结球团，2013，38（6）：33-37.

[159] 胡志清，潘建，朱德庆，等．铁精矿原料特性及其对成球性能的影响［J］.烧结球团，2013，38（4）：42-49.

[160] Umadevi T，Lobo Naveen F，Rameshwar Sah，et al. Influence of iron ores fineness on green pellets properties［J］. World Ironand Steel，2013（4）：35-40.

[161] 白国华，周晓青，范晓慧，等．润磨强化硫酸渣制备氧化球团的技术及机理［J］.中南大学学报（自然科学版），2011，42（6）：1509-1515.

[162] 范建军，杨礼元．高压辊磨预处理对超细粒度磁铁精矿粉球团性能的影响［J］.钢铁，2012，47（9）：19-24.

[163] 范晓慧，刘昌，陈许玲，等．提高赤铁精矿配比对制备铁矿氧化球团的影响［J］.矿冶工程，2012，32（5）：94-97.

[164] 刘昌．赤铁矿配比对氧化球团制备影响规律研究［D］.长沙：中南大学，2011.

[165] 肖兴国，马志，吕建华．磁铁矿球团干燥过程动力学［J］.东北大学学报，1990（4）：334-339.

[166] 黄柱成，吕丽丽，朱良柱，等．新生 Fe_2O_3 对磁铁精矿预热球团强度的影响［J］.中南大学学报（自然科学版），2011，42（5）：1175-1180.

[167] 王国胜，于庆波，董辉，等．磁铁矿石球团的干燥过程解析［J］.烧结球团，2003，28（2）：6-10.

[168] Daniel I O，Norhashila H，Rimfiel B J，et al. Modeling the thin-layer drying of fruits and vegetables：a review［J］. Institute of Food Technologists，2016，15：599-618.

[169] Cem K，Ibrahim D. Effective moisture diffusivity determination and mathematical modelling of drying curves of apple pomace［J］. Heat Mass Transfer，2015，51：983-989.

[170] 石鑫，王国恒．穿流干燥过程中降速段数学模型［J］.工业炉，2004，26（6）：35-37.

[171] Zenoozian M S，Feng H，Shahidi F，et al. Image analysis and dynamic modeling of thin-layer drying of osmotically dehydrated pumpkin［J］. J Food Process and Preservation，2008，32：88-102.

[172] Navneet K，Sarker B C，Sharma H K. Mathematical modelling of thin layer hot air drying of carrot pomace［J］. J Food Sci Technol，2012，49（1）：33-41.

[173] 董辉，蔡九菊，刘国防，等．竖炉球团干燥问题研究［J］.烧结球团，2004，29（6）：4-7.

[174] Saeed F，Teymor T，Barat G. Mathematical modelling of thin layer hot air drying of apricot with combined heat and power dryer［J］. J Food Sci Technol，2015，52（5）：2950-2957.

[175] 肖广信，王磊，张琨，等．链算机上球团干燥过程的数学模型［A］//中国金属学会能源与热工分会．2006全国能源与热工学术年会论文集[C].中国金属学会能源与热工分会，2006.

[176] Vega A，Fito P，Andres A，et al. Mathematical modeling of hot-air drying kinetics of red bell pepper（var. Lamuyo）［J］. Journal of Food Engineering，2007，79：1460-1466.

[177] Meisami-asl E，Rafiee S，Keyhani A，et al. Determination of suitable thin-layer drying curve model for apple slices（variety-Golab）［J］. Plant Omics，2010，3（3）：103-111.

[178] Hashim N，Onwude D，Rahaman E. A preliminary study：kinetic model of drying process of pump-

kins (cucurbita moschata) in a convective hot air dryer [J]. Agric Agric Sci Procedia, 2014, 2 (2): 345-397.

[179]　Wang C Y, Singh R P. Use of variable equilibrium moisture content in modelling rice drying [J]. Trans Am Soc Agric Eng, 1978, 11: 668-672.

[180]　刘承鑫. 人工磁铁矿球团干燥动力学 [D]. 武汉: 武汉工程大学, 2017.

[181]　付金涛. 人工磁铁矿球团氧化动力学研究 [D]. 武汉: 武汉工程大学, 2012.

[182]　黄希祜. 钢铁冶金原理 [M]. 北京: 冶金工业出版社, 2002.

[183]　Tsukeman T, Duchesne C, Hodouin D. On the drying rates of individual iron oxide pellets [J]. International Journal of Mineral Processing, 2007 (83): 99-115.

[184]　朱德庆, 罗艳红, 潘建, 等. 磁铁精矿高温氧化动力学研究 [J]. 金属矿山, 2011, 4 (4): 89-93.

[185]　王宝海. 磁铁矿球团氧化非等温动力学 [C]//2010 年全国炼铁生产技术会议暨炼铁学术年会文集 (上). 2009.

[186]　庄剑鸣. 用化学分析法对球团氧化动力学的研究 [J]. 烧结球团, 1993 (3): 7-11.

[187]　傅守澄, 舒刚. 杭钢含硫镁磁铁精矿球团氧化动力学研究 [J]. 烧结球团, 1985 (5): 27-35.

[188]　Liang R Q, Yang S, Yan F S, et al. Kinetics of oxidation reaction for magnetite pellets [J]. Journal of Iron & Steel Research International, 2013, 20 (9): 16-20.

[189]　Zhang H Q. Concentration on Limonitic Iron Ore by Multi-grade Magnetic Roasting-Low Intensity Magnetic Separation [C]. Advanced Materials Research, 2014, 2: 27-28.

[190]　Sanders J P, Gallagher P K. Thermomagnetometric evidence of γ-Fe_2O_3 as an intermediate in the oxidation of magnetite [J]. Thermochemical Acta, 2003, 406: 241-243.

[191]　傅菊英, 姜涛, 朱德庆. 烧结球团学 [M]. 长沙: 中南大学出版社, 1995.

[192]　陈双印, 储满生, 唐珏, 等. 预氧化对钒钛磁铁矿球团矿相及内部结构的影响 [J]. 东北大学学报 (自然科学版), 2013 (4): 536-541.

[193]　Nellros F, Thurley M J. Automated image analysis of iron-ore pellet structure using optical microscopy [J]. Minerals Engineering, 2011, 24: 1525-1531.

[194]　Qiu G, Zhu D, Pan J, et al. Improving the oxidizing kinetics of pelletization of magnetite concentrate by high press roll grinding [J]. ISIJ International, 2004, 44 (1): 69-73.

[195]　Papanastassiou D, Bitsianes G. Modelling of heterogeneous gas-solid reactions [J]. Metallurgical Transactions, 1973, 4 (2): 477-486.

[196]　Kumar T K S, Viswanathan N N, Ahmed H M, et al. Estimation of sintering kinetics of oxidized magnetite pellet using optical dilatometer [J]. Metallurgical & Materials Transactions B, 2014, 46 (2): 635-643.

[197]　Bhuiyan I U, Mouzon J, Forsmo S P E, et al. Quantitative image analysis of bubble cavities in iron ore green pellets [J]. Powder Technology, 2011, 214: 306-312.

[198]　周晓青. 润磨强化硫酸渣制备氧化球团的技术及机理研究 [D]. 长沙: 中南大学, 2009.

[199]　Fan J J, Qiu G Z, Jiang T, et al. Roasting properties of pellets with iron concentrate of complex mineral composition [J]. Journal of Iron and Steel Research, International, 2011, 18 (7): 1-7.

[200]　Dwarapudi S, Ghosh T K, Tathavadkar V, et al. Effect of MgO in the form of magnesite on the quality and microstructure of hematite pellets [J]. Internation Journal of Mineral Processing, 2012 (112, 113): 55-62.

[201]　陈耀明, 李建. 氧化球团矿中 Fe_2O_3 的结晶规律 [J]. 中南大学学报 (自然科学版), 2007, 38 (1): 70-73.

[202]　Zhang H Q, Lu M M, Fu J T. Oxidation and roasting characteristics of artificial magnetite pellets

[J]. Journal of Central South University (Science and Technology), 2016, 23 (11): 2999-3005.

[203] Chen F, Guo Y F, Jiang T, et al. Effects of high pressure roller grinding on size distribution of vanadiumtitanium magnetite concentrateparticlesandimprovementofgreen pellet strength [J]. Journal of Iron and Steel Research, International, 2017, 24: 266-272.

[204] 路漫漫. 人工磁铁矿与天然磁铁矿成球性能差异研究 [D]. 武汉: 武汉工程大学, 2015.